金属化学入門シリーズ 2

鉄 鋼 製 錬

Ferrous
Process
Metallurgy

東北大学名誉教授　工博　萬谷志郎
　　　　　　　　　　　　ばん　や　し　ろう

日本金属学会

発刊の辞

　日本金属学会は大戦後10年を経た1956年に新制金属講座製錬篇を発刊した．当時は戦時中の空白と戦後の混乱のため，金属・冶金関係のまとまった教科書類はほとんどない状況であった．そのため，この講座本は多くの大学で教科書として，また企業技術者の手引書として歓迎され，広く利用された．当時企画された編集委員および乏しい資料を集めて要領よく執筆された著者の方々に，深い敬意と感謝を表するものである．

　この講座本は1964年に改訂されたが，その後の学問的発展やわが国工業技術の目ざましい発展に伴い，1979年に新講座本企画の一つとして全面的な大改正が行われ，「鉄鋼製錬」，「非鉄金属製錬」，「製錬工学」，「金属物理化学」の4巻からなる講座・現代の金属学製錬編として刊行された．本編も大好評を博して，大学における金属系学科の教科書として，また企業技術者の生涯学習の書として，広く利用されてきた．

　しかし，最近における科学技術の発展と産業構造の変化には著しいものがあり，先端技術分野，他分野との融合技術，高純度化，リサイクル，環境問題などが注目されるようになり，従来型の金属・冶金関係の概念ではこれらを十分覆いきれない状況になってきた．また，「知識の量よりも創造的な能力の開発」を目標にするようになってきた．このような状況に対処するため，あまり詳細な内容は省略し，基礎事項を中心にして，その応用例を示し，各巻2単位（2時間×15回）程度で，先端技術も多少は紹介できる「金属化学入門シリーズ」を出版することとした．本シリーズは第1巻「金属物理化学」，第2巻「鉄鋼製錬」，第3巻「金属製錬工学」，第4巻「金属熱工学」，第5巻「金属反応工学」，第6巻「材料電気化学」，第7巻「材料特殊製造法」の7冊で構成され，高等学校卒業程度以上の学力があれば，十分理解できることを目標とした．この新しいシリーズが，多くの金属技術者，研究者および学生にとって，よい指導書となることを信じている．

　著者ならびに編集委員各位のご尽力に対して，深甚の謝意を表するものである．

1996年4月

社団法人　日　本　金　属　学　会
会　長　及　川　　　洪

追　記

　その後，本会において計画促進のための出版計画全般の見直しが行われた結果，1996年1月に本会より発行した講座・現代の金属学製錬編第3巻「製錬工学」が類書として利用でき，また洋書ではあるが適切な参考書が入手できるので，本シリーズ第4巻「金属熱工学」と第5巻「金属反応工学」は出版中止とすることになった．

序

　日本金属学会が,「鉄鋼製錬」の書名で, 鉄鋼の製錬に関する基礎原理と技術を網羅した入門書を発行するのは, 1957年の新制金属講座製錬篇以来今回で4回目になる.

　これまでの旧版はそれぞれの時代において高い評価を得て, 長期間にわたり広く利用されたものであるが, 3冊目の講座・現代の金属学製錬編も発行以来すでに20年を経過した. この間に学術の進歩発展ならびに新しい分野の開拓が急速に展開し, また金属学を専攻する学生の学ぶべき範囲が著しく拡大し, 製錬のみに十分な時間を割くことが困難な教育課程の変化が生じ, 前版のままでは十分な対応がとれなくなってきた.

　このような状況の変化に対処するため, 発刊の辞に触れてあるように, 旧3版とは異なり, 新たに大学学部履修単位内(2～3単位)で修得できる内容にすることを基本方針とするテキストを作成することとした.

　本書は始めて鉄鋼製錬を学ぶ人のために書かれたもので, その内容は, 1. 序論, 2. 高炉製銑法, 3. 製鋼法, 4. 造塊法および連続鋳造, 5. 炉外精錬法, 6. 特殊な製鉄法より成り, フェロアロイ製錬は紙面の関係もあり割愛した. 内容の水準については, 高等学校卒業程度以上の学力があれば十分理解できることを目標としたが, 本シリーズ第1巻「金属物理化学」を大略理解していることが望まれる. 本書で使用している主要な熱力学的データも上記「金属物理化学」を利用している. また時間的に十分な余裕のない時には1～5章までを学校にて学習し, 第6章は自宅研修する事をお勧めする.

　本書が鉄鋼製錬の入門書として, 多くの金属技術者, 研究者および学生により広く有効に利用されることを期待する.

2000年2月

金属化学入門シリーズ編集委員会

目 次

1. 序 論 ………………………………………………… 1
   - 1·1 工業用材料としての鉄鋼の地位 …………………… 1
   - 1·2 工業用鉄類の分類 …………………………………… 2
   - 1·3 鉄鋼の生産額と用途 ………………………………… 3
   - 1·4 鉄製錬の作業温度による分類 ……………………… 7
   - 1·5 近代製鉄法の作業系統図 …………………………… 9
   - 1·6 工場立地と工場配置 ………………………………… 10

2. 高炉製銑法 ………………………………………… 13
   - 2·1 高炉製銑法の概要 …………………………………… 13
   - 2·2 原 料 ………………………………………………… 14
     - 2·2·1 鉄 鉱 石 ………………………………………… 14
     - 2·2·2 コ ー ク ス ……………………………………… 16
     - 2·2·3 副 原 料 ………………………………………… 17
     - 2·2·4 選 鉱 …………………………………………… 18
     - 2·2·5 事 前 処 理 ……………………………………… 18
   - 2·3 高 炉 設 備 …………………………………………… 21
     - 2·3·1 高炉設備概要 …………………………………… 21
     - 2·3·2 高 炉 本 体 ……………………………………… 21
     - 2·3·3 原料巻揚げおよび装入設備 …………………… 23
     - 2·3·4 熱風炉および送風機 …………………………… 23
     - 2·3·5 鋳 床 設 備 ……………………………………… 24
     - 2·3·6 高炉ガス清浄設備 ……………………………… 25
     - 2·3·7 高炉の計装設備 ………………………………… 25
   - 2·4 高 炉 操 業 …………………………………………… 25
     - 2·4·1 日 常 作 業 ……………………………………… 25
     - 2·4·2 製鉄原単位と製品 ……………………………… 26
     - 2·4·3 送 風 技 術 ……………………………………… 27

目　　次

- 2・5　製　鉄　の　化　学 ……………………………………… 30
  - 2・5・1　酸化物の標準自由エネルギー ………………… 30
  - 2・5・2　鉄-酸素系状態図 ………………………………… 32
  - 2・5・3　炭　素　の　燃　焼 ……………………………… 34
  - 2・5・4　酸化鉄のCOによる還元平衡 …………………… 36
  - 2・5・5　酸化鉄の炭素による還元 ………………………… 37
  - 2・5・6　酸化鉄の水素による還元平衡 …………………… 38
  - 2・5・7　鉄の炭素溶解度 …………………………………… 38
  - 2・5・8　スラグの生成 ……………………………………… 42
  - 2・5・9　Siの還元反応 ……………………………………… 46
  - 2・5・10　Mnの還元反応 …………………………………… 47
  - 2・5・11　脱　硫　反　応 …………………………………… 47
  - 2・5・12　脱　リ　ン　反　応 ……………………………… 50
  - 2・5・13　鉄鉱石の被還元性 ……………………………… 50
- 2・6　高炉の炉内状況 …………………………………………… 56
  - 2・6・1　炉内装入物の状況 ………………………………… 56
  - 2・6・2　滞　溜　時　間 …………………………………… 58
  - 2・6・3　高炉内温度分布 …………………………………… 58
  - 2・6・4　高炉内のガス分布 ………………………………… 59
  - 2・6・5　Ristの操作線図 …………………………………… 61
  - 参　考　文　献 ……………………………………………… 62

3. 製　　鋼　　法 …………………………………………… 64

- 3・1　製鋼法の概要 ……………………………………………… 64
  - 3・1・1　製鋼法の原理 ……………………………………… 64
  - 3・1・2　主要な炉内反応 …………………………………… 65
  - 3・1・3　製鋼法の種類と特徴 ……………………………… 67
- 3・2　製　鋼　の　化　学 ……………………………………… 69
  - 3・2・1　溶鉄の水素溶解度 ………………………………… 69
  - 3・2・2　溶鉄の窒素溶解度 ………………………………… 71
  - 3・2・3　溶鉄中への酸素溶解度 …………………………… 74
  - 3・2・4　溶鉄中炭素と酸素の反応 ………………………… 76

　　　　　　　　　　目　　　次　　　　　　　iii

　3・2・5　溶融スラグの構造と取り扱い方 …………………… 81
　3・2・6　鋼滓の酸化力 ………………………………………… 83
　3・2・7　Si の 分 配 …………………………………………… 85
　3・2・8　Mn の 分 配 ………………………………………… 86
　3・2・9　脱　　硫 ……………………………………………… 87
　3・2・10　脱　リ　ン …………………………………………… 91
　3・2・11　水蒸気の反応 ………………………………………… 96
3・3　転 炉 製 鋼 法 ………………………………………………… 99
　3・3・1　転炉製鋼法の種類と特徴 …………………………… 99
　3・3・2　熱源と原料銑組成 …………………………………… 100
　3・3・3　LD転炉製鋼法 ……………………………………… 102
　3・3・4　純酸素底吹転炉法 …………………………………… 112
　3・3・5　上底吹転炉法 ………………………………………… 116
3・4　電 気 炉 製 鋼 法 ……………………………………………… 124
　3・4・1　電気炉製鋼法の種類と特徴 ………………………… 124
　3・4・2　アーク炉製鋼法の設備 ……………………………… 125
　3・4・3　アーク炉製鋼法の原料 ……………………………… 129
　3・4・4　アーク炉製鋼法の炉内精錬 ………………………… 130
　3・4・5　高周波誘導炉製鋼法 ………………………………… 133
3・5　平 炉 製 鋼 法 ………………………………………………… 133
　　　参 考 文 献 ………………………………………………… 135

4. 造　　塊　　法 ………………………………………………… 137
　4・1　概　　　要 ………………………………………………… 137
　4・2　脱　　　酸 ………………………………………………… 138
　　4・2・1　脱酸の原理 …………………………………………… 138
　　4・2・2　化学脱酸法 …………………………………………… 139
　　4・2・3　脱 酸 速 度 …………………………………………… 141
　　4・2・4　脱 酸 作 業 …………………………………………… 144
　4・3　凝 固 と 偏 析 ……………………………………………… 145
　　4・3・1　凝 固 現 象 …………………………………………… 145
　　4・3・2　鋼塊の偏析 …………………………………………… 146

4・4 造 塊 法 ……………………………………………… 148
　4・4・1 造 塊 作 業 ………………………………… 148
　4・4・2 鋼塊の内部性状 ………………………………… 148
4・5 連 続 鋳 造 ……………………………………………… 150
　4・5・1 概　　　要 ……………………………………… 150
　4・5・2 連続鋳造設備と操業 …………………………… 151
　4・5・3 連続鋳造機の設備型式 ………………………… 155
　4・5・4 連鋳鋼片の欠陥 ………………………………… 155
　4・5・5 新しい連続鋳造法 ……………………………… 157
　　　　参 考 文 献 ……………………………………… 159

5. 炉 外 精 錬 法 ……………………………………… 160

5・1 量産鋼の炉外精錬 ……………………………………… 160
5・2 溶銑予備処理法 ………………………………………… 161
　5・2・1 溶 銑 の 脱 硫 ………………………………… 161
　5・2・2 溶銑のリン・硫黄同時除去 ……………………… 161
5・3 二 次 精 錬 法 ……………………………………… 168
　5・3・1 二次精錬法の種類 ………………………………… 168
　5・3・2 真 空 鋳 造 法 ………………………………… 168
　5・3・3 真空処理取鍋精錬法 ……………………………… 170
　5・3・4 アーク加熱取鍋精錬法 …………………………… 176
　5・3・5 簡易取鍋精錬法 …………………………………… 183
　5・3・6 高純度鋼の製造プロセス ………………………… 184
　5・3・7 ステンレス鋼の吹錬 ……………………………… 186
5・4 取鍋精錬の化学 ………………………………………… 192
　5・4・1 脱 水 素 速 度 ………………………………… 192
　5・4・2 脱 窒 素 速 度 ………………………………… 193
　5・4・3 脱炭反応速度 ……………………………………… 195
　5・4・4 脱硫反応速度 ……………………………………… 196
　5・4・5 介在物の形態制御 ………………………………… 198
　　　　参 考 文 献 ……………………………………… 202

6. 特殊な製鉄法 …………………………………… 205

6・1 高炉によらざる製鉄法 …………………………… 205
- 6・1・1 直接製鉄法の概要 ……………………… 205
- 6・1・2 レトルト法 ……………………………… 206
- 6・1・3 シャフト炉法 …………………………… 209
- 6・1・4 流動層法 ………………………………… 211
- 6・1・5 ロータリキルン法 ……………………… 213
- 6・1・6 溶融還元法 ……………………………… 215
- 6・1・7 将来の製鉄法 …………………………… 219

6・2 特殊溶解法 …………………………………… 220
- 6・2・1 特殊溶解法の概要 ……………………… 220
- 6・2・2 真空溶解法 ……………………………… 220
- 6・2・3 プラズマ・アーク溶解法 ……………… 224
- 6・2・4 電子ビーム溶解法 ……………………… 227
- 6・2・5 エレクトロスラグ再溶解法 …………… 227

参 考 文 献 ……………………………………… 231

付　録
- 付1 物質のモル比熱 ………………………………… 233
- 付2 物質の標準生成熱・標準エントロピー，融点，沸点 ……………………………………………………… 235
- 付3 化合物の標準生成自由エネルギー …………… 237
- 付4 記号，用語の説明 ……………………………… 251
- 付5 単位記号およびそれらと従来単位との換算 … 252
- 付6 10の整数倍を表わす接頭語 …………………… 253

索　引 ……………………………………………………… 254

1. 序　　論

1・1　工業用材料としての鉄鋼の地位

近代社会で使用されている工業用材料は極めて多岐に亘っているが，これらを5大工業用材料に分類すれば，(1)金属材料(鉄，アルミニウム，銅，亜鉛，鉛など)，(2)セラミックス(セメント，ガラス，レンガ，陶器)，(3)プラスチックス(ポリエチレン，塩化ビニール，ポリエステル，など各種プラスチックス)，(4)木材(製材，合板など)，(5)繊維(繊維，紙など)に分類できる．いずれも重要な工業用材料ではあるが，これらの中で重量的に最も大量に生産され，重要部分に使用されているのが金属材料である．また金属材料の中身を細分すると，1981年国際連合統計年鑑によると，世界における全金属材料生産量の約95％は鋼によって占められている．すなわち鋼94.9％，アルミニウム2.5％，銅1.3％，亜鉛0.7％，鉛0.5％，その他合計0.1％となっている．すなわち第2位の生産量をもつアルミニウムは鉄および鋼の2/100に過ぎない．現代が鉄器時代であり「鋼の時代」と言われる所以である．

著名な社会科学者であるマックス・ウェーバーは「鉄は資本主義の発達に対して重要このうえない要因となった．この発達のない場合，資本主義および現代社会がどうなっていたか全く知ることができない」と述べている．この意味で鉄鋼は近代社会の骨格であり，エネルギーはその血液であると言うことができる．近い将来においても最も大量に使用されている構造用材料としての鉄鋼材料の地位が変化するとは考えられない．

鉄鋼材料がこのように現代社会で優位を保っている理由として，次のような理由が考えられる．

(1)　資源的にみて，元素としての鉄は地殻の約5％を占め，4番目に豊富な元素であり，高品位鉱石として大鉱床を作っている．現在の全世界における生産量は年間粗鋼生産額7億トン強にて，その資源量は約150年間

は持つと言われている.

(2) 製錬が容易で,大量生産方式が早期に確立した.特に近年,大型化,高速化,連続化およびオートメーション化が進み,安価で経済性が高い.鉄鋼価格は景気により変動するが,大略40～80円/kg程度で他の工業用材料に比し極めて安価である.

(3) 強さ,硬さ,粘さなど,最も大量に使用される一般構造用材料として優れた特性をもっている.

(4) よく研究され,合金化,熱処理,加工法などによって,用途に応じた広い性質を出すことができる.

鉄鋼材料の欠点とも言うべき点は,その重量の重いこと,および錆びやすいことなどが挙げられる.前者に対しては高張力鋼などの強い材料が開発され,また適正な設計などにより使用量を減少せしめることが考えられてきた.後者については不銹鋼の開発,塗装,メッキ,表面処理法,電気防食などが研究された.これにより鉄鋼材料に関する需要は益々拡大され,まさに万能な工業用材料として最も重要な地位を保っている.

1·2 工業用鉄類の分類

(1) 炭素による鉄鋼材料の分類

工業用材料としての鉄鋼は,化学的に純粋な鉄ではなく,これに炭素を始め数種の元素を含んだ合金である.その中でも最も重要な元素は炭素であり,その炭素含有量により次のように分類される.

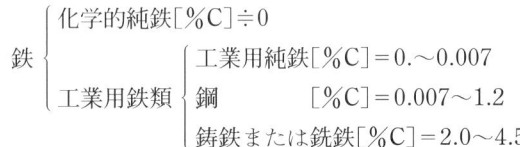

一般に鉄中に炭素が溶解すると強さと硬さは増加するが,粘さが低下し脆くなる.工業用純鉄と鋼は主として焼入効果の有無によって区別され,鋼と鋳鉄の区別は鍛延性,可鋳性の良否により分類されるが,これらの区別は明瞭なものではない.工業用鉄類のうち最も使用量が多く重要なものは鋼であり,現代は「鋼の時代」と言われている.状態図上の鋼は[%C]=0.02～2.14であるが[%C]=1.2～2.5のものは実用性に乏しく工業的には使用されていない.

(2) 鉄および鋼の含有成分

工業用鉄類には炭素の外に種々の不純物元素や合金元素が含まれている．これらの中で製鉄用原料や鉄鋼製錬法の関係から不可避的に混入してくる C, Si, Mn, P, および S の 5 元素を普通元素 (common elements) という．これら普通元素の鋳鉄および鋼の含有量は次のようである．

	鋳鉄	鋼
C	2.5〜4.5%	0.03〜1.2%
Si	0.5〜2.0%	0.01〜0.3%
Mn	0.5〜2.0%	0.3〜0.8%
P	0.02〜0.5%	0.01〜0.05%
	(トーマス鋼1.7〜2.2%)	
S	0.01〜0.1%	0.01〜0.05%

鋼に対する 5 元素の作用は次のようなものである．

炭素[C]は鋼の強さ硬さを制御する重要元素で，[%C]=1.0 につき引張強さ約 980 MPa (100 kgf/mm^2) 増加する．

珪素[Si]も強さ硬さを増す元素で[%Si]=1.0 につき引張強さを約 98 MPa (10 kgf/mm^2) 増加する．

マンガン[Mn]は焼き入性を向上せしめ，靭性を高め，硫黄の有害な性質を低下せしめる．

リン[P]は冷間脆性を硫黄[S]は熱間脆性を起す有害元素で0.05%以下であることが望まれる．

これら普通元素に対し，鋼に特別な性質を持たせるために添加する Ni, Cr, Mo, W などを特殊元素 (special elements) と呼び，これらを含む鋼を特殊鋼 (special steel) または合金鋼 (alloy steel) と言う．特殊元素を含まない鋼を普通鋼 (common steel)，または単に炭素鋼 (plain carbon steel) と呼ぶ．また普通元素であっても，特殊な目的をもって添加したもの，例えばケイ素鋼 ([%Si]=3) や，ハドフィールド鋼 ([%Mn]=11〜14) は特殊鋼として分類される．

1・3 鉄鋼の生産額と用途

人類が鉄を知ったのは極めて古く，紀元前3000〜4000年頃のメソポタミヤやエジプトなどの古墳より鉄器が発見されている．これらは隕鉄を直接利用したものと考えられている．人類が鉄鉱石を製錬して鉄器を作るよ

うになったのは，紀元前1500～2000年頃，古代オリエント地方(現在のトルコ地方)がその発祥の地と推定されている．この頃の製鉄では下記のように，鉄鉱石を簡単な火床中にて木炭を加えて次のように，

$$\boxed{鉄鉱石＋木炭} \longrightarrow \boxed{火床} \longrightarrow \boxed{錬鉄または錬鋼}$$

高温(1000～1500 K)に加熱して少量の鉄片を得ていた．この頃，鉄は溶けない金属であり，鉄中のスラグ成分を鍛冶により絞り出して製品を得ていた．このようにして生産した鉄製品を錬鉄または錬鋼と言い，このように鉄鉱石より直接製品を得る方法を直接製鉄法と呼ぶ．ドイツ地方で行われていたレン炉法，イギリス地方のブルーマリー，日本古来の製鉄法であるたたら吹き法の前身である野だたらなどはこれに類した方法である．

15世紀(イタリヤ・ルネッサンス時代)になると，ブルーマリーの炉高を高くし，炉底部の熱の集中度を高め，強制送風する高炉(溶鉱炉)がライン川上流に出現した．この方法では溶けた鉄である溶銑が得られ，製鉄法は中世に取って代る画期的技術革新がもたらされた．すなわち次のように2段の製錬が行われた．

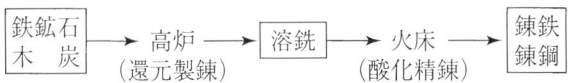

このように，2段の製錬を行う方法を間接製鉄法と言う．

これらの方法では還元剤および燃料として大量の木炭を使用するため，鉄鋼製錬は森林の枯渇をもたらした．これに対し木炭の代りに石炭より作ったコークスを使用するコークス高炉が1709年頃イギリス人エブラハム・ダービー(A. Darby)により始められた．また溶銑から錬鋼を精錬するにも，燃料として石炭を使用するパドリング(puddling)法が1784年イギリス人ヘンリー・コート(H. Cort)により発明された．このように鉄鋼・石炭を結合する方法は鉄鋼の将来に偉大な道を拓いた．しかし，パドリング法は労働生産性が低く，高炉の生産性に均合っておらず，また大変な重労働作業であった．

産業革命に入り，これらの諸問題を一挙に打開し，鋼の大量生産時代を迎える．すなわち，鋼の溶融精錬法が発明され，近代製鉄法の基礎が築かれた．1856年酸性底吹転炉法(ベッセマー法，H. Bessemer)，1879年塩基性底吹転炉法(トーマス法，S. G. Thomas)，1856年平炉法(Siemens-Martin法)，1899年電気炉法(エルー法，P. Heroult)法などが発明され，溶銑

1・3 鉄鋼の生産額と用途

を原料にして溶鋼を効率よく精錬する鋼の大量生産時代を迎えた．これは下記に示すように，溶融状態で2段に分けて鋼を精錬する方法である．

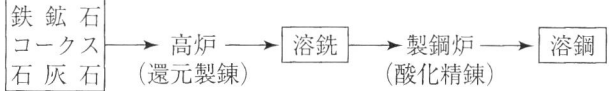

これを間接溶融製鉄法と言い，近代製鉄法の基本的工程である．

近代製鉄法の基本工程である間接溶融製鉄法の確立以来，20世紀100年における世界粗鋼生産量の推移を示すと図1・1のようである．1900年代初頭には年産2830万トン程度に過ぎなかったが，20世紀末には年間約8億トンを，更に中国などの発展により21世紀には10億トン以上を生産するようになった．特に世界第2次大戦以後は，純酸素を大量に使用する酸素製鋼の普及，鉄鋼製錬における各工程の大型化，高速化，連続化を中心とする改良が急速に進み，生産量が急激に増大した．その後，2度のオイルショック後は世界経済の発展は停滞傾向にあり，粗鋼生産量増加率も停滞ぎみであったが，21世紀以後は急速に増大した．

世界における各国の粗鋼生産額は経済状況により左右されるが，年間1億トン前後を生産する製鉄国はEU，日本，中国，アメリカ，などである．最近の生産量を図1・2に示す．最近は特に中国の増産が著しい．

鉄鋼の人口1人当りの年間消費量は，その国の工業化と文明の程度を

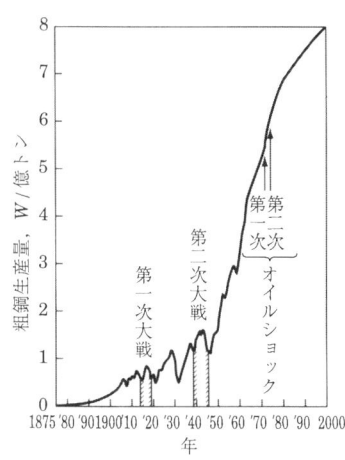

図1・1　世界粗鋼生産の推移

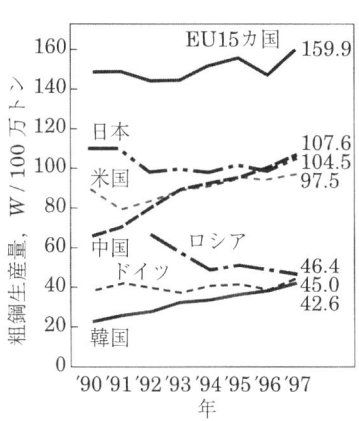

図1・2　主要国の粗鋼生産の推移
（出所：IISI 等）

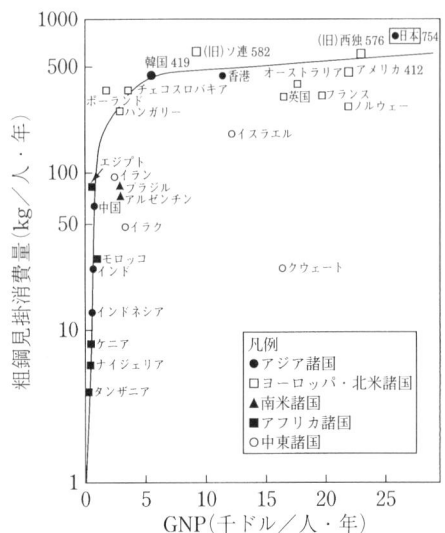

図1·3　各国のGNPと粗鋼見掛消費量(1989年度)
　　　(記入数値：粗鋼見掛消費量 kg/人・年)　(出典：IMIDAS/鉄鋼統計要覧)

示す指標の一つと言われている．図1·3に各国のGNPと粗鋼見掛消費量を示したが，両者の間には大略一定の傾向がある．アメリカ，日本，ドイツのような工業先進国ではその値は400～700 kg/年程度であるが，世界における数10億の人々が未だ10～20 kg/年以下に止っていることを考えると，人類の平等な幸福のため今後の生産量増大について多くの期待がもたれる．

　鋼の用途は従来より，強さを主目的とする構造用材料が主要なものであったが，最近では多くの技術開発により，不銹鋼，耐熱鋼，電磁鋼板など機能材料の分野にも開けている．表1·1に鋼の含有成分と種類および，主要な用途を示した．

　このように鉄鋼製錬は古い古い伝統と歴史をもっているが，常にその時代の先端的な技術と科学を導入して発展してきた．従って，今後においても鉄鋼製錬が，その時代の先端技術の一つである事は間違いない．

表1・1　含有成分による鋼の種類と用途

鋼の種類		成分特長	製品の例
炭素鋼	極軟鋼	C(炭素) 0.12%以下	自動車, 冷蔵庫, 洗濯機などの薄い鉄板, 電信線, ブリキ板, トタン板
	軟鋼	0.12%〜0.30%	船舶, 建物, 客車, 鉄橋などの棒鋼, 形鋼, 鋼板, ガス, 水道の管, 針金, 釘
	硬鋼	0.30%〜0.50%	汽車, 電車の車輪, 車軸, 歯車などの機械部品, ばね
	最硬鋼	0.50%〜0.90%	機関車の車軸, レール, ワイヤロープ, ばね
	炭素工具鋼	0.60%〜1.5%	かみそり刃, 刃物類, やすり, バイト, ゼンマイ, ペン先, さく岩機の刃先
低合金鋼	ケイ素鋼	Si　0.5%〜5%	モーター, トランス
	構造用合金鋼	Ni　0.4%〜3.5% Cr　0.4%〜3.7% Mo　0.15%〜0.7%	ボルト, ナット, 軸, 歯車, タービン翼
	合金工具鋼	Cr　1.5%以下 W　5.0%以下 Ni　2.0%以下	バイト, ダイス, ポンチ, ヤスリ, タガネ, 帯鋸
	軸受鋼	Cr　0.9%〜1.6%	軸受, ベアリング
	高張力鋼	Cu, Ni, Cr 各1%以下	建築, 橋梁, 船舶, 鉄道, 鉱山
高合金鋼	ステンレス鋼	Ni　8.0%〜16% Cr　11.0%〜20%	食器, 家具, 化学工業機械部品
	耐熱鋼	Ni　13.0%〜22% Cr　8.0%〜26%	特殊エンジン
	高速度鋼	W　6.0%〜22% V, CO	強力バイト, ドリル

1・4　鉄製錬の作業温度による分類

　鉄はその原料である鉄鉱石(酸化鉄)を炭素(木炭またはコークス)で高温にて還元して得られる．従って製錬過程で鉄中に炭素が溶解する．この時生成した鉄材の炭素溶解度は高温になるほど高くなり最高4〜5%に達する．一方鉄材の融点は純鉄では1809 Kであるが，炭素含有量が高くなる程低くなり，[%C]=4.26で1426 Kになる．そのため，鉱石の処理温度により，生成鉄の形状と取り扱い方法が著しく異なり，その作業温度により鉄鋼製錬法は図1・4のように分類される．

　高品位鉱石を1300 K以下の低温で還元すると，酸素のみが除去された多孔質の海綿鉄が得られる．海綿鉄はこれを更に粉砕して還元鉄粉などと

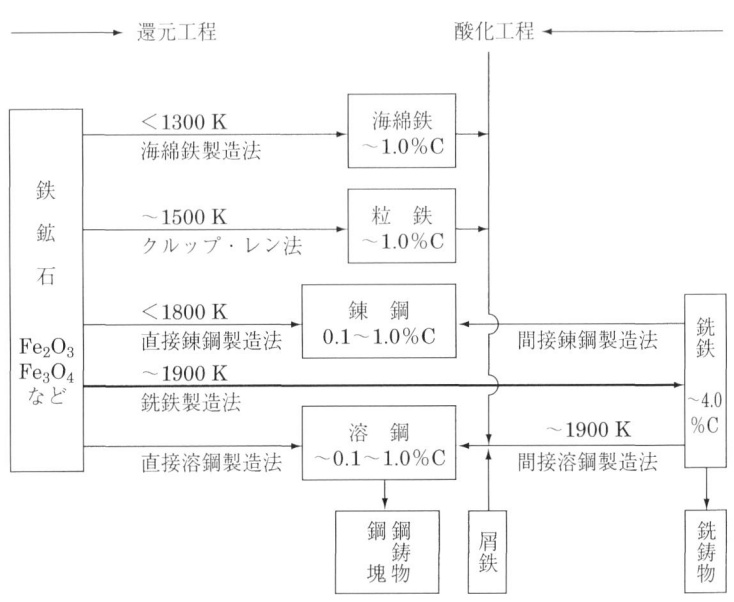

図1·4 鉄製錬の工程(主として作業温度による分類)

して粉末冶金用原料として使用されている．1500 K 程度で還元すると脈石成分は溶解してスラグを作るが，鉄分は一部凝集して半溶融状態の餅状鉄塊が得られる．これを粒鉄(ルッペ)と呼び鋼の溶解用原料として使用する．1500～1800 K では生成鉄は半溶融状態で，スラグとメタルの分離は更に進むが，未だ両者は混在した状態である．これを炉外に取り出し，鍛錬によりスラグ成分を絞り出したものが錬鉄または錬鋼であり，以上の方法を直接錬鉄製造法と言う．鉄鉱石を 1900 K 以上にて溶鉱炉(高炉)を用いて還元すれば溶けた銑鉄が得られる．これを 1500～1800 K で酸化精錬して，錬鉄，錬鋼を得る．このように，還元工程と酸化工程により錬鋼を製錬する方法を間接錬鋼製造法と呼ぶ．これら直接または間接錬鋼製造法は19世紀中頃以前に行われていた製鉄法である．

これに対し，1900 K にて溶鉱炉(高炉)を用いて還元工程により溶銑を作り，更に 1900 K にて製鋼炉を用いて，酸化工程により溶融状態で鋼を精錬する方法を間接溶融製錬法と呼び，今日行われている近代製鉄法である．また鉄鋼石より高温にて直接的に溶鋼を作る直接溶融製錬法も研究さ

れているが，未だ安定した大量生産方式は確立されていない．

どの方法が最も有利であるかは，地方的な原料事情，技術水準，経済性などによって左右される．近代製鉄法として間接溶融製錬法が現在の主流をなしているのは次の理由による．

(1) 大量生産方式が確立し，経済性が高い．
(2) 成分制御が容易で，製品が均一であり，性能が保証されている．
(3) 鉄分歩留が高く，原料および使用エネルギーの効率が高い．
(4) 広い範囲の原料を使用可能である．

などがあげられる．

1·5　近代製鉄法の作業系統図

既述のように近代製鉄法の基幹をなすものは間接溶融製錬法であり，その作業系統図は図1·5のようである．

すなわち主原料である鉄鉱石類(塊鉱，焼結鉱，ペレット)と還元剤と熱源であるコークス，および鉱石中脈石成分の融点と流動性を調節する媒溶剤である石灰石を高炉上部より装入し，炉下部より予熱した空気を送り，鉄鉱石を還元し，溶銑と溶融スラグを製錬する．これを製銑工程と言い還

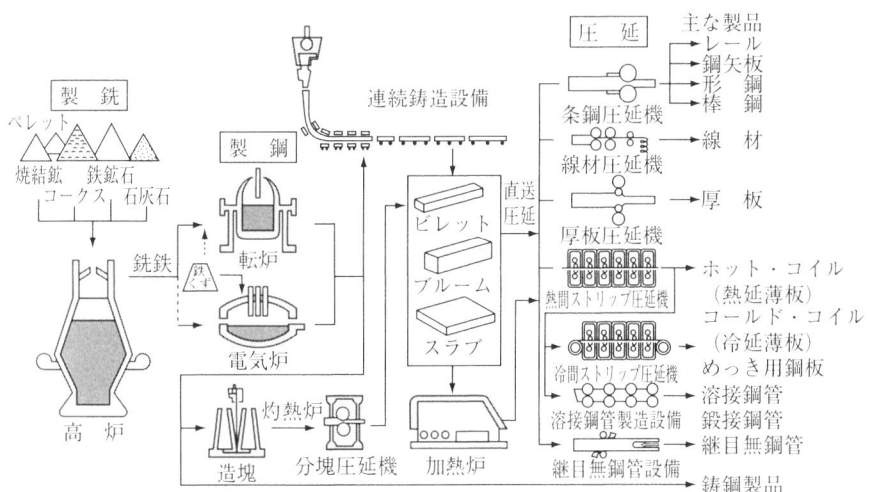

図1·5　鉄鋼の製造工程
(出所：日本鉄鋼連盟)

元の工程である．

次いで溶銑や鉄くず(スクラップ)を原料とし，転炉や電気炉などの製鋼炉中に装入して加熱溶解すると共に酸素または鉄鉱石を用いて溶銑中の不純物を酸化除去して目的組成の鋼を精錬し，連続鋳造機または造塊法により鋼片(粗鋼；ビレット，ブルーム，スラブ)を作る．これを製鋼工程と呼び酸化の工程である．

最後に，できた鋼片を加熱してから圧延機にかけて圧延し，棒，線，板，管などの鋼材に仕上げる．これは圧延工程と呼ばれ，機械的な工程である．

以上のように製銑-製鋼-圧延の3工程を一単位の工場で行うことを銑鋼一貫作業と呼び，近代的な大型工場は大部分がこのような銑鋼一貫製鉄所(総合製鉄所, Integrated Iron and Steelmaking Works または Integrated Mill)である．このような工場では(1)高炉で生産された溶銑を高温のまま製鋼炉にまわせるので能率がよく熱を経済的に利用できる．(2)高炉，転炉，コークス炉より出るガスは燃料に，またコークス炉より取れる副産物などを化学製品などに有効に利用できる．(3)高炉や製鋼炉より出るスラグなどはセメント原料や骨材などとして利用できるなどの利点がある．銑鋼一貫製鉄所の巨大工場では，敷地は700～1000万 m^2, 3000～10000人以下の人員で年間600～1000万トン以上の粗鋼を生産する合理化した工場になっている．これに対し，地方的な原料事情や経済状態の下で，製銑のみを行う高炉メーカー，鉄くずなどを原料として，製鋼-圧延のみを行う電炉メーカー(ミニ・ミル)，圧延のみを行う単圧メーカーなど，年間数10万トンから，数万トン規範の工場も多数併存している．

1·6 工場立地と工場配置

製鉄所の立地には，鉄鉱石や石炭などの主原料の生産地近くに設置する原料立地と，鋼材消費地である工場地帯に設置する消費地立地が考えられる．最近の巨大製鉄所は殆ど後者に属している．特に我が国のように国内資源のない国では，原料を海外より運んで来るため，大規模な岸壁，荷役機械，貯鉱所，製品の保管や積み出しなどの港湾設備をもった臨海製鉄所が普通となっている．特に我国における巨大製鉄所は，臨海製鉄所に

| 大型高炉 |―| 純酸素転炉 |―| 連続鋳造 |―| 高速圧延機 |

をつなぐ，十分計算機制御された生産工程で操業されている合理化された

1·6 工場立地と工場配置

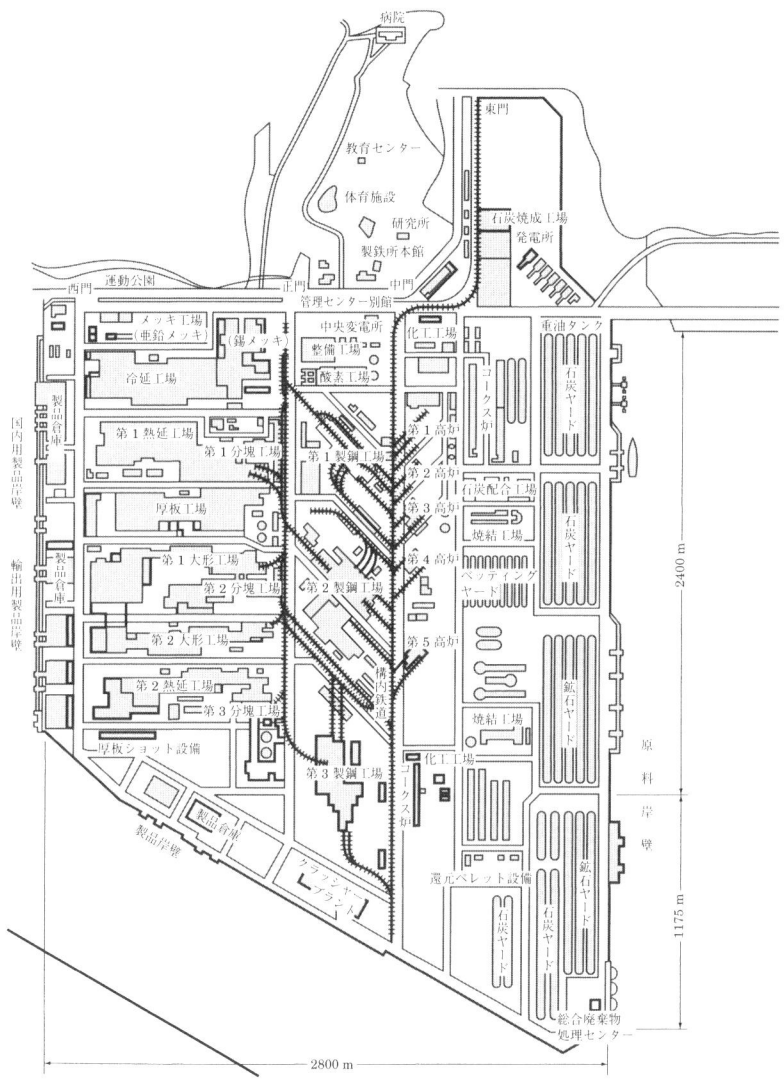

図1·6 粗鋼年産能力
1600万トン製鉄所のレイアウト例
(出所:日本鉄鋼連盟,鉄ができるまで)

また工場内においては，原料の受け入れより，製銑-製鋼-圧延の各工程間で，大量で高温の原料，中間品，廃棄物，製品が移動しており，製鉄業は運送業であるとも言われている．従って工場内における設備や工場は，作業の流れが円滑に進み，輸送量が最小ですむような配置が必要である．また大量の工業用水と各エネルギーを必要とするので，水の回収再利用は勿論，エネルギー(各種ガス，水蒸気など)の配管など合理的な運送と配置が計られ，中央管理室で集中的に管理・運用されている．大型製鉄所工場配置の一例を図1・6に示した．

2. 高炉製銑法

2·1 高炉製銑法の概要

　高炉(溶鉱炉)は15世紀頃ライン河上流地方で出現して以来現在まで，製鉄法における最も重要な製錬炉として次第に発展してきた．

　高炉は竪型炉(shaft furnace)の一種で(英語 blast furnace，独語 hochöfen，英語略号 BF)である．主原料である塊成鉱(塊鉱，焼結鉱，ペレットなど)と媒溶剤である石灰石を混合した鉱石類と，還元剤であり熱源でもあるコークス(木炭)を炉頂部より層状に装入する．これに対して炉床部羽口より 1570 K 程度の熱風を吹き込む．従って羽口先は高炉内で最も高温部分であり，2570 K に達し，コークスは $CO(g)$ に燃焼して，大量の還元性高温ガスとなって上方に流れる．炉内では炉頂部よりの装入物は次第に下降し，高温還元性ガスは上昇する向流型の熱および物質の移動が起きている．装入された鉱石類は上方より次第に，乾燥，加熱，還元，滲炭をうけ溶銑の形で炉床部に溜る．また鉱石中の脈石成分は石灰石($CaCO_3$)より熱分解して生成した石灰と反応して $CaO-SiO_2-Al_2O_3$ 系を主成分とする溶融スラグになって，やはり炉床部に溜る．炉床部に溜った溶銑と溶融スラグは間歇的に炉外に出銑，出滓する．

　炉頂より排出される排ガスは 520 K で 25〜30% CO を含むため，完全回収して高炉ガス(BFG)として燃料として使用する．特に送風空気を加熱する熱風炉で使用される．

　高炉の長所は，(1)向流機能により熱交換が十分行われ，熱効率が高い．(2)大量処理が容易で生産性が高い．(3)使用できる原料組成の幅が広い，(4)鉄分歩留が高い，(5)稼働率が高い(99%程度)，(6)炉寿命が長い(15〜20年)などである．一方短所は(1)得られるものが銑鉄であり，その成分制御が難しい．(2)正確な温度制御が難しいなどが挙げられる．

　高炉の操業においては，高炉の通気性，温度分布，装入物降下状況など

が極めて重要であり，これらを制御するため，装入物の整粒，炉内装入方法，および送風法などを十分に監視して制御している．2000年現在日本では約30基の大型高炉が稼働している．

2・2 原　　料

高炉製銑法の主要な原料は鉄鉱石，コークス(石炭)および媒溶剤(石灰石など)である．

2・2・1 鉄鉱石

(1) 鉄鉱石の種類

鉄鉱石とは製錬して利益の得られる含鉄鉱物のことであり，主要なものとして表2・1のようなものがある．

赤鉄鉱(hematite)は，赤色を帯び，条痕色は赤褐色であり，多くのものは磁性を有しない．高炉内において被還元性が良好である上，鉄鉱石中埋蔵量の約50％程度を占める故，最も重要な鉄資源である．

褐鉄鉱(limonite)は，結晶水を含む．塊鉱は高炉内で熱割れを起こすものがあり，水分分解熱を消費するため，焼結鉱やペレットの原料として使用され，単味で高炉に使用されることは少ない．

磁鉄鉱(magnetite)は，黒色または黒褐色を呈し，強い磁性をもっている．これを利用して低品位鉱から磁力選鉱により鉄分を富化することが可

表2・1　鉄鉱石鉱物の諸性質

	化学式	化学式から計算した組成		結晶系	比重	硬さ(Moh's)	色	磁性
		Fe(％)	H_2OまたはCO_2(％)					
赤鉄鉱	Fe_2O_3	70.0		六方晶系	4.5〜5.3	5.5〜6.5	赤，赤褐灰，黒	弱磁性
磁鉄鉱	Fe_3O_4	72.4		等軸晶系	4.9〜5.2	5.5〜6.5	鉄黒	強磁性
褐鉄鉱	$Fe_2O_3 \cdot n\,H_2O$ $n=0.5〜4$ 結晶 FeOOH	66.3〜48.3 62.9	(H_2O) 5.6〜31.0	非晶質+斜方晶系	3.6〜4.0	4.0〜5.5	黄褐赤褐	弱磁性
菱鉄鉱	$FeCO_3$	48.3	(CO_2) 37.9	六方晶系	3.7〜3.9	3.5〜4.0	淡黄褐色	弱磁性

能である.純粋な磁鉄鉱の理論鉄分量は72.4％で,天然鉱石としては最大であるが,高炉内での被還元性が悪いため,塊鉱単身では使用せず,破砕して焼結鉱やペレットの原料として使用する.赤鉄鉱に次いで重要な鉄資源である.

菱鉄鉱(siderite)は,鉄炭酸塩である.淡灰石または褐色で,条痕色は白または淡黄色である.ヨーロッパの一部で使用されているが,日本では使用されていない.

その他の鉱石類として,砂鉄,硫酸焼鉱,ミルスケール,老廃くず鉄などが使用されている.

(2) 鉄鉱石中の含有成分と評価

高炉で使用される鉱石類の鉄分は普通50～60％程度で,これより高いものを富鉱とする.またこれより低い場合は貧鉱であり,特殊な場合以外は使用しない.鉄石中有効成分は Mn および CaO である.脈石成分として SiO_2 および Al_2O_3 が不要成分として必ず混入している.また高炉内で還元されて銑鉄中に入り,品質を害する有害成分として,S, P, Cu, As, Sn, Cr などが鉱石により含まれている.

(3) 鉱石の性状

鉱石類は物理的性状として粒度,気孔率,圧縮強度,粉化性,熱的衝撃性などが,化学的性質として被還元性(還元され易さ)などが重要な性質である.高炉は下部より熱風を送る関係上,粒度は特に重要であり,最近は徹底した整粒を行っており $\phi 10$～25 mm の大きさに砕き整えて使用する.この範囲以下の粉鉱は後述する塊状化処理により,焼結鉱やペレット原料として使用する.図2・1[1]に日本における高炉原料の使用内訳を示したが,近年は鉱石類の整粒化を徹底し,上記粒度範囲の生塊鉱の使用量は10～15％に過ぎない.すなわち世界における原料鉄鉱石の大部分は結果として粉鉱石であると考えてもよい.

(4) 鉱石の供給状況

世界における鉄鉱石の可採埋蔵量は1500億トン程度(1991年)であると言われており,現在の世界の生産量は10億トンであるから150年程度の可採年数[2]であり,生産量の急激な伸びがない限り資源的に問題はない.しかし,日本には大きい鉄鉱床は存在せず,その100％を輸入に頼っている.主要輸入国は1997年ではオーストラリア(51.4％),ブラジル(23.0％),インド(13.0％),南ア,カナダなどであり,買付保証づきの形

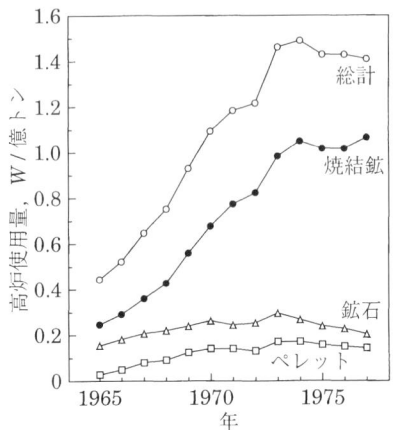

図2・1 日本における高炉原料使用の内訳と使用量推移

で鉱山開発を行っている．また，その輸送には10～25万トン級の大型鉱石船や鉱油兼用船を就航させ，輸出輸入国とも港湾荷役設備は充実したものとなっている．

2・2・2 コークス

コークスは高炉中で，鉄鉱石の還元剤，原料を溶解する熱源の外に，高炉の通気性の保持などの役割をしている．コークスは原料炭をコークス炉で乾溜して製造する．

(1) 原料炭

コークスは数種の原料炭を粉砕混合し，コークス炉中で空気を遮継して1470～1570 K にて14～18時間むし焼き(乾溜)にして製造する．このように乾溜して多孔質で機械的強度(潰裂強度)の高いコークスが得られる性質を石炭の粘結性(coking property)と言う．そして粘結性の高い石炭を強粘結炭，そうでないものを非粘結炭と呼ぶ．また，製鉄用に使用される石炭を原料炭と呼び一般の梵焼炭とは区別している．

世界における瀝青炭と無煙炭の可採埋蔵量は約1兆755億トン(1989年，世界エネルギー会議)と言われている．1990年の瀝青炭および無煙炭の生産量は36億トンであるので，約300年間[2]の膨大な可採量がある．

石炭類の中で粘結性をもつものは，その一部で約10%と言われ，600億トン程度とされている．1989年のコークス用石炭使用量は5億トンであるので，約120年の可採年数[2]である．しかしその賦存地区は偏在してお

り，アメリカ，ロシア，中国などである．日本には原料炭の産出はなく，1997年にはオーストラリア(50.4%)，カナダ(24.9%)，アメリカ(8.2%)，インドネシア(4.3%)，中国(4.2%)などから100%輸入している．

コークスの製造にはコークス炉が必要である．コークス炉ではコークス，コークス炉ガス(COG)の外にアンモニア，ベンゼン，タールなどの化成品が得られ，これらを有効に利用している．

(2) コークスの性状

製鉄用コークスは，強さ(潰裂強さ，90～92)が高いこと，灰分の少ない(11%以下)こと，粒度が適当な大きさ(25～75 mm)で揃っていること，硫黄分が低い(0.5～0.6%)こと，および多孔質で表面積が大きく反応性に富んでいることなどが望まれる．

粘結炭は資源が乏しく，価格も割高であることより，非粘結炭を主原料とする成形コークスが研究された．この方法では弱粘結炭を粉砕し，粘結剤を加えてブリケット(成型炭)とし，竪型シャフト炉にて1370 K 程度で乾溜する．非粘結炭の使用量は60～80%程度になる．

2・2・3 副原料

製鉄原料のうち，鉄源である鉄鉱石，および原料炭を主原料と言い，これ以外の原料を副原料と言う．高炉における副原料としては媒溶剤およびマンガン鉱石などがある．

(1) 媒溶剤

高炉における主原料中の脈石成分は，炉内で生成した銑鉄と分離して，溶融状態で炉外にスラグとして流出せしめる．このように脈石成分と反応して低溶融点をもち，流動性のよいスラグを作るため添加されるものが媒溶剤である．原料中の主要な脈石成分はSiO_2およびAl_2O_3であり，また生成スラグが溶銑に対して脱硫力を有するよう，媒溶剤としては石灰石($CaCO_3$, lime stone)が添加される．石灰石の添加量は(質量%CaO)/(質量%SiO_2)=1.0～1.4程度になるようにし，20～50 mm に整粒して鉱石に混合して高炉に装入する．(質量%CaO)/(質量%SiO_2)はスラグの塩基度(basicity)と呼ばれる重要な指標であり，塩基度>1.0を塩基性操業，塩基度<1.0を酸性操業と呼ぶ．高炉スラグ中のAl_2O_3量は10～20%程度で，Al_2O_3の高い鉱石類には，その対策として MgO を含む媒溶剤を加える．このような媒溶剤として苦灰石(dolomite, $CaCO_3 \cdot MgCO_3$)，カンラン石(peridolite, $((Mg, Fe)O \cdot SiO_2)$，蛇紋岩(serpentine, $3MgO \cdot 2SiO_2 \cdot 3H_2O$)

などがある．

(2) マンガン鉱石

普通の製鋼用銑では1％程度のMnが含まれている．Mnは製鋼過程で脱硫および脱酸作用を有し，また鋼材の靭性を高める．マンガン鉱石としてはMnが15％以上，Fe分20％以上の鉄マンガン鉱石が広く使用されており，これによりMnの高い35％Mn以上の高マンガン鉱石はフェロマンガン(Fe-Mn合金)製錬用原料として使用される．

2·2·4 選鉱

採鉱された鉱石中の脈石成分や母岩を分離して有効成分を富化させることを選鉱(mineral dressing)と言い輸送費や製錬費を節減するために行う．

(1) 比重選鉱

鉄鉱石類の比重は4～5であるが，脈石類は3以下であるので，この比重差を利用して選鉱する．

(2) 磁力選鉱

鉱物中の鉱石と脈石の磁力の差を利用して行う選鉱法である．磁鉄鉱は強磁性であることを利用して，磁鉄鉱類の選鉱に広く利用されている．

(3) 重液選鉱

鉱石と脈石の中間の比重をもつ重液中に鉱物を入れ，重い鉱石を沈ませ，軽い脈石を浮かせて選別する．比重選鉱法の一つでもある．

(4) 浮遊選鉱

水中における鉱物粒の水泡に対する親和力を利用して有効成分を含む鉱粒を集める選鉱法で，鉄鉱石類にはあまり利用されていない．

2·2·5 事前処理

高炉に使用する原料類は，操業を円滑にし，生産性を高めるため，できるだけ炉内反応に適する状態で装入する．その目的で行う処理を事前処理または原料の予備処理と言う．この方法としては，整粒，オア・ベッティング(ore bedding)，および粉鉱の塊状化処理法である焼結(sintering)，ペレタイジング(pelletizing)などがある．

(1) 整粒

採鉱された鉱石は破砕，篩い分けなどにより，使用目的に沿った粒度に揃える．

(2) オア・ベッティング

高炉に装入する鉱石は，成分および形状が常に揃っている事が望まれ

る．そのため，数種の銘柄の鉱石を同時に使用する時には，これを装入前に混合することが大切である．オア・ベッティングはその一方法で，使用する鉱石を三角柱状に横に銘柄別に積み重ね，かき取り機で各銘柄のものを同時に削り取って混合する方法である．

(3) 焼結法

比較的粗粒の粉鉱石(10 mm 以下)に3〜7％の粉コークスと適度の水分を混入し，下部に火格子と風函を有する焼結鍋に装入する．次いで下方向きに風函にて空気を吸引しながら，上部より点火し，コークスの燃焼熱により 1470〜1570 K 程度に加熱して溶着・塊鉱化する．焼結鉱(sinter)は多孔質で被還元性がよく，SやAsの70〜80％が除去される．

また焼結原料中に石灰石を添加し(質量％CaO)/(質量％SiO_2) = 1.0以上になるようにして製造した焼結鉱を石灰焼結鉱または自溶性焼結鉱(self-fluxing sinter)と呼び，被還元性が著しく改善され，高炉内における石灰石分解熱量だけコークスが節約でき，原料類の混合により炉内反応が促進されるなどの利点があり，現在では殆ど自溶性焼結鉱が使用されている．

また最近では焼結機としては図2・2に示すような連続操業方式のドワイト・ロイド式(DL式)と呼ばれ日産5000〜7000トンの大型機が稼働している．

(4) ペレタイジング法

焼結法(sintering)では空気を吸引して着火燃焼するため，通気性の悪い微粉鉱を使用できない．ペレタイジング法(pelletizing法)は微粉鉱石の塊

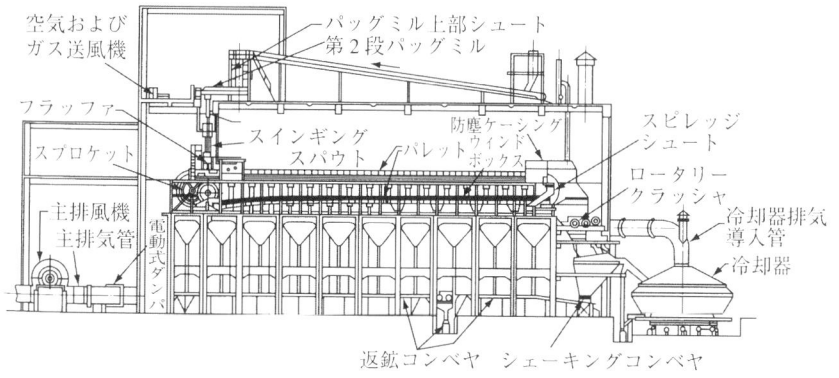

図2・2　ドワイトロイド式焼結機

状化法であり，粉砕-造粒-焼成の3工程よりなる．すなわち微粉鉱に水分および粘結材としてのベントナイトを0.5%程度を添加し，造粒機(ドラム型またはデスク型**図2・3**参照)で直径10〜15 mmの球状鉱(生ペレット，green pellet)を作る．これを焼成炉で1470〜1570 Kに加熱焼成して製造する．ペレットは粒度が揃っており，被還元性も改善され，圧潰強さが高いなどの優れた点がある．焼成炉には**図2・4**のようなグレート・キルン型焼成炉のような大型連続式の炉が使用されている．

またペレタイジング原料中に石灰石粉を混合して焼成した自溶性ペレット，さらにまた結合剤としてセメントなどを配合し，焼成せずに固化した

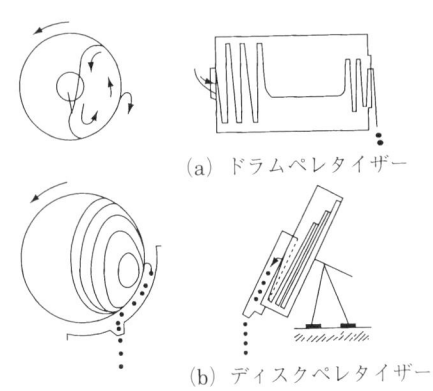

(a) ドラムペレタイザー

(b) ディスクペレタイザー

図2・3　ペレット造粒機
(ペレタイザーにおける原料の動き)

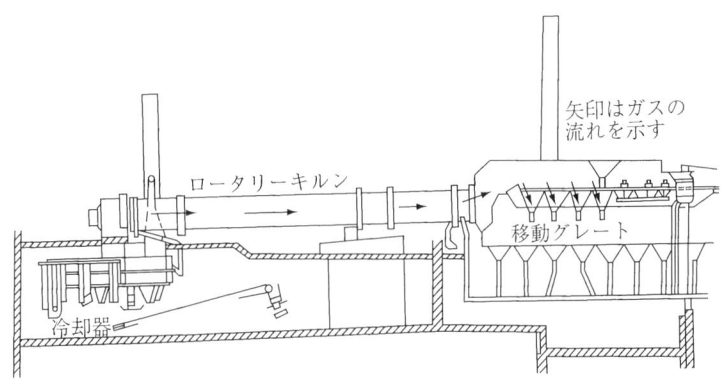

図2・4　グレートキルン式焼成炉

冷間結合ペレット(cold bond pellet)などが開発され使用されている．

2・3 高炉設備

2・3・1 高炉設備概要

最近の大型高炉は高炉1基1日当り1万トン以上の銑鉄を生産する．従って大量の原料，製品および副産物を処理して，これを搬入および搬出する必要があり，高炉本体を中心とする付帯設備の配置はさまざまな制約をうける．

高炉設備の大略を図示すれば図2・5のようである．(1)高炉本体を中心として，(2)原料巻揚げ設備，(3)送風機および，(4)熱風炉，(5)鋳床設備，(6)ガス清浄設備の外，(7)環境集塵設備よりなっている．

これらの付帯設備を立体方向から見ると図2・6のようである．原料巻揚げ設備は小型炉ではスキップ式のものが多く採用されていたが，大型炉では高炉本体周辺で大量の溶銑や溶融スラグを処理するため，立体的なベルトコンベヤー方式が普通となっている．高炉ガスはガス清浄装置を通した後，熱風炉で燃焼して煙突へと送る．

2・3・2 高炉本体

(1) 高炉の名称と能力

高炉は徳利型をした竪型炉(シャフト炉)の一種であり，上部より図2・7に示すように，炉口(throat)，炉胸(shaft)，炉腹(belly)，朝顔(bosh)および炉床または湯溜り(hearth)よりなっている．高炉の外部は厚い鉄板で

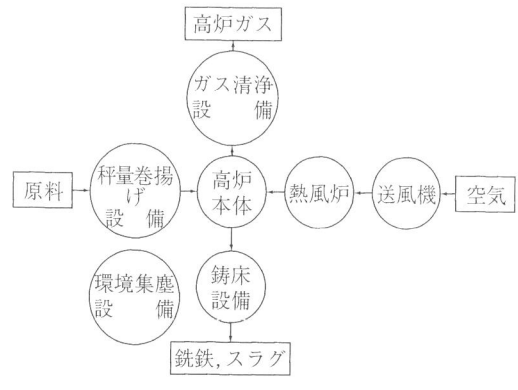

図2・5 高炉の設備フロー

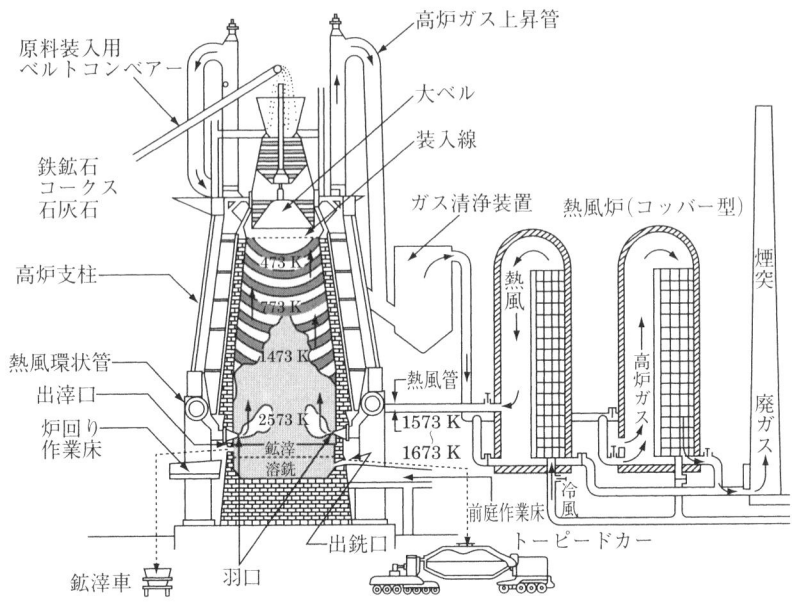

図2・6　高炉と付帯設備
(出所：日本鉄鋼連盟)

覆われ，内部は耐火れんがの厚い壁が張られており，周囲に鉄柱をやぐら形に組んで炉体を支えている．また炉体は図2・7のように水冷される．

高炉の能力は1日当りの出銑量(t/d)で示すが，操業法によっても出銑量は異なるので内容積でも表示する．高炉内容積の表示には次の2つの場合がある．

　内容積(inner volume)……ストックライン－出銑口下端
　実効内容積(working volume)……ストックライン－羽口中心線

また高炉内容積1 m^3 当り，1日の出銑量($t/m^3 \cdot d$)を出銑比と呼び，高炉の生産性を示す指標として用いられている．

1950年代の高炉の内容積は1000 m^3 強で，その頃の出銑比は約1であり，日産1000トンの出銑であった．その後1956年頃に生産性の著しく高い純酸素転炉製鋼法が導入され，大量の溶銑を必要とするため高炉の大型化が計られ，1976年住金鹿島第3高炉では内容積は5000 m^3 強となった．この頃には操業法の改善により出銑比は2程度以上になったので，1日当り10000トン以上を出銑するようになった．この程度の超大型炉では高炉

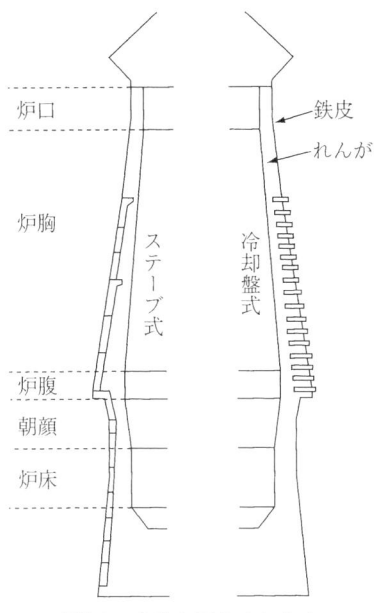

図2・7 名称と炉体冷却方式

本体の高さは30m,炉床直径は14m程度であり,高炉の基礎から炉頂煙突先端までの高さは110m強に及ぶ.

2・3・3 原料巻揚げおよび装入設備

高炉における原料類は鉱石(鉄鉱石＋石灰石)とコークスを層状に炉頂部より装入する.最近の大型炉では原料類の炉頂部への巻上げは高能率なベルトコンベヤー方式になっている.

炉頂部装置としては,原料が円周方向に均一に分布して炉内で均一な通気性が維持できること,高炉ガスは完全回収してガス燃料として使用する関係上ガス漏洩のないこと,および操作が容易で長期間の使用に耐えること,などが必要とされる.最近では図2・8に示すようにベル式装入装置,旋回シュート式装入装置などが用いられている.

2・3・4 熱風炉および送風機

高炉における送風では,空気を熱風炉(hot stove)で1000〜1500Kに加熱した熱風を,炉床部に設けた羽口(tuyere)より炉中心部に向けて220〜280m/sの速度で炉内に吹き込まれる.

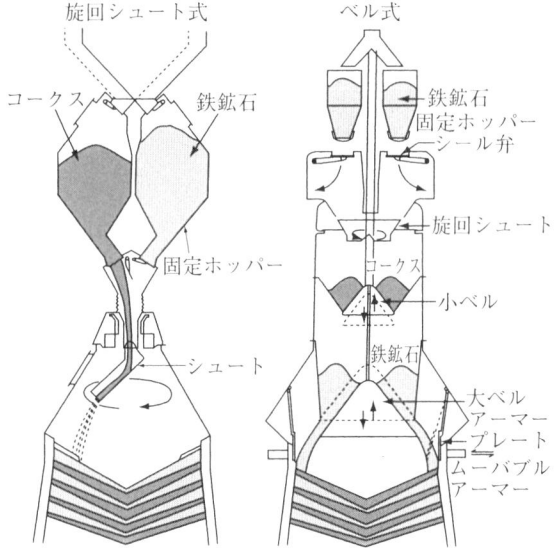

図2・8　原料装入設備
(出所：日本鉄鋼連盟)

　熱風炉は種々の型式のものが工夫されているが，燃焼室と蓄熱室が一体になっているコッパー型熱風炉を図2・6に示す．蓄熱室には耐火れんががチェッカー状に積まれており，燃焼室にて高炉ガスやコークス炉ガスを燃焼して，これにより蓄熱室れんがを加熱し，次に反対方向より冷風を送って空気を加熱する．従って熱風炉は加熱期−放熱期を交互に繰り返して熱風を得る．そのため熱風炉は高炉1基につき2基以上設備する．最近は1570～1670 K の高温の熱風を送るようになり，燃焼室と蓄熱室が分離型になり，耐火度の高い珪石れんがを使用するようになった．

　熱風の送風量は銑鉄トン当り 1050～1100 m^3(Nm^3，標準状態体積)で，高炉の大型化により送風量も多くなり，電動モータ駆動の軸流送風機が多く使用されている．空気は送風機より熱風炉，熱風炉環状管を経て羽口より送風する．羽口は銅製水冷式で大型炉では30～40本が設備されている．

2・3・5　鋳床設備

　炉床部には前述の羽口のほか，4～5個の出銑口(tap hole)と出滓口(cinder notch)が設けられ，必要に応じて間歇的に出銑および出滓作業を行う．
　溶銑はトーピードカーまたは溶銑鍋に受けて製鋼工場に運搬されるが，

余剰のある時は5～15 kgの鋳型を並べた鋳銑機,またはジェット水を吹きつけてϕ10～20 mmの粒状銑鉄を作る粒銑機に回して冷銑として一時的に保存する.

2·3·6 高炉ガス清浄設備

高炉炉頂からは通常銑鉄トン当り1400 m^{3}程度のガスが発生する.このガスはCOを約20％,H$_2$を2.8～3.2％を含み,3400 kJ/m^{3}程度の発熱量を有する.そのため除塵器,ベンチュリースクラバー,電気集塵機などにより清浄後,熱風炉,コークス炉,ボイラーなどの燃料として使用する.

2·3·7 高炉の計装設備

高炉の大型化における問題点は(1)通気性の保持,(2)大量の溶銑とスラグの処理,および(3)安定操業であった.安定操業は製鉄所全体の生産性を左右する重要事項であり,炉況が常に安定して必要な量の溶銑が常に得られるよう,炉況の安定と自動制御を目標に多種の計装設備を設け,それをコンピューターと直結して中央操作室で集中管理されるようになっている.しかし,現在高炉では1000点を越すセンサーが炉体全体に設備されコンピューターと結合されているが,完全な自動制御はされていない.これまで数式モデルなどによる自動制御などが研究されてきたが,最近は熟練工の経験をコンピューターの判断に導入するエキスパート・システムなどが導入されている.

計装設備は自動制御用計装と,直接制御用機能をもたず,安全のための検出用計装があり,これらを中央管理室で監視している.その2,3の例は次のようである.

制御用計装 ｛ 秤量制御～鉱石,コークス装入制御
送風制御～送風量,送風温度,送風湿分,燃料吸込量
炉頂圧制御

検出用計装 ｛ 炉体各部の温度計～炉壁,ステーブ炉床の各部の温度計
炉体冷却装置の検出～給水圧力,給排水流量,排水温度
操作管理用検出～工業用TVカメラ

2·4 高炉操業

2·4·1 日常作業

新しく建設したり,改修の終った高炉の操業を開始することを「吹き入

れ(blowing in)」、また高炉の操業を全く停止することを「吹き卸し(blowing out)」と言う．

高炉では炉頂部より装入した全原料中のコークス中炭素と，鉱石類中の還元される酸素は，ガスとして炉頂より排出され，残りはすべて銑鉄とスラグになる．従って原料類の化学組成が分れば，銑鉄とスラグの，量と化学組成の大略を計算により予測できる．これより目的組成の銑鉄とスラグを作るため原料類の配合計算を行う．普通は銑鉄と原料の化学組成を基にして，スラグ塩基度(質量%CaO)/質量%SiO_2=1.2〜1.3，(質量%Al_2O_3)≒15%を目標に計算する．

装入は装入物深度計が予定の所に降下した時にコークスと鉱石類(鉱石＋石灰石)を交互に層状に装入する．一対の装入を1チャージと呼び，1チャージの装入量はガス流分布制御を主目的として決め，コークス量一定(コークベース)または鉱石量一定(オアベース)とし，他方の量は燃料比の変動に応じて装入する．

出銑作業は1日当り3〜5時間毎に行い，出滓作業は大型炉では連続的に行う場合が多い．

高炉操業は，出銑温度，銑鉄中Si量，銑鉄中S量，スラグ組成，送風圧，原料の降下状況，炉頂ガス成分などを重要な指標として炉況の判定を行う．

高炉は一度吹入れたら，内部れんがが侵食されて操業できなくなるまで15〜20年程度連続的に操業する．これを炉一代と呼ぶ．

2・4・2 製鉄原単位と製品

(1) 製鉄原単位

銑鉄1トンを作るに必要な原料や費用を製鉄原単位と呼ぶ．原単位は原料の品質や操業法によっても変化するが，その大略の一例を示せば**表2・2**のようである．上記の外に約1050〜1100 m³(Nm^3，以下省略)の空気，30〜32トン(淡水7，残り海水)の冷却水を必要とし，約1400 m³の高炉ガス，0.3〜0.35トンのスラグと0.1トン程度の高炉ダストを排出する．

(2) コークス比

銑鉄1トンを作るに必要なコークス量(トン)をコークス比(coke rate)と呼び，高炉操業技術の優劣の指標となっている．高炉スラグ中の鉄分は通常操業では(%FeO)<0.5で，鉄分歩留は大略100%である．それ故，銑

2·4 高炉操業

表2·2 高炉で銑鉄1トンをつくるのに要する原料

品 目	数 量	品 目	数 量
鉄 鉱 石	259 kg	コ ー ク ス	431 kg
焼 結 鉱	1246 kg	石炭(微粉炭)	80 kg
ペ レ ッ ト	126 kg	石 灰 石	2.0 kg
その他鉄源	1.0 kg	電 力	63.4 kWh
マンガン鉱石	1.0 kg		

(出所:日本鉄鋼連盟)

表2·3 銑鉄の代表的規格例

	C	Si	Mn	P	S
製鋼用銑 1種1号	3.50%以上	1.20%以下	0.80%以上	0.500%以下	0.050%以下
鋳物用銑 1種1号A	3.40%以上	1.40~1.80%	0.30~0.90%	0.450%以下	0.050%以下

鉄1トン当りに必要な鉱石量(鉱石比,トン)は,鉱石の鉄分品位によって決まる.また石灰石使用量は鉱石とコークス中の脈石成分,特に SiO_2 の量によってきまる.しかし,コークスは還元剤と熱源に使用されるため操業法によって可成大きく変化するからである.コークス比は1950年代までは大略1.0であったが,操業技術の進歩により最近では0.45程度となっている.

(3) 銑 鉄

銑鉄は製鋼用銑と鋳物用銑に分けられ,JIS規格で決まっている.これを表2·3に示す.一般に製鋼用銑はSiが低くMnが高い.特にS, P, Cu, Asなどに制限のある場合がある.鋳物用銑はSi量を高めとし,Mnを低めとする.ダクタイル鋳物などではS, Cr, As, Sbなどの不純物が低い事が望まれる.

2·4·3 送風技術

戦前における高炉操業実績ではコークス比1,出銑比0.8~1.0程度であったが,最近ではコークス比0.45,出銑比2.0~2.2と著しく向上した.これは(1)原料の整粒,(2)自溶性焼結鉱の利用,および(3)送風技術の進歩によるものである.

高炉における銑鉄1トン当りの送風量は操業法によっても多少変化するが,普通操業では大体一定であり,高炉出銑量の間に次の簡単な関係が

ある.

$$出銑量(t/d) = \frac{総送風量(m^3/d)}{銑鉄トン当り送風量(m^3/t)}$$

したがって増風すれば増産になり，減産時には減風する．送風法には次に述べるように，種々の技術的改善が行われたが，日常作業では炉況により，これらの送風技術を組合せて行う．これを複合送風と呼ぶ．

(1) 高温送風

高炉に吹き込まれる熱風温度は従来は 970～1270 K 程度であったが，最近では 1570～1670 K にまで高められた．送風温度の上昇により，送風中に持ち込まれた顕熱分だけコークス比が低下する．10 K の上昇により 1.0～1.5 kg のコークスの節約となる．また羽口先温度の上昇により炉内反応が促進され，生産性も向上する．

(2) 調湿送風

送風中の水分量は天候により変化する．炉内に吹き込まれた水分は次式のように分解し吸熱反応を起こす．

$$H_2O(g) + C(S) = CO(g) + H_2(g) \tag{2·1}$$
$$\varDelta H°_{298}/kJ = 131.3 \text{（水蒸気 1 モル当り）}$$

したがって水分の分解熱により羽口先の温度が下り，これが変動すると炉況が不安定となる．そのため送風中水分量を調節するのが調湿送風である．方法としては送風中水分を除去する乾風送風が望ましいが，経済的理由から逆に 15～30 g/m³ の水分を加えて変動を少なくする湿分送風が一般に行われている．吸熱反応により，水分 1 g の増加は 0.5～0.7 kg のコークス比の増加となる．送風中酸素の増加により生産性は向上する．

(3) 酸素富化送風

空気中の酸素量 21% に対して，2～3% 酸素を富化して送風する．送風中の酸素は羽口先で過剰の炭素と反応して CO(g) を生成し大きい発熱反応となる．

$$2C(s) + O_2(g) = 2CO(g) \tag{2·2}$$
$$\varDelta H°_{298}/kJ = -221.1 \text{（酸素ガス 1 モル当り）}$$

送風単位当りのコークス燃焼量が増加するから生産性が向上する．1% 酸素富化により 6% の出銑量の増加が見られる．また送風単位当りの発熱量が増大し，排ガス発生量は減少するから，羽口先温度が上昇し，熱交換が早く進行するため炉頂部の温度は低下する．酸素富化送風は次に述べる

高炉への燃料吹き込みにおける炉床部の熱補償としても利用される．

(4) 燃料吹き込み

高炉羽口から天然ガス，コークス炉ガス，重油，微粉炭などの補助燃料を吹き込みコークス比の低下を計る．一般にはコークス比と補助燃料比の和を燃料比と呼ぶ．日本では，かつて高温送風や酸素富化送風と一緒に重油の吹き込みを行ってきたが，2度の石油ショックの後は重油に代り微粉炭の吹き込み(PCI: pulverlized coal injection)が行われてきた．使用石炭は安価な非粘結炭を粉砕し，羽口先の熱補償のため高温送風，酸素富化送と共に炉内に吹き込む．操業の実際例を示せば図2・9のようで，微粉炭115 kg 吹き込みにより，コークス比は398 kg まで低下し良成績を得ている．

(5) 高圧操業

高炉における通気抵抗を上げずに，より多くの送風を行うことにより出銑比を向上せしめ，また炉内還元性ガスの滞在時間を長くして還元ガス利用率を高め，コークス比を低下せしめる方法が高圧操業である．

高炉ガス出口の炉頂圧は通例の操業ではゲージ圧で3.9〜6.9 kPa(0.04〜0.07 kg/cm^2)であるが，これ以上炉頂圧を上げる方法が高圧操業である．最近の日本の大型炉では炉頂圧196.1〜245.2 kPa(2.0〜2.5 kgf/cm^2)炉頂設備能力では245.2〜294.2 kPa(2.5〜3.0 kg/cm^2)が一般化している．

高炉の通気抵抗 ΔP(圧力損失)は，他の条件が同一であれば $\Delta P \propto \rho \cdot u^2$ (ρ：密度，u：ガス流速)の関係がある．すなわち，圧力損失は ρ の1乗

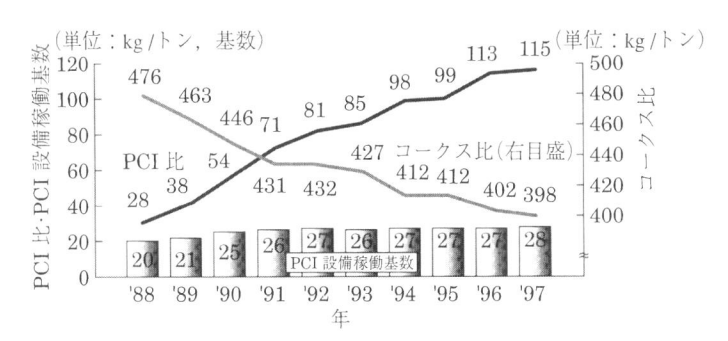

図2・9 高炉の PCI 設備稼働基数，PCI 比，コークス比の推移
(出所：日本鉄鋼連盟)

に比例するが,流速の2乗に比例する.従って高圧にすれば(ρを大きくすれば)通気抵抗を上げずに増風する事ができる,すなわち送風量の増加により出銑比を上げることが可能になる.また高圧にすることにより炉内COガスの炉内滞在時間が長くなり,還元ガスの利用率が向上して,コークス比が低下する.炉頂圧98 kPa(1 kgf/cm^2)の上昇により出銑比2%増,コークス比2.2 kg低下などの成果が得られている.

また高圧操業では高炉ガスを炉外に排出する時に,高炉炉頂圧回収タービンを設備して,電力の形でエネルギー回収を行っている.

2·5 製銑の化学

製銑工程は還元反応の工程である.それ故に製銑の化学の主な内容は,酸化物の還元,スラグの生成,および強還元性雰囲気におけるスラグーメタル間反応などである.

2·5·1 酸化物の標準自由エネルギー

金属の酸化還元反応において,金属および酸化物が純物質であれば,その標準自由エネルギーは次式で示される.

$$2m/n\mathrm{M} + \mathrm{O}_2(\mathrm{g}) = 2/n\mathrm{M}_m\mathrm{O}_n \qquad (2\cdot3)$$

$$\Delta G° = -RT \ln K = RT \ln P_{\mathrm{O}_2} \qquad (2\cdot4)$$

ここで$RT \ln P_{\mathrm{O}_2}$のことを酸素ポテンシャル(oxygen potential)と言う.図2·10に各種酸化物の酸素1モル当りの標準自由エネルギーと温度Tの関係を図示した.これを酸化物の自由エネルギー・温度図(Ellingham's diagram)という.標準自由エネルギーの減少量は標準状態における酸素に対する化学親和力を示す.従ってこれを高炉内反応に利用し,炉床部温度として1800 K程度を仮定すれば,$2\mathrm{Fe}+\mathrm{O}_2=2\mathrm{FeO}$線より上方にある$\mathrm{Cu}_2\mathrm{O}$, PbO, NiO, CoOなどは高炉内ですべて金属に還元され100%メタル相中に入る.また$2\mathrm{Fe}+\mathrm{O}_2(\mathrm{g})=2\mathrm{FeO}$と$2\mathrm{C}+\mathrm{O}_2=2\mathrm{CO}$の中間にある$\mathrm{Cr}_2\mathrm{O}_3$, MnO, $\mathrm{V}_2\mathrm{O}_3$, SiO_2などはスラグとメタル相に分配される.また$2\mathrm{C}+\mathrm{O}_2=2\mathrm{CO}$より下方にある$\mathrm{Al}_2\mathrm{O}_3$, MgO, CaOなどは殆ど還元されずスラグ相中に入ることが予想される.その大略は次のようである.

金属に還元されて殆どメタル相に入る.	$\mathrm{Cu}_2\mathrm{O}$, PbO, NiO, CoO, $\mathrm{P}_2\mathrm{O}_5$, SnO_2, FeO
スラグーメタル相に分配される.	$\mathrm{Cr}_2\mathrm{O}_3$, MnO, $\mathrm{V}_2\mathrm{O}_3$, SiO_2, CaS
殆どスラグ相に入る.	$\mathrm{Al}_2\mathrm{O}_3$, MgO, CaO
炉内で蒸発して循環する.	ZnO, $\mathrm{Na}_2\mathrm{O}$, $\mathrm{K}_2\mathrm{O}$

2·5 製鉄の化学　31

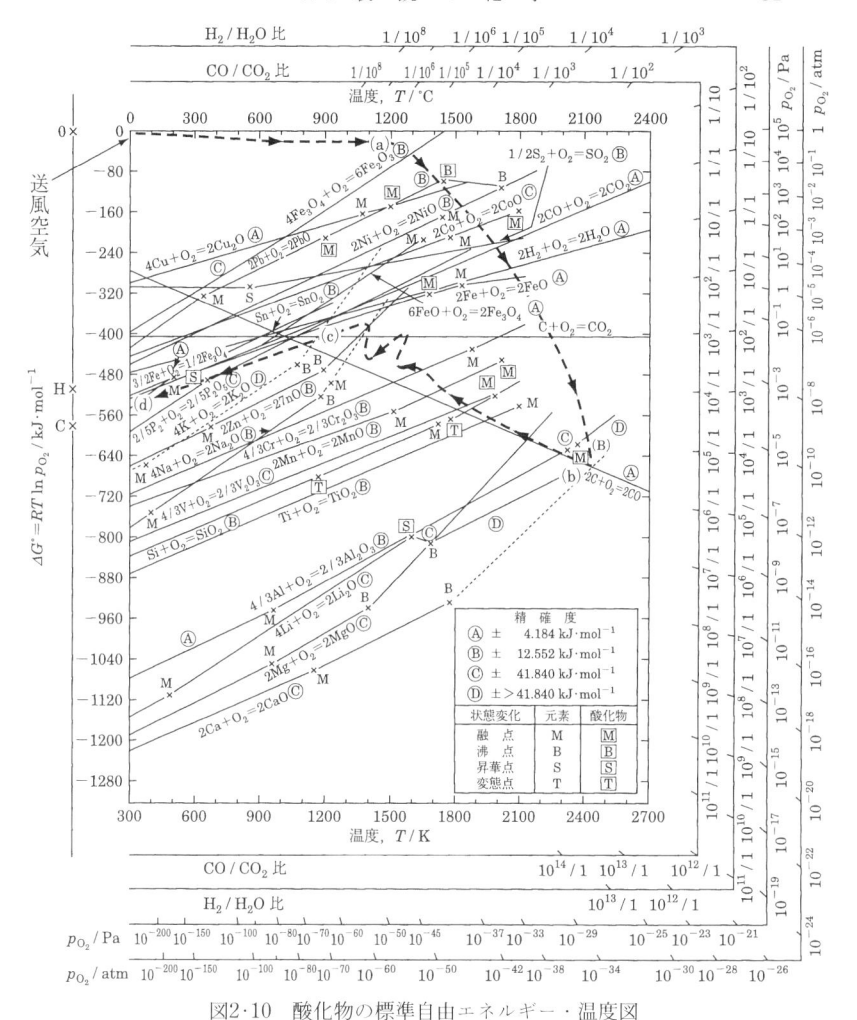

図2·10　酸化物の標準自由エネルギー・温度図

　酸素ガスの酸素ポテンシャルは，$RT \ln P_{O_2}$ であるから，O点を原点とする直線群で示される．炉床部を1800 K と仮定すれば，$2C + O_2 = 2CO$ 線上の 1800 K の値と 0 点からの延長線上の外枠 P_{O_2}/atm 目盛より，炉床部の酸素圧は 10^{-16} 程度であることが分かる．

　同様にして，次式より H_2/H_2O および CO/CO_2 混合ガスの酸素ポテンシャルはH点およびC点を原点とする直線群と外枠目盛を利用して概数

値を知り得る.

$$2H_2 + O_2 = 2H_2O \tag{2.5}$$

$$-\Delta G_T^\circ = RT \ln K = RT \ln P_{H_2O}^2 / P_{H_2}^2 \cdot P_{O_2} \tag{2.6}$$

H_2/H_2O ガスの酸素ポテンシャル $RT \ln P_{O_2} = \Delta G_T^\circ - RT \ln P_{H_2O}^2/P_{H_2}^2$
$$\tag{2.7}$$

$$2CO + O_2 = 2CO_2 \tag{2.8}$$

$$-\Delta G_T^\circ = RT \ln K = RT \ln P_{CO_2}^2 / P_{CO}^2 \cdot P_{O_2} \tag{2.9}$$

CO/CO_2 ガスの酸素ポテンシャル $= G_T^\circ - RT \ln P_{CO}^2/P_{CO_2}^2 \tag{2.10}$

炉内ガスの酸素ポテンシャルの変化を図2·10に示す.熱風は(a)付近1500 K, $P_{O_2} = 0.6 \sim 0.7$ atm で羽口より炉内に入り,羽口前面の(b)付近(レースウェイ)ですべて CO(g) となり 2400 K に達する.その後カーボン層を通り 1300 K 前後の(c)付近でガス相は Fe-FeO 平衡値に近くなる.次いで 1000〜500 K 付近では $CO/CO_2 ≒ 1$ 程度になり,そのまま炉頂より排出する.本図は後述の図2·33と対照して見ると興味深い.

2·5·2 鉄-酸素系状態図

鉄-酸素系状態図と酸素解離圧を**図2·11**,また本系における主要点の特

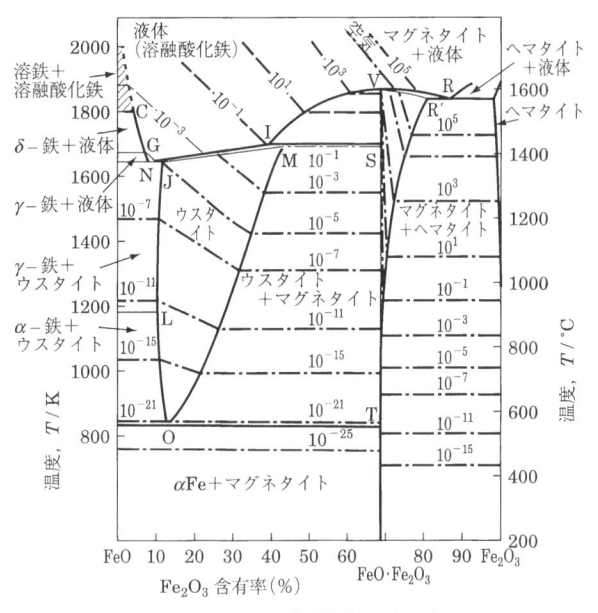

図2·11 鉄-酸素系状態図(atm)

2・5 製 銑 の 化 学

性値を表2・4に示した。鉄の酸化物としては，ヘマタイト(Fe_2O_3，安定型は α 型六方晶)，マグネタイト(Fe_3O_4，立方晶スピネル型)およびウスタイト(FeO，立方晶，ウスタイト)の3種があり，その酸素解離は次式で示される．

$$6Fe_2O_3(s) = 4Fe_3O_4(s) + O_2(g) \tag{2・11}$$

$$\Delta G°/J = 526950 - 310.0T \tag{2・12}$$

$$2Fe_3O_4(s) = 6FeO(s) + O_2(g) \quad > 833 \text{ K} \tag{2・13}$$

$$\Delta G°/J = 586380 - 207.6T \tag{2・14}$$

$$2FeO(s) = 2Fe(s) + O_2(g) \quad > 833 \text{ K} \tag{2・15}$$

$$\Delta G°/J = 528860 - 129.5T \tag{2・16}$$

ウスタイトは化学量論的 $FeO(Fe:O=1:1)$ の化合物ではなく，FeO に Fe_3O_4(または Fe_2O_3)が10数%溶解した固溶体とも考えられ $Fe_{0.95}O$ 程度の組成をもっている．またウスタイトは 833 K 以上で安定であり，833 K 以下では下記のように分解する．

$$4FeO(s) = Fe_3O_4(s) + Fe(s) \quad < 833 \text{ K} \tag{2・17}$$

しかし，かなり遅い除冷をしなければ準安定相 $FeO_{0.95}O$ として存在する．平衡論的には 833 K 以下では次のように解離する．

$$1/2Fe_3O_4(s) = 3/2Fe(s) + O_2(g) \tag{2・18}$$

$$\Delta G°/J = 543240 - 149T \tag{2・19}$$

以上の各式の関係を相律より考察すれば，式2・11, 2・13, 2・17では独立成分は2，相の数は3(ガス，酸化物固相2)であるから自由度は1となり，

表2・4 鉄-酸素系における主要点の特性値

点	温度 (K)	%O	P_{CO_2}/P_{CO}	P_{O_2}
C	1800	22.60	0.209	
G	1669	22.84	0.263	
I	1697	25.31	16.2	
J	1644	23.16	0.282	
L	1184	23.10	0.447	
N	1644	22.91	0.282	
O	833	23.26	1.05	
R	1856	28.30		101325 Pa
R'	1856	28.07		101325 Pa
S	1697	27.64	16.2	
V	1870	27.64		5826 Pa

2種酸化物相が共存する範囲では,酸素圧P_{O_2}は温度のみの関数となり水平線となる.

ウスタイトは,Fe_3O_4とFeOの固溶体として取り扱うことができ,次式で示される.

$$Fe_3O_4(\text{in wustite}) = 3FeO(\text{in wustite}) + 1/2O_2 \qquad (2\cdot20)$$

相の数はガス相とウスタイトの2相となるので,自由度は2となる.従って酸素解離P_{O_2}は温度とFeO/Fe_3O_4の混合比によって決まり,図2・11に示すように,等P_{O_2}線はウスタイト相中ではウスタイト組成,(Fe_2O_3)含有率(%)の関数となり斜線で示される.

またウスタイトを構造論的立場より見ると,NaCl型立方晶であり,Fe^{2+}とO^{2-}イオンが3次元的に交互に配置しているが,図2・12に示すように,所どころでFe^{2+}の位置に空孔があり,電気的中性を保つために,空孔1個に対してFe^{3+}2個が入っている.それ故,ウスタイト中ではO^{2-}イオンより鉄イオンの方が動きやすく,一種のp型半導体となっている.

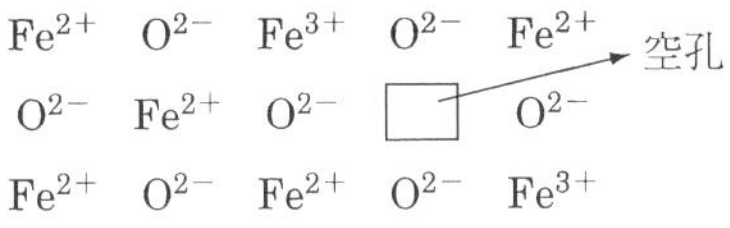

$$
\begin{array}{cccccc}
Fe^{2+} & O^{2-} & Fe^{3+} & O^{2-} & Fe^{2+} & \\
O^{2-} & Fe^{2+} & O^{2-} & \square & O^{2-} & \rightarrow \text{空孔} \\
Fe^{2+} & O^{2-} & Fe^{2+} & O^{2-} & Fe^{3+} &
\end{array}
$$

図2・12 ウスタイトの原子配置

2・5・3 炭素の燃焼

羽口より送風された熱風中の$O_2(g)$は,羽口先(レースウェイ)でまず次のように反応する.

$$C(s) + O_2(g) = CO_2(g) \qquad (2\cdot21)$$
$$\Delta H°_{298}/kJ = -393.5 \qquad (2\cdot22)$$
$$\Delta G°/J = -393500 - 2.99T \qquad (2\cdot23)$$

羽口先(レースウェイ)には過剰の炭素が存在しているので,更に次のように燃焼する.

$$CO_2(g) + C(s) = 2CO(g) \qquad (2\cdot24)$$
$$\Delta H°_{298}/kJ = 172.4 \qquad (2\cdot25)$$
$$\Delta G°/J = 171660 - 175.02T \qquad (2\cdot26)$$

結果として炭素(コークス)は羽口先で次のように燃焼する.

$$2C(s) + O_2(g) = 2CO(g) \tag{2.2}$$

$$\Delta H°_{298}/kJ = -221.1 \tag{2.27}$$

$$\Delta G°/J = -221840 - 178.0T \tag{2.28}$$

すなわち送風 $O_2(g)$ 1 モル当り 221.1 kJ の熱を発生し,高温の還元ガス $CO(g)$ 2 モルを生成する.コークスが盛んに燃焼している羽口先の燃焼空間であるレースウェイは高炉中の最高温度部分で 2570 K に達し,理論燃焼温度に大略一致すると言われている.理論燃焼温度とは,熱損失がない状態で理論酸素量で完全燃焼した時の燃焼温度である.

レースウェイおよび高炉内におけるコークスの燃焼によって発生する CO/CO_2 の割合は,先の式(2·24)の平衡によって決まる.これをブドワー平衡(Boudouard equilibrium)と言う.これは式(2·24)より

$$CO_2(g) + C(s) = 2CO(g) \tag{2.24}$$

$$-\Delta G° = 19.14T \log K_P \tag{2.29}$$

$$\log P_{CO}^2/P_{CO_2} = -8969/T + 9.14 \tag{2.30}$$

によって示される.これを相律より見ると,独立成分は 2,相数は 2(ガスと $C(s)$)であるから自由度は 2 となる.圧力一定の下では CO/CO_2 の比は温度により一義的に定まる.$P_{CO} + P_{CO_2} = 0.1$ MPa(1.0 atm)における CO/CO_2 比の関係を図2·13に示した.本系は吸熱反応であるから,高温になるほど右方に反応が進み $CO(g)$ が多くなり,低温になるほど左方に反応は進み $CO_2(g)$ が多くなる.前者をカーボン・ソリューション・ロス(carbon solution loss)反応,後者をカーボン・デポジション(carbon deposition)反応と呼ぶ.従って,2270〜2570 K のレースウェイ中では,殆どが $CO(g)$ になっている.また本反応は体積増加反応であるから,温度一

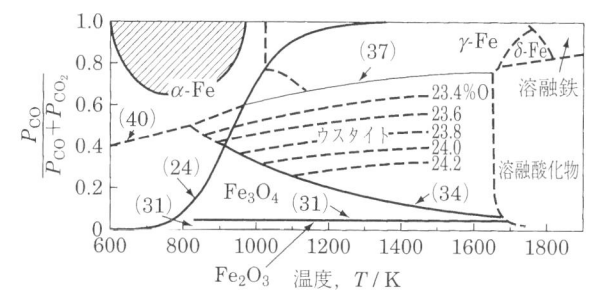

図2·13 Fe–C–O 系平衡図(全圧 0.1 MPa)

定にして圧力をかけると $CO_2(g)$ 量が多くなり,圧力を減少すると $CO(g)$ が大きくなる.ルシャテリー・ブラウン(Le Chatelier-Broun)の原理のよい例である.

2・5・4 酸化鉄の CO による還元平衡

既に述べたように,酸化鉄は3種あり,次のように順次還元される.

$$Fe_2O_3(s) \longrightarrow Fe_3O_4 \longrightarrow FeO \longrightarrow Fe \quad 833 \sim 1650 \text{ K}$$
$$Fe_2O_3(s) \longrightarrow Fe_3O_4 \longrightarrow Fe \quad < 833 \text{ K}$$

$CO(g)$ による酸化鉄類の還元平衡は次式で示される.

$$3Fe_2O_3(s) + CO(g) = 2Fe_3O_4(s) + CO_2(g) \tag{2・31}$$
$$\Delta H°_{298}/(\text{kJ}) = -52.46 \tag{2・32}$$
$$\Delta G°/\text{J} = -19105 - 69.13T \tag{2・33}$$
$$Fe_3O_4(s) + CO(g) = 3FeO(s) + CO_2(g) \tag{2・34}$$
$$\Delta H°_{298}/(\text{kJ}) = 40.54 \tag{2・35}$$
$$\Delta G°/\text{J} = 10610 - 17.80T \tag{2・36}$$
$$FeO(s) + CO(g) = Fe(s) + CO_2(g) \tag{2・37}$$
$$\Delta H°_{298}/(\text{kJ}) = -18.56 \tag{2・38}$$
$$\Delta G°/\text{J} = -18150 + 21.29T \tag{2・39}$$

833 K 以下では

$$Fe_3O_4(s) + 4CO = 3Fe(s) + 4CO_2(g) \tag{2・40}$$
$$\Delta H°_{298}/(\text{kJ}) = -15.14 \tag{2・41}$$
$$\Delta G°/\text{J} = -43840 + 46.06T \tag{2・42}$$

上記の各反応を相律より考えると,独立成分は3,相は3(ガス1,固相2)であるから,自由度は2となり,全圧 $P_{CO} + P_{CO_2} = 0.1 \text{ MPa}(1.0 \text{ atm})$ とすれば CO/CO_2 比は温度の関数となり,先に示したブドワー平衡図上に併記できる.これを図2・13に示す.

式(2・31)の Fe_2O_3-Fe_3O_4-CO/CO_2 の平衡線は CO% が非常に低いため殆ど x 軸に密着している.C-CO/CO_2 の平衡,すなわちブドワー平衡線より左上部の平面内はカーボン・デポジションの範囲であるため準安定系であるので点線で示した.しかしカーボン・デポジション反応の著しく進行する範囲は 650〜1000 K 付近の斜線部分である.

ウスタイトは Fe_3O_4 と FeO の固溶体としても取扱うことができ,次反応で示される.

$$Fe_3O_4(\text{in wustite}) + CO(g) = 3FeO(\text{in wustite}) + CO_2(g) \tag{2・43}$$

この場合は相の数は2(ガス1，固相1)となるため，自由度は3となる．全圧，(%O)(in wustite)を指定した時，CO/CO_2 比は温度の関数で示される．これも図2·13に示した．

以上のように$CO(g)$による鉄鉱石の還元反応を鉄鋼製錬では間接還元(indirect reduction)と呼び，$C(s)$による還元を直接還元(direct reduction)と言う．間接還元は式(2·34)を除いては発熱反応であり，生成物が$CO_2(g)$であるから還元反応における還元剤の利用効率も高く，高炉内では間接還元は直接還元より望ましい反応とされている．

2·5·5 酸化鉄の炭素による還元

固体炭素による酸化物の還元反応を直接還元(direct reduction)と呼び次式で示される．

$$3Fe_2O_3(s) + C(s) = 2Fe_3O_4(s) + CO(g) \tag{2·44}$$

$$\Delta H°_{298}/kJ = 119.96 \tag{2·45}$$

$$\Delta G°/J = 152555 - 244.2T \tag{2·46}$$

$$Fe_3O_4(s) + C(s) = 3FeO(s) + CO(g) \tag{2·47}$$

$$\Delta H°_{298}/kJ = 212.96 \tag{2·48}$$

$$\Delta G°/J = 182270 - 192.8T \tag{2·49}$$

$$FeO(s) + C(s) = Fe(s) + CO(g) \tag{2·50}$$

$$\Delta H°_{298}/kJ = 153.9 \tag{2·51}$$

$$\Delta G°/J = 153510 - 153.7T \tag{2·52}$$

$$Fe_3O_4(s) + 4C(s) = 3Fe(s) + 4CO(g) \quad <833\,K \tag{2·53}$$

$$\Delta H°_{298}/kJ = 674.54 \tag{2·54}$$

$$\Delta G°/J = 642800 - 654.02T \tag{2·55}$$

直接還元はいずれも吸熱反応であるから，炉内における熱補償の点で望ましくない反応とされている．

直接還元は低温部分では殆ど進行せず，高温の朝顔部分以下で一部進行するが，高炉全体としては間接還元による$CO(g)$による還元反応が殆どである．しかし炉内で生成した$CO_2(g)$がカーボン・ソリューション・ロス反応を起こすため，次式に示すように，炉頂ガスの分析からは，見掛け上，直接還元がかなり起きているように見える．

$$FeO(s) + CO(g) = Fe(s) + CO_2(g) \tag{2·37}$$

$$\underline{+ CO_2(g) + C(s) = 2CO(g) \tag{2·24}}$$

$$FeO(s) + C(s) = CO(g) + Fe(s)$$

そのため，見掛け上の両者の割合は，操業法にもよるが，間接還元70〜80%，直接還元20〜30%程度となる．

2·5·6 酸化鉄の水素による還元平衡

酸化鉄の $H_2(g)$ による還元平衡も $CO(g)$ のそれと同様であり，次式で示される．

$$3Fe_2O_3(s) + H_2(g) = 2Fe_3O_4(s) + H_2O(g) \tag{2·56}$$

$$\Delta H°_{298}/kJ = -11.31 \tag{2·57}$$

$$\Delta G°/J = 16940 - 100.2T \tag{2·58}$$

$$Fe_3O_4(s) + H_2(g) = 3FeO(s) + H_2O(g) \tag{2·59}$$

$$\Delta H°_{298}/kJ = 81.7 \tag{2·60}$$

$$\Delta G°/J = 46655 - 48.87T \tag{2·61}$$

$$FeO(s) + H_2(g) = Fe(s) + H_2O(g) \tag{2·62}$$

$$\Delta H°_{298}/kJ = 22.6 \tag{2·63}$$

$$\Delta G°/J = 17900 - 9.79T \tag{2·64}$$

833 K 以下では，

$$Fe_3O_4(s) + 4H_2(g) = 3Fe(s) + 4H_2O(g) \tag{2·65}$$

$$\Delta H°_{298}/kJ = 149.5 \tag{2·66}$$

$$\Delta G° = 100340 - 78.24T \tag{2·67}$$

ウスタイト中での反応は，

$$Fe_3O_4(\text{in wustite}) + H_2(g) = 3FeO(\text{in wustite}) + H_2O(g) \tag{2·68}$$

以上より分かるように，水素による還元反応は式(2·56)を除き吸熱反応である．

また酸化鉄-H_2O/H_2 の平衡関係は，酸化鉄-CO/CO_2 と同様であり，これを図示すれば**図2·14**のようである．

註：これらのデータの精度では $Fe/FeO/Fe_3O_4$ の三重点温度を精度よく表現することは困難である．

2·5·7 鉄の炭素溶解度

高炉中には常に過剰の炭素が存在し，鉄中へは炭素が溶解する．鉄-炭素系状態図と主要点の特性値を**図2·15**[3]および**表2·5**[3]に示す．

(1) 固体鉄の炭素溶解度

固体鉄には α-鉄，γ-鉄，δ-鉄の3相があり，各相における最高炭素溶解度は図2·15に示すように，次のようになる．

α-Fe	H点	1011 K	0.02%[C]
γ-Fe	K点	1426 K	2.11%[C]
δ-Fe	D点	1769 K	0.10%[C]

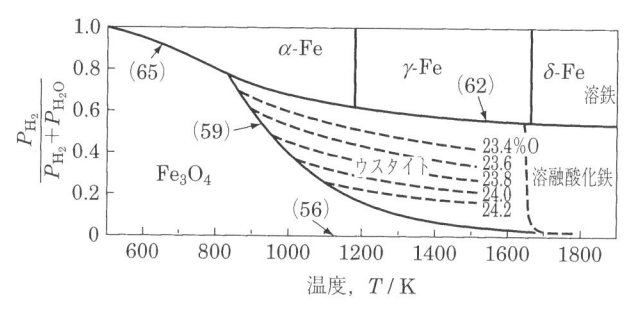

図2·14 Fe–H–O 系平衡図

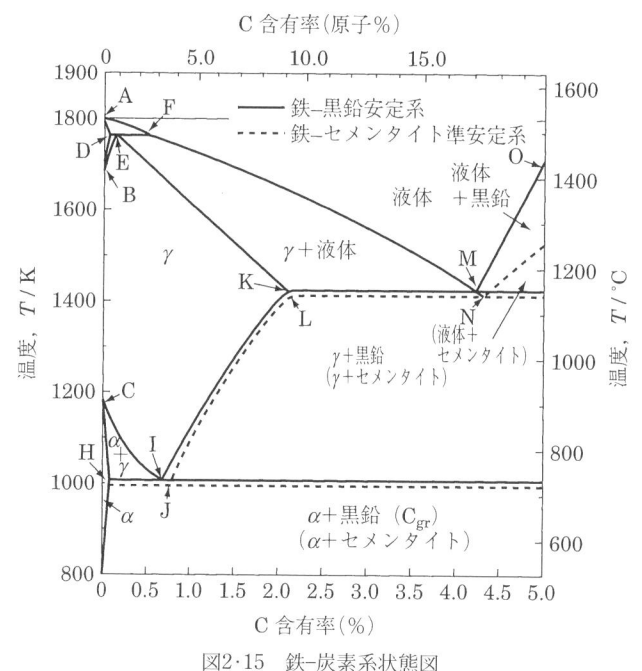

図2·15 鉄–炭素系状態図

CO(g)による固体鉄の浸炭の一例として γ-Fe の例を示せば次式[4]で示される.

$$2\mathrm{CO}(g) = [\mathrm{C}](\text{in } \gamma\text{-Fe}) + \mathrm{CO}_2(g) \tag{2·69}$$

$$\Delta G° = -109000 + 27.95T \log T + 57.32T \tag{2·70}$$

γ-鉄中の炭素の活量を図示すれば,**図2·16**[4]のようである.

表2·5 鉄-炭素系状態図における主要点の特性値

点	温度(K)	%C
A	1809	0
B	1669	0
C	1184	0
D	1769	0.10
E	1769	0.18
F	1769	0.51
H	1011	0.02
I	1011	0.69
J	1000	0.765
K	1426	2.11
L	1420	2.14
M	1426	4.26
N	1420	4.30

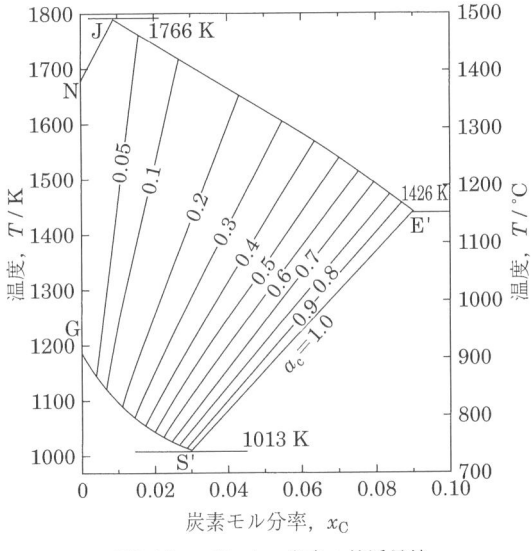

図2·16 γ-Fe 中の炭素の等活量線

(2) 溶鉄の炭素溶解度

高炉中で生成した溶鉄は炉床部に溜っているが,炉床部にも常に過剰の炭素が有るので,溶鉄は常に炭素飽和溶解度に達している.鉄炭素系状態図(図2·15)によれば溶鉄-炭素系の共晶点(M点)は1426 K,[%C]=4.26

である.

各温度の炭素溶解度は次式で与えられている.

$$[\%C]_{sat} = 1.34 + 2.54 \times 10^{-3}(T-273) \quad \text{(Chipman ら)}^{(5)} \quad (2\cdot71)$$
$$[\%C]_{sat} = 1.23 + 2.69 \times 10^{-3}(T-273) \quad \text{(的場ら)}^{(6)} \quad (2\cdot72)$$
$$\log[N_C]_{sat} = 560/T - 0.375 \quad \text{(Tarkdogan ら)}^{(7)} \quad (2\cdot73)$$

Fe-C-i 3 元系による炭素溶解度は第3成分iの濃度によって変化し,次の関係がある.

$$\Delta[\%C] = [\%C]_{sat} - [\%C]_i \quad (2\cdot74)$$
$$\Delta[\%C] = m'_i[\%i] \quad (2\cdot75)$$

$[\%C]_{sat}$:Fe-C 系の炭素溶解度(質量%)
$[\%C]_i$:Fe-C-i 系の炭素溶解度(質量%)
$[\%i]$:Fe-C-i 系の成分iの濃度(質量%)

$[\%i]$のあまり高くない範囲では,m'_iは温度と成分iの組成に関係なく大体一定である.これより多元系 Fe-C 系の炭素飽和溶解度を計算できる.Fe-C-i 3 元系における炭素飽和溶解度を**図2·17**$^{(7)}$に,m'_iの値を**表2·6**に示した.これより Si や S は炭素溶解度を減少せしめ,Mn や Cr

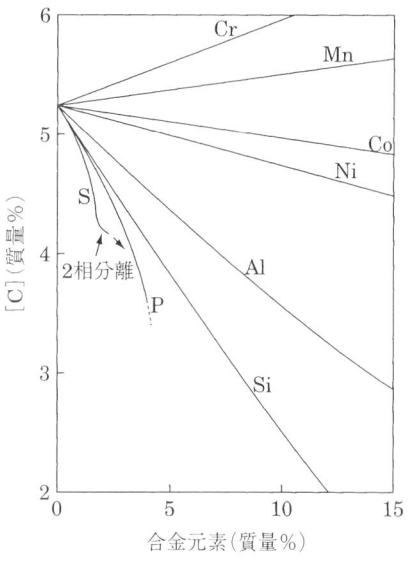

図2·17　Fe-C-i 3 元系における炭素溶解度, 1723 K

表2・6　Fe-C-i 3元系における溶鉄の炭素溶解度変化量

成分 i	Al	Si	P	S	Cr	Mn	Cu	Ni
m_i	−0.22	−0.31	−0.33	−0.40	0.063	0.03	−0.74	−0.053

はこれを増大せしめることが分かる．また m_i' の値は成分 i の元素週期律表とよい相関のあることが知られている．

2・5・8　スラグの生成

(1) スラグの塩基度

高炉中においては，鉱石中の脈石成分は媒溶剤と反応して溶融スラグを作り，メタル相と分離して炉外に排出(除滓)する．そのためスラグは次のような性質が必要である．

(1) 製錬温度で溶融し，十分な流動性をもっていること
(2) メタルと比重が相違し，スラグ−メタル間の分離のよいこと．
(3) メタル相に対して精錬作用を有し，有害成分を吸収すること．

この様な性質は，スラグ構成成分の種類と量により著しく相違するので，これらの影響を整理して表示する指標として，スラグの塩基度が定義され広く用いられている．

今 CaO と SiO_2 の反応を考えると，

$$2CaO(s) + SiO_2(s) = 2Ca_2SiO_4(s)$$

これをイオン式で示すと次のようである

$$CaO = (Ca^{2+}) + (2O^{2-})$$
$$SiO_2 + 2(O^{2-}) = (SiO_4^{4-})$$

ここで SiO_4^{4-} は図2・18に示すように，Si イオンを中心とする正四面体構造をした錯陰イオンである．このように解離して O^{2-} イオンを放出する酸化物(donor)を塩基性酸化物，O^{2-} イオンを受容して錯陰イオンを作る酸化物(acceptor)を酸性酸化物と言う．

それ故，陽イオンと O^{2-} の静電引力が重要であり，図2・19のような場合を考えると次式で示される．

$$F = \frac{a^- \cdot b^+}{d^2} = \frac{2ze^2}{d^2}$$

上式で絶対値を問題にせず，相対量だけを問題にして共通項を省略すれば

2·5 製銑の化学

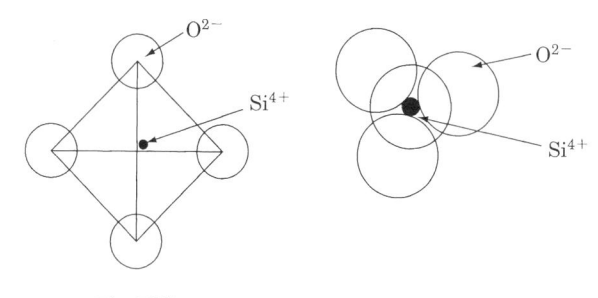

正4面体

図2·18 シリケートイオンの構造

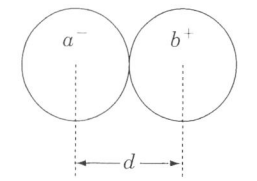

a^-：酸素イオン, $a = 2e$
b^+：z価の陽イオン, $b = ze$
z：陽イオンの電荷数
d：イオン間距離

図2·19 イオン間の静電引力

$$I = \frac{2z}{d^2} \tag{2·76}$$

式(2·76)で定義された I をイオン・酸素相互作用(ion-oxygen attraction)と呼び，この値の大きい程，酸素イオンと陽イオン間の結合力が大きくなり，共有結合性が高くなって錯陰イオンを作りやすいため酸性酸化物としての性質が強くなる．各種酸化物の I とイオン半径を示せば**表2·7**[(8)]のようで，P_2O_3〜SiO_2 を酸性酸化物，TiO_2〜Cr_2O_3 を中性酸化物，BeO〜K_2O を塩基性酸化物と分類する．これらの値は相対的な比較値を示す値であり，結合力や塩基度の絶対値ではない．

これらの値より酸化物の均一混合物溶液であるスラグの塩基度を次のように定義する．

$$\text{塩基度指標(basicity index)} = \frac{\Sigma \text{塩基性酸化物量}}{\Sigma \text{酸性酸化物量}}$$

また度々使用される代表的なものとして，

$$\text{塩基度(vee ratio)}, \quad V = \frac{(\text{質量\%CaO})}{(\text{質量\%SiO}_2)}$$

表2·7 酸化物のイオン結合の割合,配位数

酸化物	陽イオン半径/nm	陽イオン-酸素間引力, I^*	イオン結合の割合	酸素配位数	
				固体	液体
Na_2O	0.095	0.36	0.65	6	6〜8
CaO	0.099	0.70	0.61	6	—
MnO	0.080	0.83	0.47	6	6〜8
FeO	0.075	0.87	0.38	6	6
ZnO	0.074	0.87	0.44	6	—
MgO	0.065	0.95	0.54	6	—
BeO	0.031	1.37	0.44	4	—
Cr_2O_3	0.069	1.37	0.41	4	—
Fe_2O_3	0.060	1.50	0.36	4	—
Al_2O_3	0.050	1.66	0.44	6	4〜6
TiO_2	0.068	1.85	0.41	6	—
SiO_2	0.041	2.45	0.36	4	4
P_2O_5	0.034	3.30	0.28	4	4

* $I = 2z/(r_c + r_o)^2$, $r_o = 0.14$ nm
酸素配位数:酸素イオンを囲む最隣接イオンの数

そして,V の値に対して次のように決める.

$V<1.0$　　酸性スラグ
$V>1.0$　　塩基性スラグ

また,その他の表示法として2,3の例を示すと次のようである.

$$\text{高炉} \quad \frac{(質量\%CaO)}{(質量\%SiO_2)+(質量\%Al_2O_3)}$$

$$\text{製鋼炉} \quad \frac{(質量\%CaO)}{(質量\%SiO_2)+(質量\%P_2O_5)}$$

$2CaO \cdot SiO_2$, $4CaO \cdot P_2O_5$, $2CaO \cdot Al_2O_3$, $CaOFe_2O_3$ を中性酸化物と仮定して,各成分を次式によりモル表示する.

$$過剰塩基 = \Sigma RO - 2SiO_2 - 4P_2O_5 - 2Al_2O_3 - Fe_2O_3$$

ここで ΣRO は塩基酸化物の総モル数である.($2RO \cdot SiO_2$, $4RO \cdot P_2O_5$, $2RO \cdot Al_2O_3$, $RO \cdot Fe_2O_3$ を中性酸化物と仮定している.)

(2) 高炉スラグ

鉱石類の水分には付着水と化合水がある.付着水は373 K で,化合水は520〜1070 K 程度で除去される.また炭酸塩は,$FeCO_3$ や $MgCO_3$ は570〜770 K, $CaCO_3$ は970〜1170 K で $CO_2(g)$ を分解放出し,いずれも吸熱反応である.従って,鉱石中の主要な脈石成分は SiO_2 と Al_2O_3 であ

り，高炉スラグは $CaO\text{-}SiO_2\text{-}Al_2O_3$ 3元系を主成分とし，これに MgO, MnO, CaS, FeO（少量）などを含んだスラグとなる．

図2·20に $CaO\text{-}SiO_2\text{-}Al_2O_3$ 3元状態図を示す．これによると $(\%Al_2O_3)$ $=10\sim20$ の範囲で $(\%CaO)/(\%SiO_2)=1$ を境にして上下に斜線で示した3元共晶の低融点範囲が2個所あり，高炉操業ではこの低融点付近を目標にしてスラグの組成制御を行う．また $(\%CaO)/(\%SiO_2)<1$ の酸性組成

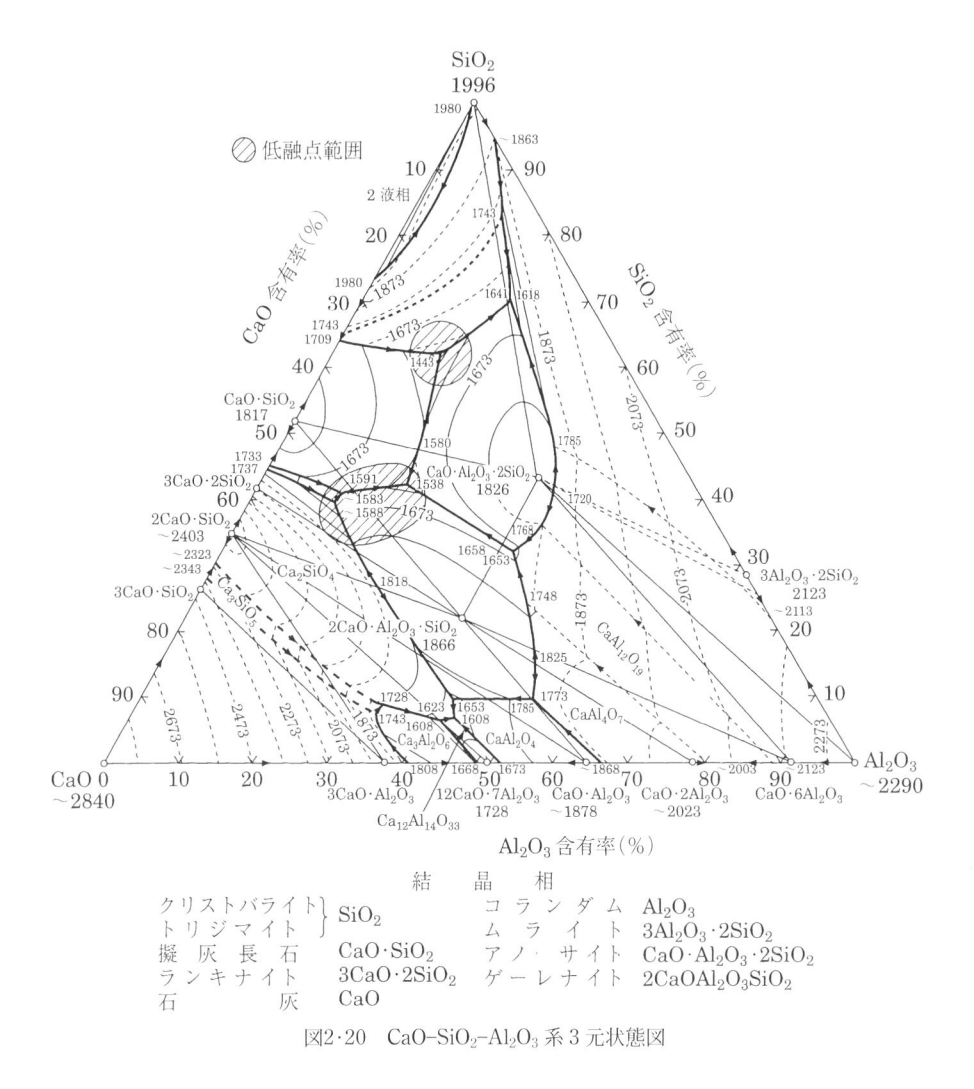

結晶相			
クリストバライト トリジマイト	} SiO_2	コランダム	Al_2O_3
擬灰長石	$CaO \cdot SiO_2$	ムライト	$3Al_2O_3 \cdot 2SiO_2$
ランキナイト	$3CaO \cdot 2SiO_2$	アノ・サイト	$CaO \cdot Al_2O_3 \cdot 2SiO_2$
石 灰	CaO	ゲーレナイト	$2CaOAl_2O_3SiO_2$

図2·20　$CaO\text{-}SiO_2\text{-}Al_2O_3$ 系3元状態図

範囲のスラグを作る操業を酸性操業と言う．酸性操業では溶銑の脱硫ができないため，今日では酸性操業は殆ど行われていない．塩基性スラグを作る塩基性操業では，$(\%CaO)/(\%SiO_2)=1.0\sim1.4$, $(\%Al_2O_3)=10\sim20$ の範囲で操業される．鉱石が高 Al_2O_3 の時には，その対策として MgO 系の媒溶剤を添加する．高炉スラグの大略の組成は $(\%CaO)=35\sim50$, $(\%SiO_2)=30\sim40$, $(\%Al_2O_3)=10\sim20$, $(\%MgO)=5\sim10$, $(\%MnO)<2.0$, $(\%S)<1$, $(\%FeO)<1$, 生成量 $300\sim350$ kg/トン-溶銑程度である．高炉スラグは路盤材，人工砂，セメント原料などとして有効に利用されている．

2・5・9 Si の還元反応

SiO_2 の還元反応は，炉内低温度部分では殆ど進行せず，炉下部および炉床部の高温度部分で，直接還元により進行する．

$$(SiO_2) + 2C(s) = [Si] + 2CO(g) \tag{2・77}$$

$$\Delta H^\circ_{298}/\mathrm{kJ} = 689.4 \quad (\text{Si 1 モル当り}) \tag{2・78}$$

上記反応は吸熱反応であるから，炉床温度の高いほど促進される．また Si 1 kg 当り 24500 kJ の大きい吸熱となるので，炉床部における熱的状況に大きい影響をもっており，炉銑中 Si 量は炉況判定の重要な因子となっている．

式(2・77)について，1873 K, $P_{CO}=0.1$ MPa (1 atm) にて CaO-SiO_2-Al_2O_3 系スラグと炭素飽和溶鉄間の化学平衡を実測した結果を図2・21[9]に示す．$(CaO)/(SiO_2)=1.0\sim1.4$, $(\%Al_2O_3)=15$ の付近における平衡 $[\%Si]=12\sim20$ であり，高炉の操業実績 $[\%Si]=0.3\sim2.5$ より著しく高

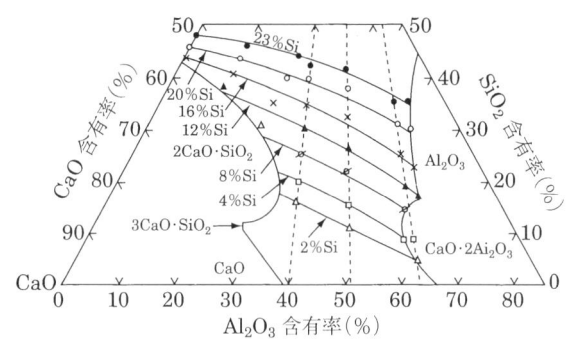

図2・21　CaO-SiO$_2$-Al$_2$O$_3$ 3元系スラグと平衡するケイ素濃度(1873 K)

い．この事より高炉炉床部における Si に関するスラグーメタル間反応は平衡状態より著しくずれていることが分かる．また実験室的研究によると，式(2·77)は著しく遅い反応で，高炉内では次に示す SiO(g) を経て，メタル中 [Si] になる量の方が重要と考えられている[10]．

$$(SiO_2) + C(s) = SiO(g) + CO(g) \qquad (2·79)$$
$$SiO(g) + [C] = [Si] + CO(g) \qquad (2·80)$$

すなわち，レースウェイ周辺の高温部で発生した SiO(g) が更に上層部で溶鉄中の炭素と反応して，結果として式(2·77)と同一式で示される結果になる．

以上より，メタル中 [%Si] を高くするには，炉床温度の高いこと，塩基度の低いこと (a_{SiO_2} の高いこと)，および強還元性であることが必要である．

2·5·10 Mn の還元反応

マンガンの高級酸化物 MnO_2, Mn_2O_3, Mn_3O_4 などは高炉内で比較的容易に CO(g) により MnO まで還元されるが，MnO は炉床高温部で次のように直接還元で進行する．

$$(MnO) + C(s) = [Mn] + CO(g) \qquad (2·81)$$
$$\Delta H^\circ_{298}/kJ = 274.5 \quad (Mn\ 1\ モル当り) \qquad (2·82)$$

吸熱反応であるから高温度ほど反応は促進され，また高塩基度 ($a_{(MnO)}$ が高くなる)，低酸素ポテンシャルほど [%Mn] は高くなる．

また溶銑中には [Si] があるので次式が起きる．

$$(SiO_2) + 2[Mn] = [Si] + 2(MnO) \qquad (2·83)$$
$$K'_{Mn,Si} = (\%Mn)\sqrt{[\%Si]}/[\%Mn] = f(basicity) \qquad (2·84)$$

すなわち，式(2·83)について，式(2·84)の見掛けの平衡定数を仮定すると，1873 K にて，炭素飽和溶鉄と $CaO-SiO_2-Al_2O_3-MgO$ 系スラグについて，$K'_{Mn,Si}$ と塩基度との間には図2·22[11]の様な関係が得られ，炉床部では [Si] と [Mn] の間に擬平衡が成立しているように見える．

2·5·11 脱硫反応

高炉の硫黄収支によると，高炉に装入される S の 90% はコークスに由来する．また高炉出口で見ると，装入された S の 85〜90% はスラグ相に吸収されて排出されている．従って高炉における脱硫反応はスラグーメタル間反応で主として進行していると考えられる．

高炉炉床部におけるスラグーメタル間の脱硫反応は次式で示される．

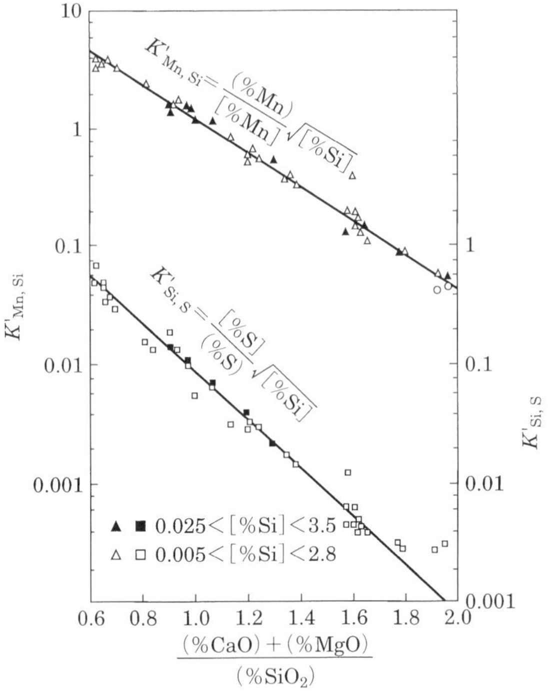
$K'_{Mn,Si}=\frac{(\%Mn)}{[\%Mn]\sqrt{[\%Si]}}$
$K'_{Si,S}=\frac{[\%S]}{(\%S)\sqrt{[\%Si]}}$
▲ ■ 0.025<[%Si]<3.5
△ □ 0.005<[%Si]<2.8
$K'_{Mn,Si}$
$K'_{Si,S}$
$\frac{(\%CaO)+(\%MgO)}{(\%SiO_2)}$
10
1
0.1
0.01
0.001
0.6
0.8
1.0
1.2
1.4
1.6
1.8
2.0

図2·22 $CaO-SiO_2-Al_2O_3-MgO$ スラグと炭素飽和溶鉄間の平衡における諸元素の分配値と塩基度の関係(1873 K)

$$(CaO)+[S]=(CaS)+[O] \quad (2\cdot85)$$

$$[O]+C(s)=CO(g) \quad (2\cdot86)$$

$$(CaO)+[S]+C(s)=(CaS)+CO(g) \quad (2\cdot87)$$

塩基性スラグによる脱硫反応は，平衡論的には式(2·85)の一般式で示されるが，高炉炉床部には過剰の炭素があり強還元性であるので式(2·86)が進み，全体として式(2·87)のように示され，吸熱反応である．

したがって，脱硫反応は (1)炉床温度の高いほど，(2)塩基度の高いほど(a_{CaO} が高いから)，(3)酸素ポテンシャルの低いほど(C(s)共存では P_{CO} の小さいこと，スラグ中の(%FeO)やメタル中の[%O]の低いこと，メタル中の[%C]や[%Si]の高いことなど)促進される．

また溶鉄中には[Si]があるので次式が起きる．

$$(CaO)+[S]+1/2[Si]=(CaS)+1/2(SiO_2) \quad (2\cdot88)$$

2·5 製銑の化学

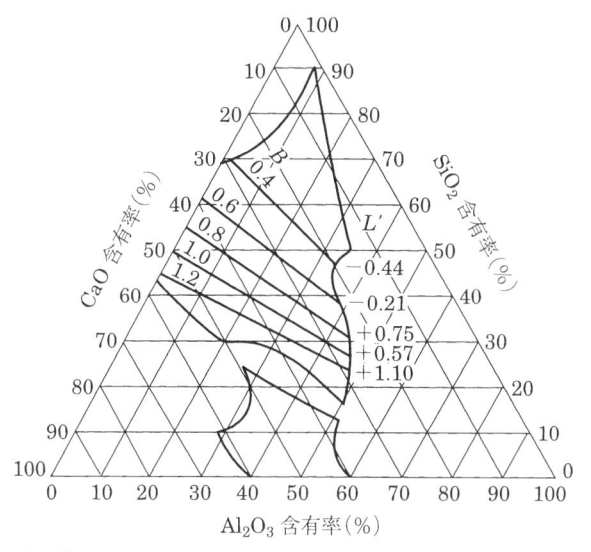

図2·23 $B=(\%\mathrm{CaO})/(\%\mathrm{SiO_2})$ $L'=\log[(\%\mathrm{S})/a_\mathrm{s}]$ 等脱硫能線 (1853〜1923 K)

$$K'_{\mathrm{Si,S}}=((\%\mathrm{S})/[\%\mathrm{S}])\cdot\sqrt{[\%\mathrm{Si}]}=f(\mathrm{basicity}) \quad (2\cdot 89)$$

1873 K にて炭素飽和溶鉄と $\mathrm{CaO-SiO_2-Al_2O_3-MgO}$ 系スラグ間の硫黄の平衡を測定した結果を,式(2·89)に従って整すれば塩基度により一定値を示し(図2·22参照), 擬平衡の状態が保たれていることが分かる.

またスラグ-メタル間の脱硫反応は,分配平衡定数 $L_\mathrm{S}=(\%\mathrm{S})/[a_\mathrm{S}]$ で表示される. 炭素飽和溶鉄と高炉基本系スラグの硫黄分配比を実測した結果は図2·23[12]のようで, 分配比は塩基度 $B=(\%\mathrm{CaO})/(\%\mathrm{SiO_2})$ に大きく左右されていることが分かる.

また高炉系スラグの分配比はBellら[13]によれば次式により示されるとしている.

$$\log(\%\mathrm{S})/[\%\mathrm{S}]=\log C_\mathrm{S}-1/2\log P_{\mathrm{O_2}}-7054/T+1.224 \quad (2\cdot 90)$$

ただしここで C_S はサルファイド・キャパシティと呼ばれ $\mathrm{CaO-SiO_2-Al_2O_3-MgO}$ 系高炉スラグでは次の実験式で示される.

$$\log C_\mathrm{S}=1.35\frac{1.79(\%\mathrm{CaO})+1.24(\%\mathrm{MgO})}{1.66(\%\mathrm{SiO_2})+0.33(\%\mathrm{Al_2O_3})}-\frac{6911}{T}-1.649 \quad (2\cdot 91)$$

図2·23, 式(2·91)より脱硫反応は塩基度の高いほど, 酸素ポテンシャルの低いほど, および温度の高いほど, よいことが分かる.

2·5·12 脱リン反応

高炉内のリンの反応も,炉床部付近の高温度範囲で直接還元により進行する.

$$1/2(P_2O_5)+5/2C(s)=[P]+5/2CO(g) \qquad (2·92)$$
$$\Delta H°_{298}/kJ=355.0 \quad (\text{P 1モル当り})$$

本反応も吸熱反応である.高炉炉床部は強い還元性雰囲気であるため,装入原料中の(P_2O_5)は100%還元されてメタル相中に入る.従って高炉では原料中(P_2O_5)量により,溶銑中[%P]を制御する.

2·5·13 鉄鉱石の被還元性

(1) 被還元性

鉄鉱石の還元され易さを被還元性と言う.被還元性は還元速度で比較すべきであるが,鉄鉱石の還元速度は,還元ガスの種類,流量,温度,圧力,鉱石粒度,気孔率,組成など多くの要因によって複雑に変化する.それ故,一定温度で,鉄と結合している酸素の還元率が95%になるまでの時間で,被還元性を比較することが行われてきた.

図2·24[14]は1173 KにてH_2-CO混合ガスによりFe_2O_3を還元し,ガス混合比を変化した例であるがH_2の方が速く還元されていることが分か

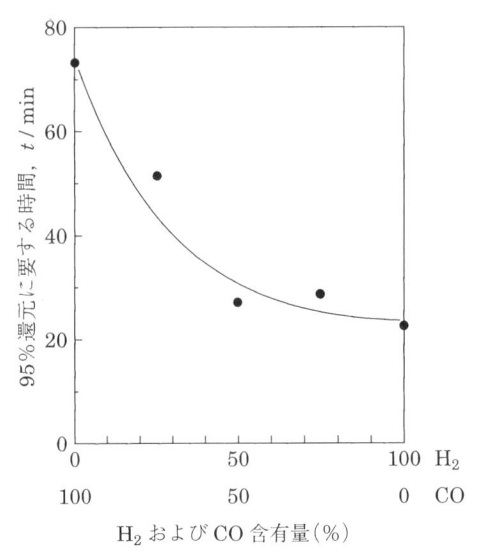

図2·24 H_2-CO混合ガスによる還元時間(ヘマタイト使用)

る.　図2·25[15]はFe$_2$O$_3$とFe$_3$O$_4$をH$_2$とCOにより還元した例であるが酸化度の高いFe$_2$O$_3$の方が速く還元されている.一般に酸化度の高い鉱石の方が被還元性がよい事が知られている.還元ガス圧を増加すると図2·26[16]のように,圧力の上昇により還元速度は速くなるが0.5〜0.7 MPa(5〜7 atm)以上になると飽和したように圧力増加による還元速度の上昇は見られなくなる.還元温度の影響を測定した結果は図2·27[15]のよ

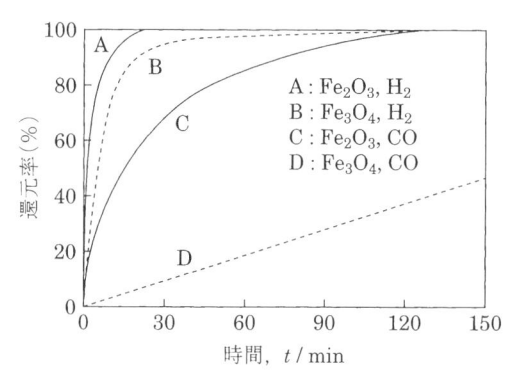

図2·25　Fe$_2$O$_3$とFe$_3$O$_4$のCOとH$_2$による還元時間(1273 K)

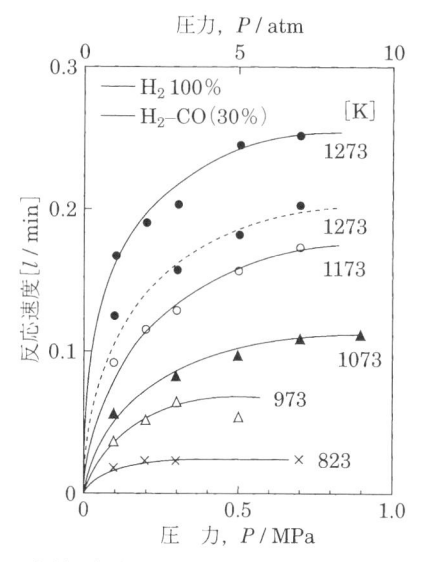

図2·26　各還元温度でのガス圧力の影響(ヘマタイト使用)

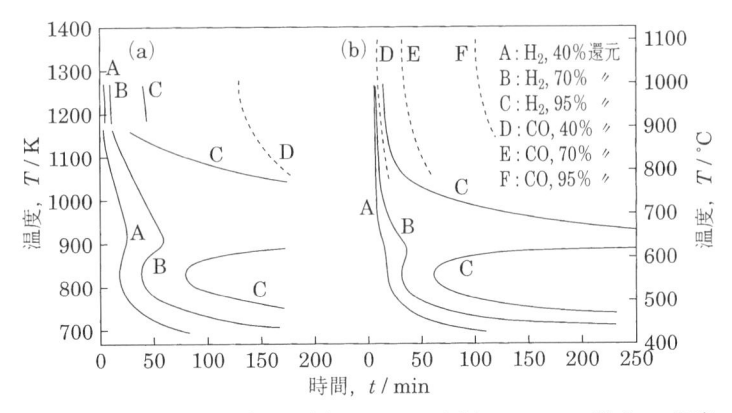

図2·27　磁鉄鉱(a)および赤鉄鉱(b)のH_2およびCOガスによる還元での温度の影響

うになり，890〜1020 K付近および1190 K付近に還元速度が著しく遅滞する現象が見られ，生成鉄の焼結と関係があると言われている．また測定値は省略するが粉鉱では粒度の小さいほど速く還元され，また塊鉱では気孔率の大きい程速くなる．脈石成分について比較すると，SiO_2やAl_2O_3のような酸性成分は被還元性を悪くし，CaOのような塩基性酸化物は被還元性を向上せしめる．

(2) 未反応核モデル

以上のように鉱石類の還元速度は多くの要因に影響され極めて複雑であり，これまで多くの還元速度モデルが提案されてきた．その中で比較的一般に利用されるものに未反応核モデルがある．

鉄鉱石は873 K以上では$Fe_2O_3 \to Fe_3O_4 \to FeO \to Met.Fe$へと順次還元される．従って，比較的緻密な球状鉱石のガス還元では，図2·28のように各反応界面が初めの界面に平行に同心円状に変化する．これをトポケミカル・リアクションと呼び，このように中心に向って順次進行するモデルを未反応核モデルと言う．この時の素過程は次の3過程が直列にならんで進行すると考えられる．

(a) 酸化鉄粒子の周りのガス境膜を通って，還元ガスが粒子表面へ移動する(ガス境膜内拡散)．

(b) 酸化鉄粒子表面より還元された相内の気孔を通っての反応面への還元ガスの移動(気孔内拡散)．

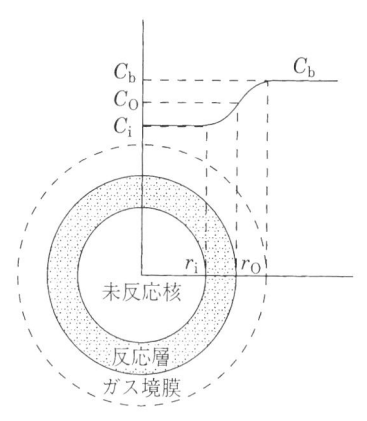

図2·28 未反応核モデル

(c) 反応面における化学反応(反応律速).

以上の各素過程における速度式は次のように導かれる.

(a)の過程である境膜内拡散の速度 $\dot{n}_g$ は,

$$\dot{n}_g = 4\pi r_O^2 k_g (C_b - C_O) \quad (\mathrm{mol/s}) \tag{2·93}$$

k_g はガス境膜内物質移動係数である.

(b)の気孔内拡散の速度 $\dot{n}_p$ は,

$$\dot{n}_p = 4\pi r^2 D_{\mathrm{eff}} (\mathrm{d}C/\mathrm{d}r)_r \tag{2·94}$$

D_{eff} は $D_{\mathrm{eff}} = D \cdot \varepsilon \cdot \xi$ (D:気相中拡散係数, ε:気孔率, ξ:迷宮度)であり気孔内有効拡散係数である. 式(2·94)を粒子表面から反応面まで積分すると,

$$\dot{n}_p = 4\pi D_{\mathrm{eff}} \frac{r_O r_i}{r_O - r_i} (C_O - C_i) \quad (\mathrm{mol/s}) \tag{2·95}$$

(c)の界面化学反応の速度 $\dot{n}_c$ は,

$$\dot{n}_c = 4\pi r_i^2 (k_f C_i - k_b C_i') \quad (\mathrm{mol/s}) \tag{2·96}$$

ここで, k_f, k_b は正, 逆化学反応速度定数, C_i' は界面における生成ガス濃度である.

還元反応によって消費されるモル数は, $3Fe_2O_3 + H_2 = 2Fe_2O_3 + H_2O$ のように生成モル数に等しいから, 平衡定数 $K(=k_f/k_b=C_e'/C_e)$ とすると

$$C_i + C_i' = C_e + C_e' = (1+K)C_e \tag{2·97}$$

それ故, 式(2·96)は,

$$\dot{n}_c = 4\pi r_i^2 k_f \left(\frac{1+K}{K}\right)(C_i - C_l) \quad (\text{mol/s}) \tag{2・98}$$

還元反応が定常的に進行している場合には $\dot{n}_g = \dot{n}_p = \dot{n}_c = \dot{n}$, 式(2・93), (2・95), (2・98)を組合せて, 測定困難な C_0 と C_i を消去すれば,

$$\dot{n} = \frac{4\pi r_O^2}{\dfrac{1}{k_g} + \dfrac{r_O(r_O - r_i)}{r_i D_{\text{eff}}} + \dfrac{r_O^2}{(1+1/K)k_f r_i^2}}(C_b - C_e) \tag{2・99}$$

式(2・99)が未反応核モデルの還元反応式であって, 右辺分母の第1項はガス境膜内拡散による抵抗, 第2項は気孔内拡散による抵抗, 第3項は化学反応に対する抵抗である.

酸化鉄粒子中の O のモル数を d_O とし, 反応速度を[O]の除去速度で表わすと,

$$\dot{n} = \frac{a\left(\dfrac{4}{3}\pi r_O^3 d_O - \dfrac{4}{3}\pi r_i^3 d_O\right)}{dt} = -4\pi r_i^2 d_O \frac{dr_i}{dt} \tag{2・100}$$

還元された層の厚さの割合 $f(=1-r_i/r_O)$ で示すと,

$$\dot{n} = 4\pi r_O^2 (1-f)^2 r_O d_O \frac{df}{dt} \tag{2・101}$$

よって式(2・99)は反応界面の移動速度の式に書き直される.

$$\frac{df}{dt} = \frac{1}{\dfrac{(1-f)^2}{k_g} + \dfrac{r_O(f-f^2)}{D_{\text{eff}}} + \dfrac{1}{k_f(1+1/K)}}\left(\frac{C_b - C_e}{r_O d_O}\right) \tag{2・102}$$

これを還元率 $R(=1-(r_i/r_O)^3)$ を用いて書き直すと,

$$\frac{dR}{dt} = \frac{3}{\dfrac{1}{k_g} + \dfrac{r_O\{(1-R)^{-1/3}}{D_{\text{eff}}} + \dfrac{1}{k_f(1+1/K)(1-R)^{2/3}}} \cdot \left(\frac{C_b - C_e}{r_O d_O}\right) \tag{2・103}$$

積分すれば,

$$\frac{R}{3k_g} + \frac{1-3(1-R)^{2/3}+2(1-R)}{6D_{\text{eff}}/r_O} + \frac{1-(1-R)^{1/3}}{k_f(1+1/K)} = \left(\frac{C_b - C_e}{r_O d_O}\right) t \tag{2・104}$$

式(2・104)が還元率と時間の関係を示す式である.

還元反応に関する3つの抵抗, ガス境膜内拡散抵抗, 気孔内拡散抵抗, 化学反応抵抗のうち1つまたは2つが無視できる時の速度式は上記の式(2・99), (2・102), (2・103)の各式より容易に導かれる.

ガス境膜内拡散,気孔内拡散,および界面化学のそれぞれが律速であるとした場合,還元された層の厚さの割合 $f(=1-(1-R)^{1/3})$ と無次元化した還元時間(100%還元に要する時間に対する割合)の関係は**図2·29**のようで,実測結果についてこのような図を画いて見れば律速過程の判定に役立つ.

図2·30[17]は還元ガス流速を十分大きくして,ガス境膜拡散が律速にな

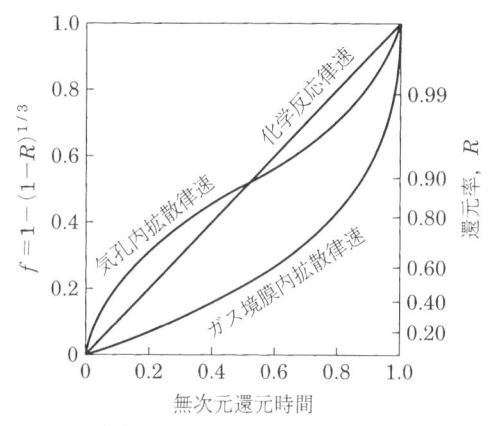

図2·29 律速段階が相違する場合の反応界面の移動

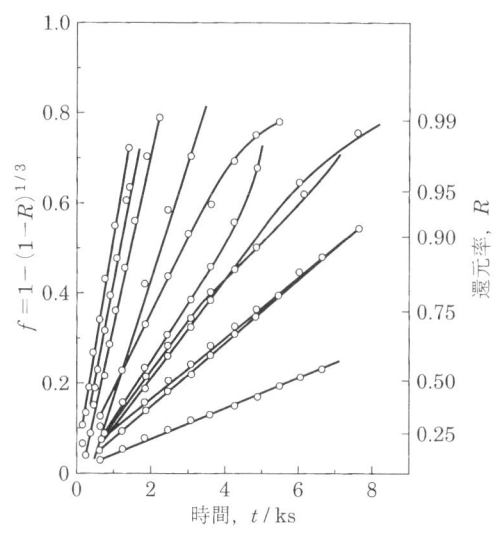

図2·30 種々の粒度の鉄鉱石の H_2 還元データについての解析結果

らないような条件下で鉄鉱石の H_2 還元実験したデータを示したもので，界面化学反応が支配的であることを示しているが，気孔内拡散抵抗も無視できないことが多いことが分かる．

各反応速度式における速度パラメータ k_g, D_{eff}, k_f は還元条件および鉱石の性状に関係するので実験的に決定する．

以上は酸化鉄の還元に関する未反応核モデルについて川合[18]の述べた結果を示したものである．

2·6 高炉の炉内状況

2·6·1 炉内装入物の状況

高炉内部では上部より下降する原料と，下部より吹き上げる還元性ガスが向流状況で接している．その主要な機能は，(1)還元機能(鉱石類の還元)，(2)熱交換機能(伝熱)，および(3)通気機能(ガスの通気性)の3機能であり，これらが効率よく機能しあうことが必要である．すなわち高炉は一つの炉内で伝熱，乾燥，化学反応，溶解などが同時に行われる効率のよい炉である．

その内部については長く不明であったが，1960年代より解体調査(通常操業中急冷して内部状況を調査する)が度々行われ，内部状況が次第に明らかになった．すなわち，多くの成果を模式的に示すと図2·31および表2·8のようで，上部より塊状帯，融着帯，滴下帯，レースウェイおよび湯だまり部分よりなっている．

(a) 塊状帯：固体状の鉱石類とコークスが層状に重なっており，高温還元性の CO/CO_2 ガスが吹き上っており，付着水分蒸発，結晶水の分解，$CO(g)$ による鉱石の間接還元，炭酸塩の分解，$CO_2(g)$ によるカーボン・ソリューション・ロスなどが起きている．鉱石の $CO(g)$ による還元は，770 K 前後より始まり，1170～1270 K 程度で(FeO)まで還元される．

(b) 融着帯：鉱石の間接還元と直接還元も進み還元鉄や未還元(FeO)などがスラグ成分などと反応して半溶融状態になり，その間に層状の固体コークスがスリット状に入っている．更に温度が上昇し 1520～1620 K 程度になると金属鉄とスラグ相は液状になり滴下を始める．

(c) 滴下帯：主としてコークスよりなる部分で，コークス間を溶解した銑鉄とスラグが滴下している．ここでは Si や Mn の直接還元，炭素の滲炭，スラグの生成や脱硫反応が進んでいる．

2·6 高炉の炉内状況

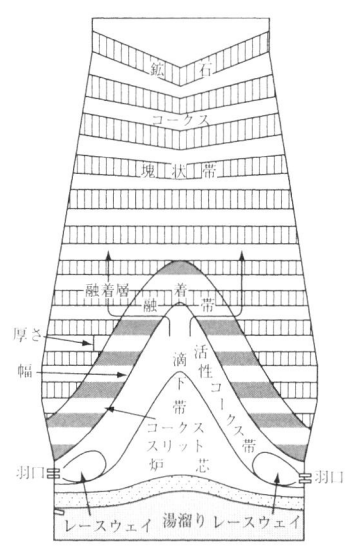

図2·31 炉内の状況

表2·8 炉内の機能の概要

機能 領域	向流	熱交換	反応
塊状帯	固体(鉱石・コークス)の重力による降下.ガスの強制通風による上昇.	上昇ガスによる固体の乾燥・予熱.	鉱石の間接還元,コークスのソリューションロス,炭酸塩の分解.
融着帯	コークス・スリットによるガスの分配.	鉱石の軟化融着,上昇ガスによる融着層への伝熱・溶解.	鉱石の直接還元,浸炭.
滴下帯	固体(コークス),液体(銑鉄,スラグ)の降下,ガスの上昇,レースウェイへのコークスの供給.	上昇ガスによる銑鉄・スラグ・コークス温度の上昇.滴下銑鉄・スラグとコークスとの熱交換.	合金元素の還元,脱硫反応,浸炭.
レースウェイ	送風によるコークスの旋回.	反応熱によるガス温度の上昇.	コークス・重油の送風中酸素,水蒸気による燃焼.
湯だまり	銑鉄・スラグの一時貯留.静止コークス層からの銑鉄,スラグの抽出.	銑鉄・スラグと静止コークスとの熱交換.	最終的精錬反応.

(d) レースウェイ(race way)：羽口先のコークスの燃焼空間であり1〜2mの球状をしており，コークスが旋回して燃焼している．高炉内の最高温部分で，2400 K以上になっており，理論燃焼温度に近い．羽口より吹込んだ$H_2O(g)$の全量が分解し，微粉炭の多くの部分も燃焼してガス化している．

(e) 湯だまり：メタル，スラグが貯蔵されている部分で，スラグーメタル間反応が進行している．

2・6・2 滞溜時間

高炉内におけるガスの滞溜時間は，高炉空塔速度(装入物のない状態)で2〜5 m/sであるから，原料装入中は30〜60 m/sである．従って，高炉内における還元ガスの滞溜時間は大略1秒以内と考えられる．

固体の装入物降下速度は遅く，鉄原子(鉱石または溶銑)の平均滞溜時間は5〜8時間程度である．

先にも述べたように，銑鉄1トン当りの原料は鉄鉱石類1.63トン程度にコークスは430〜450 kgであるが，高炉内におけるコークスの嵩体積は炉内全体の2/3以上を占めており，コークスが炉内通気性にあたえる影響は極めて大きい．また図2・31に見られる融着帯中で鉱石層は半溶融状況でガスの通気抵抗が極めて大きく，炉内ガスはコークス層のスリット中を通る．従って融着帯の形状が高温還元性ガスの上部への分配，ガス流れ，通気性などに大きい影響を与える．その結果として炉内温度分布，鉱石の還元，炉況や高炉の生産性に大きい影響が有る．従って融着帯の形状制御は高炉操業の鍵となっている．

2・6・3 高炉内温度分布

実炉内の温度分布は垂直方向にも水平方向にも温度分布があるが，平均的な垂直方向の装入物およびガスの温度変化を示すと図2・32のようである．すなわち，炉体の上部および下部では温度変化およびガスと固体間の温度差が大きく，中央部の1270 Kの付近に，温度変化およびガスと固体間の温度差の小さい部分が存在すると言われている．すなわち，高炉中央部分には熱的にも化学的にも不活性な部分がある．この部分を熱保存帯(thermal reserve zone)と呼ぶ．従って高炉の温度分布は，上部の(I)上部熱交換帯(upper heat exchanger)，(II)温度保存帯(thermal reserve zone)，(III)下部熱交換帯(lower heat exchanger)よりなっていると考えられる．しかし，これは理想化した温度分布で，実炉内は極めて複雑な温度

2・6 高炉の炉内状況

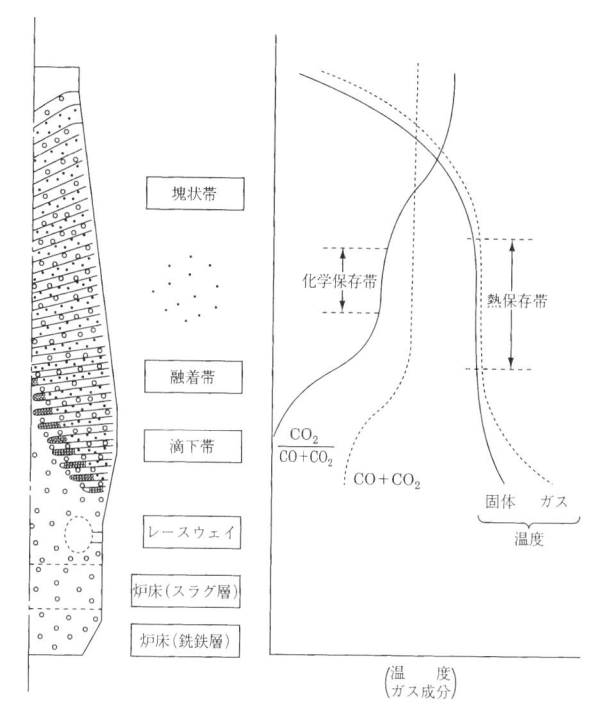

図2・32 高炉内の温度とガス分布

分布になっている.

2・6・4 高炉内のガス分布

羽口より吹き込まれた酸素は,先に述べたように結局COに燃焼するから,生成ガスの組成は%CO={21×2/((21×2)+79)}×100=34.7%,%N_2=100−34.7=65.3の高温還元性ガスとなる.これをボッシュ・ガス(bosh gas)と呼ぶ.実炉のボッシュ・ガスは,これらの他に直接還元(FeO, SiO_2, MnOの炉下部での直接還元)により発生したCOガスを含むため,もう少しCO%が高い.

このようにして生成したボッシュ・ガスは酸化鉄と反応(FeO+CO=Fe+CO_2,間接還元)してCO_2ガスになるが,炉内コークス層中にてカーボン・ソリューション・ロス反応(CO_2+C=2CO)により直ちにCOに変化する.従って,この範囲のガスは図2・13におけるブドワー平衡とFe-FeO平衡線の中間部の組成内でCO→CO_2→COの反応を繰り返しながら,

温度が低下して行く．その最も理想的な場合には 1270 K 付近で，ガス組成は Fe-FeO 平衡値に近くなり，還元反応も不活発となる．そのため，図2·31 に示すように熱保存帯の内側に化学保存帯 (chemical reserve zone) が存在すると考えられている．図2·32 に炉内ガス分布の大略を示した．このようにしてさらにガスが上昇すれば，温度の低下によりブドワー平衡線と交叉し，これ以上の範囲ではカーボン・デポジション ($2CO \rightarrow C + CO_2$) 反応と間接還元により CO_2 量が増加するが，その速度は低温のため小さく，大略 $CO/CO_2 \fallingdotseq 1$ 程度で炉頂部より排出される．この時のガス利用程度は次式で示される．

$$ガス利用効率(\eta_{CO_2}) = \frac{CO_2 + H_2}{CO + CO_2 + H_2 + H_2O}$$

ガス利用効率は操業法や鉱石の被還元性などにより左右され $\eta_{CO_2} = 0.5 \sim 0.3$ 程度である．

図2·33[19] は操業している実炉中に垂直ゾンデを挿入して，高炉内の温度とガス組成を調査した結果を示している．前節の 2·6·3 および 2·6·4 で述べたように，炉中央より少し下部付近に 1300〜1100 K で温度変化の小さい部分（熱保存帯）とガス組成 CO/CO_2 が Fe-FeO 平衡線に大体一致している部分（化学保存帯）のあることが分かる．これを前述の Ellingham's diagram (図2·10) に移して，炉内ガスの酸素ポテンシャルの変化として示

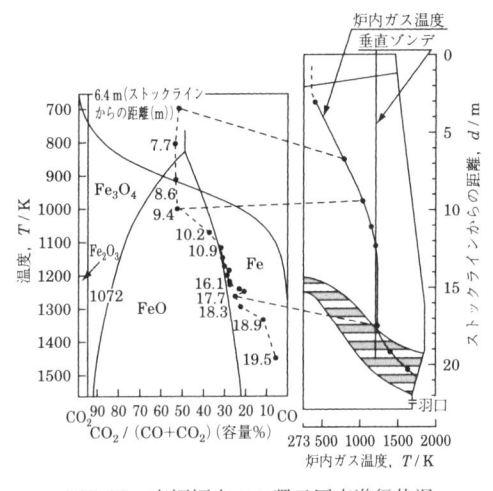

図2·33　高炉炉内での還元反応進行状況

すと次のようである．全圧 0.25 MPa 3%酸素富化空気の酸素ポテンシャルは $RT \ln 0.6$ となるので，送風ガスは図2·10でO点と外枠の P_{O_2}/atm 軸上 6×10^{-1} を結ぶ線分の近傍を通って加熱され羽口の(a)点(約1500 K程度)で炉内に入る．羽口先レースウェイ中には過剰の炭素があるので急速に燃焼して 2400 K に達し，すべての $O_2(g)$ は $CO(g)$ に変化し $2C+O_2=2CO$ 線上(b)点(約2400 K)に到る．炉床部は殆ど炭素ばかりで初めは $2C+O_2=2CO$ の近傍を通り，鉱石-コークスの層状帯に入ると，鉱石の還元とカーボン・ソリューション・ロス反応を繰り返して蛇行する．更に(c)点付近の 1300〜1100 K ではガス相は Fe-FeO と平衡し(化学保存帯)，$2Fe+O_2=FeO$ 線の近傍を通って温度が次第に低下する．1000〜500 K 付近では反応速度も遅くなり $CO/CO_2 \fallingdotseq 1$ となる．すなわち，ガス相は図2·10中C点と外枠軸 CO/CO_2 比1/1を結ぶ線分上の近傍を通って(d)点にて炉頂部より排出する．

2·6·5 Rist の操作線図

A. Rist は理想的な高炉操業では，図2·32および図2·33に示したように，炉胸部中央付近の約 1273 K 程度で熱保存帯と化学保存帯のように FeO/Fe 平衡に近い領域があることを示し，高炉の操業を物質バランスと熱バランスの両面より1本の線で示すことを提案した．これがRistの操作線図[20][21]で，高炉操業の概況を把握するのに極めて有益である．Ristの操作線図の1例を**図2·34**に示した．

x軸は炭素と酸素の原子比 O/C で，O/C=0 は炭素，O/C=1 は CO，O/C=2 は CO_2 を示す．

y軸は鉄と酸素の原子比 O/Fe で，O/Fe=0 は金属鉄，O/Fe=1 はウスタイト，O/Fe=1.5 は Fe_2O_3 を示す．また，y軸の+側は被還元酸素を，-側は送風中の酸素を示す．

図中の①の線が理想的な操作線で，化学保存帯で Fe-FeO-CO/CO_2 の平衡が保たれているから点Wと下部熱バランスを満足する点Pを通る線分で示される．そして y_i は間接還元酸素，y_d は直接還元酸素，(y_f+y_s) は合金元素還元酸素とスラグ中の硫黄と置換した酸素，y_e は送風湿分中酸素，そして y_u は送風中酸素量を示す．操作線の勾配 (O/Fe)/(O/C)=C/Fe となり，原子比で示したコークス比に相当する．

図中②の線は平衡の保たれていない例で，点W'と点Pを通り，操作線の勾配すなわち，コークス比が大きくなっている．

62   2. 高炉製銑法

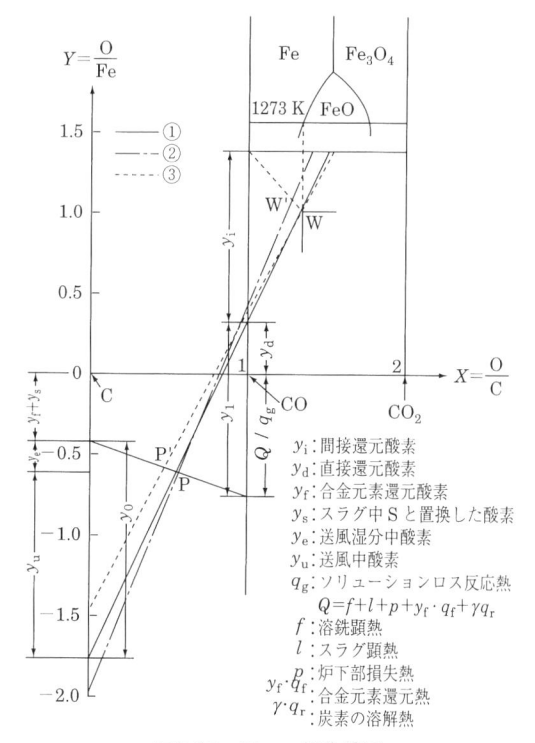

図2·34 Rist の操作線図

y_i：間接還元酸素
y_d：直接還元酸素
y_f：合金元素還元酸素
y_s：スラグ中 S と置換した酸素
y_e：送風湿分中酸素
y_u：送風中酸素
q_g：ソリューションロス反応熱
$Q = f + l + p + y_f \cdot q_f + \gamma q_r$
f：溶銑顕熱
l：スラグ顕熱
p：炉下部損失熱
$y_f \cdot q_f$：合金元素還元熱
$\gamma \cdot q_r$：炭素の溶解熱

図中③は送風温度を上げた場合で，下部熱バランスはPよりP′に移り，操作線はWとP′を通る線分で示され，操作線の勾配すなわち，コークス比が小さくなっている．

このように，Rist の操作線図は操業状況の概略を知るのに便利である．

参 考 文 献

(1) 鉄鋼連盟，鉄鋼界報：No 1142(1978), p. 5.
(2) 澁谷悌二：西山記念講座第146, 147回, (1993), p. 1.
(3) J. F. Elliott, M. Gleiser and V. Ramakrishna: *Thermodynamics for Steelmaking*, Vol II Addison−Wesley Pub. Co., (1963).
(4) S. Ban−ya, J. F. Elliott and J. Chipman: Met. Trans., **1**(1970), 1313.
(5) J. Chipman, R. M. Alfred, L. W. Gott, R. B. Small, D. M. Wilson, C. N.

Thomson, D. L. Guernsey and J. C. Fulton: Trans. ASM, **44**(1952), 1215.
(6) 的場幸雄，萬谷志郎：鉄と鋼，**43**(1957), 790.
(7) E. T. Turkdogon and R. A. Hancock: J. Iron & Steel Inst., **179**(1955), 155; **183**(1956), 69.
(8) W. Eitel: *The Physical Chemistry of the Silicates*, Univ. of Chicago Press, (1954).
(9) R. H. Rein and J. Chipman: Trans. Met. Soc. AIME, **233**(1965), 415.
(10) 徳田昌則，槌谷暢男，大谷正康：鉄と鋼，**58**(1972), 2.
(11) W. Oelsen and H. Maetz: Stahl ü Eisen, **69**(1949), 147.
(12) H. Schenck, M. G. Frohberg and T. El–Gammel: Arch. Eisenhütten W., **81**(1960), 11.
(13) A. S. Venkatradi and H. B. Bell: Trans. Met. Soc. AIME, **245**(1969), 2319.
(14) L. von Bogdandy: Stahl ü Eisen, **82**(1962), 13, 869.
(15) J. O. Edström: J. Iron Steel Inst., **175**(1953), 289.
(16) 原　行明，土屋　勝：鉄と鋼，**63**(1977), 4, S4.
(17) N. J. Themlis and W. H. Gauvin: Trans. Met. Soc. AIME, **227**(1963), 290.
(18) 川合保治：講座・現代の金属学，製鋼編1「鉄鋼製錬」日本金属学会，(1979), p. 64.
(19) 下村泰人，杉山　喬：日本学術振興会製銑第54委員会，54委-1600, 1982年7月．
(20) A. Rist and N. Meysson: Rev. Met., **62**(1965), 995.
(21) A. Rist and N. Meysson: J Metals, AIME, No 4 (1967), 50.

3. 製　鋼　法

3·1　製鋼法の概要

3·1·1　製鋼法の原理

高炉で生産された銑鉄(鋳鉄)は93〜94％の鉄分を含み，6〜7％のCを初めとしSi, Mn, P, Sなどの不純物を含んでいるために脆く，鍛造，圧延などの機械加工はできない．そのため，これらの不純物を酸化除去すると同時に，鋼溶温度を高め，溶融状態で目的組成と目標温度の鋼を効率よく精錬するのが製鋼過程である．これを図示すると次のようである．

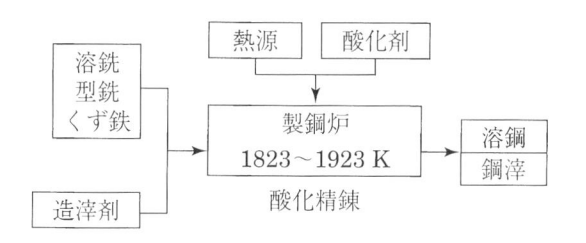

```
              熱源    酸化剤
               ↓      ↓
溶銑    ──→  製鋼炉         溶鋼
型銑          1823〜1923 K    鋼滓
くず鉄
              酸化精錬
造滓剤  ──→
```

製鋼法における主原料は溶銑，これを凝固した型銑，およびくず鉄である．くず鉄は工場内くず鉄と市販くず鉄があるが，日本では社会における鉄鋼蓄積量の増大に伴い，くず鉄発生量が増加の傾向にある．造滓剤は精錬過程で溶鋼に対して脱硫，脱リン作用があるように $CaCO_3$, CaO および CaF_2 などが使用される．

純鉄の融点は 1809 K であるので，溶融状態で精錬を行うためには製鋼炉内温度は 1820〜1920 K に保つ必要がある．熱源として製鋼法にはより燃料(平炉法)，電気エネルギー(電気炉製鋼法)，特に燃料は使用せず，不純物の酸化熱を利用して鋼溶温度を高める(転炉法)方法などがある．

不純物の酸化剤としては純酸素ガスまたは空気，および塊状の良質鉄鉱

石などが必要に応じて使用されている．平炉法と電気炉法では酸化剤として，主として鉄鉱石を用い補助的に純酸素を利用するのに対して，転炉法では主として純酸素と空気を利用し，補助的に鉄鉱石を使用する．

3·1·2 主要な炉内反応

製鋼過程は不純物を酸化除去する過程であり，既述のように酸素ガスおよび鉄鉱石を酸化剤として添加する．その反応は次式のようである．

$$1/2 O_2(g) = [O] \% \tag{3·1}$$
$$\Delta G° = -111700 - 6.78T \tag{3·2}$$
$$1/3 Fe_2O_3(s) = 2/3 Fe(l) + [O](\%) \tag{3·3}$$
$$\Delta G° = 159300 - 88.62T \tag{3·4}$$

上式より分かるように，$O_2(g)$による溶鉄の酸化反応は発熱であり，一般に激しい撹拌を伴う．これに対して$Fe_2O_3(s)$による反応は吸熱反応であり，あまり激しい撹拌は望めない．従って，酸素ガスを製鋼反応に利用することは操業上有利であり，製鋼技術もその方向で進歩してきた．

製鋼過程では酸化反応により不純物を除去する．それ故，図2·10の酸化物の標準エネルギー温度図より，不純物の酸素に対する化学親和力の大小関係から，製鋼過程で除去できる元素の大略を知り得る．すなわち，製鋼温度でFe-FeO線より上方にある元素は除去できずメタル相中に残る．これより下方にある元素は容易に除去でき，Fe-FeO線近傍にある元素はスラグ－メタル両相に分配される．その大略は次のようである．

スラグ中に除去される元素	B, Al, Si, Ti, V, Zr
スラグ－メタル両相に分配される元素	P, S, Mn, Cr
メタル相に残り除去できない元素	Cu, Ni, Co, Sn, Mo, W, As, Sb
気相中に蒸発する元素	Zn, Cd, Pb, C

普通元素の酸化除去反応は下記のようである．

$[C] + [O] \longrightarrow CO(g)$　ガス相に逃げる．

$[Si] + 2[O] \longrightarrow (SiO_2)$
$[Mn] + [O] \longrightarrow (MnO)$
$2[P] + 5[O] \longrightarrow (P_2O_5)$ ⎫ 造滓材(CaO)と反応してスラグを
$Fe(l)(約3\%) + [O] \longrightarrow (FeO)$ ⎬ 生成する．
$[S] + (CaO) = (CaS) + [O]$ ⎭

また製鋼過程は使用耐火材料と造滓材の使用法により塩基性操業と酸性操業に分けられる．

(a) 塩基性操業：炉内耐火材として MgO またはドロマイト（MgO–CaO）などの塩基性耐火材を用い，造滓材として $CaCO_3$ や CaO を添加して，$(\%CaO)/(\%SiO_2) = 1\sim4$ のスラグを作る場合を塩基性操業という．生成スラグは図3・1[(1)]に示す $CaO-SiO_2-FeO$ 3元系を主成分とし，これに $MgO, MnO, P_2O_5, CaF_2, Al_2O_3$ などが含まれている．

(b) 酸性操業：耐火炉材として SiO_2 耐火物を使用し，造滓材として Mn 鉱石または SiO_2 を添加し，$(\%CaO)/(\%SiO_2)<1$ とする方法を酸性操業と言う．生成スラグは図3・2[(1)]に示す $SiO_2-MnO-FeO$ 3元系を主成分とし，SiO_2 飽和（$(SiO_2) \fallingdotseq 50\%$）となる．

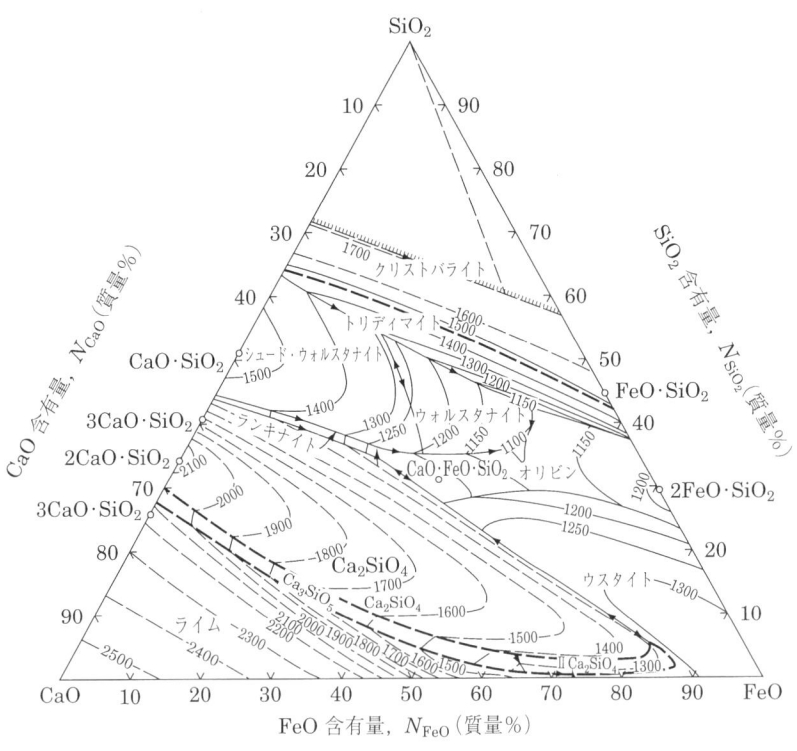

図3・1　金属鉄と接触下の CaO–酸化鉄–SiO_2 系の相関係，純粋には系は3成分系でない

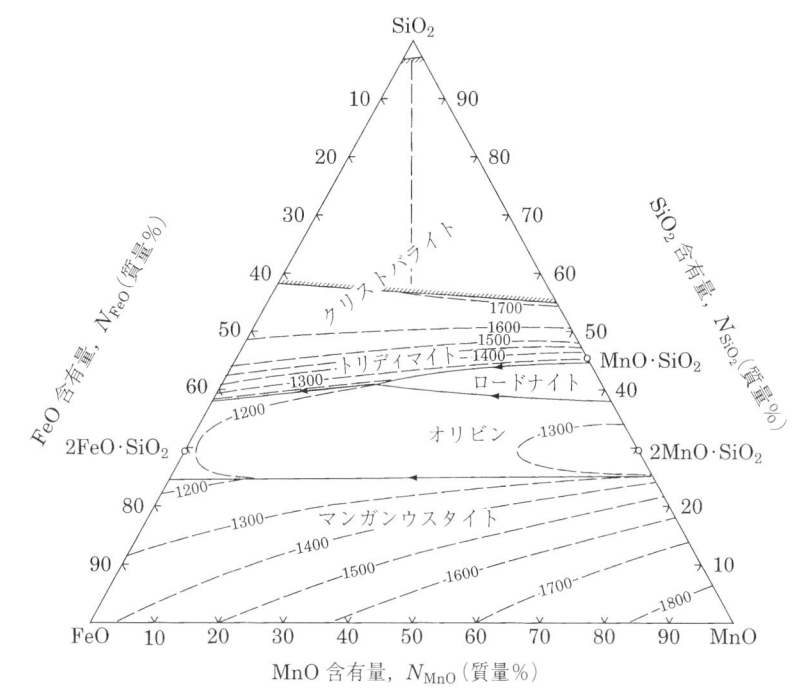

図3·2 酸化鉄-酸化マンガン-SiO_2 部分系の液相温度，$CO_2 : H_2 = 1 : 1$ の雰囲気下における相関係を示す図
系は3成分系ではない．凝相の組成は FeO-MnO-SiO_2 面上の酸素反応線にそって投影した

酸性操業では脱硫，脱リンができないため，最近では酸性操業は殆ど行われていない．

3·1·3 製鋼法の種類と特徴

以上より近代溶融製鋼法の種類と特徴を示すと表3·1のようである．すなわち，転炉製鋼法，電気炉製鋼法および平炉製鋼法の3種である．

以上の3製鋼法の日本における生産比率の推移を図3·3に示した．

これらの近代的な製鋼法の端緒となったのは，1856年ヘンリー・ベッセマー（Henry Bessemer）によるベッセマー転炉の発明であり，その後19世紀後半には，平炉，トーマス転炉，電気炉などが相次いで発明された．これらの方法は，その後もいろいろの改良が加えられ今日に到っている．なかでも，使用原料の制限が広く，高品質の鋼を効率よく生産できる平炉

表3·1 各製鋼法の特徴

	転　炉	電　気　炉	平　炉
原　料	主として溶銑，少量くず鉄	主としてくず鉄，少量銑鉄	溶銑，くず鉄半々程度
熱　源	不純物の酸化熱	電気エネルギー	燃料(重油，ガス)
酸化剤	純酸素，空気	鉄鉱石，酸素ガス	鉄鉱石，酸素ガス
造滓剤	$CaCO_3$, CaO	$CaCO_3$, CaO_2, ケイ砂	$CaCO_3$, CaO など
特　徴	製鋼時間が短い くず鉄の使用量が少ない	熱効率が高い 鋼のP・Sが低い 成分調整が容易	原料の幅が広い 良質の鋼が得られる 製鋼時間が長い
用　途	普通鋼，低合金鋼	合金鋼，普通鋼	普通鋼，低合金鋼

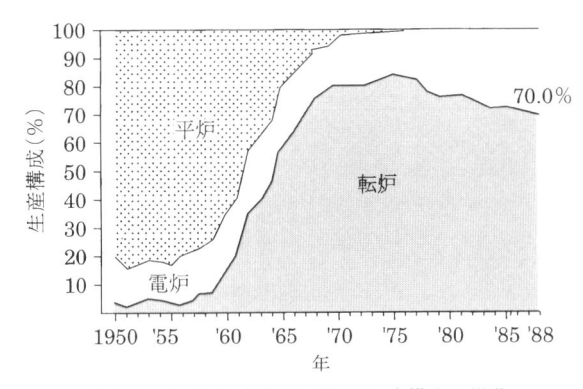

図3·3 我が国の製鋼法別粗鋼生産構成の推移

法は，その発明後約100年間世界製鋼量の80％を生産し王座を占めてきた．

　その後，第2次大戦後，純酸素ガスが工業的に安価に大量生産できるようになると，オーストリアのリンツ(Linz)とドナウビッツ(Donawitz)工場で1952年より転炉に純酸素を使用することが試みられ著しい成功をおさめた．本法はLD法(アメリカではBOF)と呼ばれ広く世界の注目を集めた．本法は上方より純酸素を噴射し，1回の製鋼時間は30～40分の迅速精錬法である．従って，他の製鋼法と比較して，(1)製鋼時間が短く著しく生産性が高い，(2)窒素，リン，酸素，硫黄など有害成分が低く，鋼の性

質は優れており，多品種鋼に対応できる．(3)操業費，建設費が安いなどの利点が有った．本法は1957年に日本に導入され，以来平炉に代わって急速な発展をたどり，1977年には日本においては平炉法はその姿を消すに到った．しかし，ロシア，東欧などでは平炉がなお一部の地方で使用されている．

3·2 製鋼の化学

3·2·1 溶鉄の水素溶解度

溶鉄への水素溶解度は次式で示される．

$$1/2H_2(g) = [H](\%, \text{l-Fe}) \qquad (3\cdot5)$$
$$K = a_H(\%)/\sqrt{P_{H_2}}$$

ここで P_{H_2} は溶鉄と平衡する気相中の水素分圧を気圧単位(atm)で示し，a_H は水素濃度を質量%で表わし，Fe-H系無限希薄溶液を基準にとった活量である．

多くの実測結果によると，溶鉄への水素溶解度[%H]は気相中の水素分圧の平方根に比例し，いわゆるSieverts'の法則が成立している．従って，

$$a_H = [\%H] f_H^H, \qquad f_H^H = 1$$

である．
ここで f_H^H は溶鉄中水素の活量係数である．

故に溶鉄の水素溶解度は次式で示される．

$$\log[\%H]/\sqrt{P_{H_2}} = -1905/T - 1.591^{(2)} \qquad (3\cdot6)$$
$$\Delta G° = 36460 + 30.46T \quad (\text{J}) \qquad (3\cdot7)$$

これを**表3·2**[3]にまとめて示した．なお，表3·2は脱酸平衡値を中心にして求めた．

δ-Fe, γ-Fe および α-Fe についても，それぞれSieverts'の法則が成立し次式[3]で示される．

$$\delta\text{-Fe}, \log[\%H]/\sqrt{P_{H_2}} = -1418/T - 2.369 \qquad (3\cdot8)$$
$$\gamma\text{-Fe}, \log[\%H]/\sqrt{P_{H_2}} = -1182/T - 2.369 \qquad (3\cdot9)$$
$$\alpha\text{-Fe}, \log[\%H]/\sqrt{P_{H_2}} = -1418/T - 2.369 \qquad (3\cdot10)$$

以上の結果より純鉄の水素溶解度を図示すれば**図3·4**のようである．

Fe-H-j 3元系における水素溶解度は，水化物を生成しなければ式(3·5)と同様に次式の関係で示される．

$$1/2H_2(g) = [H](\%, \text{Fe-j alloy}) \qquad (3\cdot5)$$

表3・2 溶鉄への溶解の標準自由エネルギー変化
M(s or l) = [M](1%溶液)固体または液体
$1/2X_2(g) = [X]$(1%溶液)気体

元素とその状態	γ°_{1873}	ΔG° (J/mol)
Al(l)	0.0003	$-24400 + 63.07T$
C(graphite)	0.024	$26960 - 45.52T$
Cr(s)	1.14	$21000 - 4.3T$
H_2(g)		$36460 + 30.46T$
N_2(g)		$9920 + 20.17T$
O_2(g)		$-111700 - 6.78T$
P_2(g)		$-157700 + 5.4T$
Si(l)	3×10^{-5}	$-143300 - 9.4T$
S_2(g)		$-125100 + 18.45T$

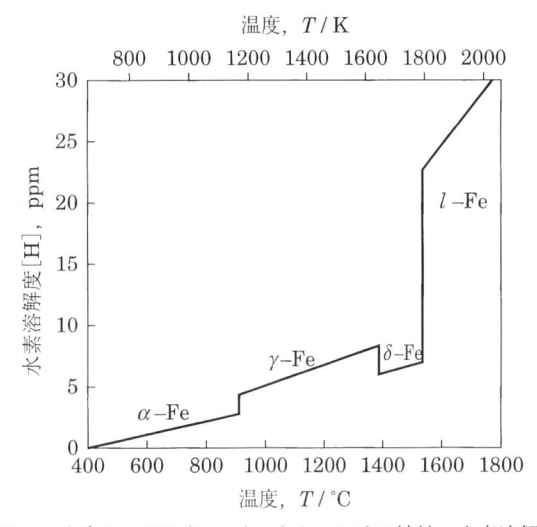

図3・4 水素 0.1 MPa (1 atm) のもとにおける純鉄の水素溶解度

$$K = a_H/\sqrt{P_{H_2}}, \qquad a_H = [\%H]f_H$$
$$f_H = f_H^H \cdot f_H^j, \qquad f_H^H = 1$$

Fe-H-j 3元系における水素溶解度を $[\%H]_j$, その時の見掛けの平衡定数を $K' = [\%H]_j/\sqrt{P_{H_2}}$ とし, Fe-H 2元系のそれを $[\%H]_0$, $K = [\%H]_0/\sqrt{P_{H_2}}$ とすれば, $P_{H_2} = 0.1$ MPa (1 atm) では,

$$\log K - \log K' = \log[\%H]_0 - \log[\%H]_j \qquad (3\cdot11)$$

また，$\log K - \log K' = \log[\%H]_j f_H^j - \log[\%H]_j = \log f_H^j$ より，相互作用係数 $\log f_H^j$ は次式で示される

$$\log f_H^j = \log[\%H]_0 - \log[\%H]_j \tag{3・12}$$

これより相互作用助係数は，この勾配より次式で示される．

$$e_H^j = \lim_{\%j \to 0} \frac{\partial \log f_H^j}{\partial[\%j]} \tag{3・13}$$

図3・5[(4)]および**表3・3**に多くの Fe–H–j 3元系より求められた相互作用係数と相互作用助係数を示した．

3・2・2 溶鉄の窒素溶解度

溶鉄への窒素溶解度も Sieverts' の法則が成立し，溶鉄の窒素溶解は次式で示される．

$$1/2 N_2(g) = [H](l\text{-Fe}) \tag{3・14}$$
$$K = a_N/\sqrt{P_{N_2}} = [\%N]/\sqrt{P_{N_2}}$$

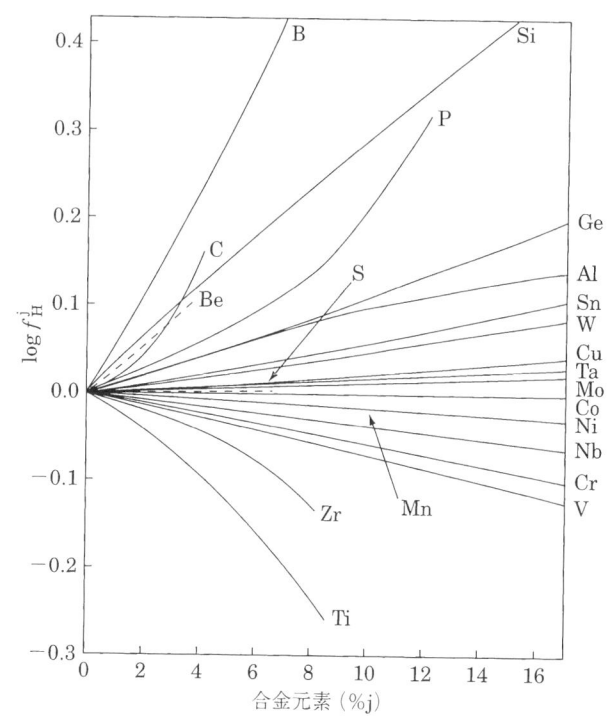

図3・5 溶鉄中水素の活量係数に及ぼす合金元素の影響，1873 K

表3·3 相互作用助係数 $e_i^{(j)} = \partial \log f_i / \partial [\%j]$; Fe-H-j, Fe-N-j, Fe-O-j, Fe-C-j, Fe-S-j 3元系, 1823〜1873 K, [%j]は適用範囲

溶質j	$e_H^{(j)}$	<%j	$e_N^{(j)}$	<%j	$e_O^{(j)}$	<%j	$e_C^{(j)}$	<%j	$e_S^{(j)}$	<%j	$e_P^{(j)}$	<%j
Al	0.13	4	0.01	3.8	−1.17	1	0.043	2	0.041	7	0.037	—
B	0.58	2.5	0.094	7.1	−0.31	3	0.244	—	0.134	0.5	0.015	3.7
C	0.6	1	0.13	2.0	−0.421	1	0.243	1	0.111	0.5	0.126	—
Co	0.0018	14	0.012	6.0	0.008	40	0.0075	10	0.0026	10	0.004	—
Cr	−0.0024	15	−0.046	60	−0.055	10	−0.032	25	−0.0105	5	−0.018	10
Cu	0.0013	10	0.009	9	−0.013	5.0	0.016	10	−0.0084	8	−0.035	6
H	0	—	0	—	—	—	0.67	—	—	—	0.33	19
Mn	−0.002	10	−0.02	4	−0.021	—	−0.037	10	−0.026	3	−0.032	—
N	0	—	0	—	—	—	0.11	—	0.01	—	—	—
Nb	−0.0033	15	−0.068	10	−0.12	—	−0.059	2.0	−0.013	5	−0.012	—
Ni	−0.0019	—	0.007	6	0.006	40	0.01	5	0	—	0.003	67
O	0	—	0	—	−0.17	—	−0.32	1	−0.27	—	0.13	—
P	0.015	6	0.059	1.1	0.07	0.7	0.051	—	0.035	9	0.054	—
S	0.017	1	0.007	4	−0.133	1	0.044	2	−0.046	1	0.037	—
Si	0.027	10	0.048	4	−0.066	3	0.08	—	0.075	7	0.099	—
Ti	−0.019	2	−0.6	0.5	−1.12	1	—	—	−0.18	6	−0.04	—
V	−0.074	20	−0.123	5	−0.14	12	−0.03	20	−0.019	11	−0.024	21
W	0.0048	20	−0.002	15	0.0085	20	−0.0056	20	0.011	15	−0.023	—
Zr	−0.0088	2	−0.63	0.6	−4	0.15	—	—	−0.21	3	—	—

$$\log K = -518/T - 1.063^{(5)} \tag{3.15}$$
$$\Delta G° = 9916 + 20.17T \quad (J) \tag{3.16}$$

ここで P_{N_2} は溶鉄と平衡する気相中の窒素分圧を気圧単位(atm)で示し，a_N は窒素濃度を質量%で表わし，Fe-N系無限希薄溶液を基準にした活量である．溶鉄への窒素溶解はSieverts'の法則に従うので，溶鉄の窒素の活量係数は $f_N^N \fallingdotseq 1$ であり，$a_N \fallingdotseq [\%N]$ とすることができる．

また固体鉄への窒素溶解度もSieverts'の法則に従い，次式[3]で与えられる．

$$\delta\text{Fe}, \log[\%N]/\sqrt{P_{N_2}} = -1520/T - 1.04 \tag{3.17}$$
$$\gamma-\text{Fe}, \log[\%N]/\sqrt{P_{N_2}} = 450/T - 1.955 \tag{3.18}$$
$$\alpha-\text{Fe}, \log[\%N]/\sqrt{P_{N_2}} = -1520/T - 1.04 \tag{3.19}$$

図3・6に $P_{N_2} = 0.1\,\text{MPa}(1\,\text{atm})$ における窒素溶解度を示した．溶解度は各相の変態点で大きく変化する．

Fe-N-j 3元系における相互作用係数 f_N^j および相互作用助係数は水素の場合と同様に次式より求められる．

$$\log f_N^j = \log[\%N]_0 - \log[\%N]_j \tag{3.20}$$
$$e_N^j = \lim_{\%Fe \to 100} \frac{\partial \log f_N^j}{\partial[\%j]} \tag{3.21}$$

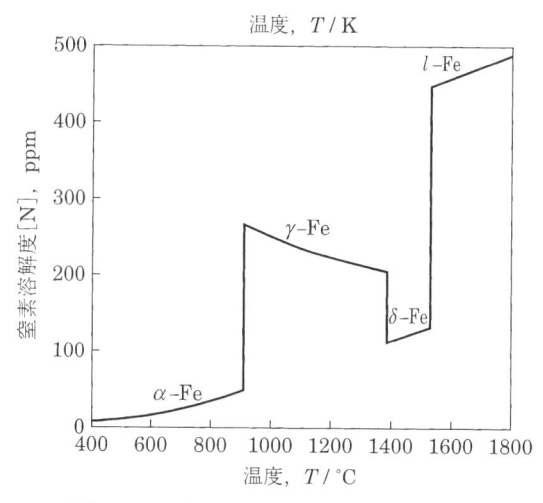

図3・6　窒素 0.1 MPa(1 atm)のもとにおける純鉄の窒素溶解度

ここで$[\%N]_0$と$[\%N]_j$はFe-N 2元系およびFe-N-j 3元系における,$P_{N_2}=0.1$ MPa(1 atm)の窒素溶解度である.溶鉄中窒素に及ぼすj元素の影響を図3・7[(6)]および表3・3に示した.

3・2・3 溶鉄中への酸素溶解度

溶鉄中への酸素の溶解量は,次式に示すように,H_2/H_2O混合ガスとの平衡より求める.

$$[O](1 質量\%) + H_2(g) = H_2O(g) \tag{3・22}$$

$$K = P_{H_2O}/P_{H_2}a_O, \quad 真の平衡定数 \tag{3・23}$$

$$K' = P_{H_2O}/P_{H_2}[\%O], \quad 見掛けの平衡定数 \tag{3・24}$$

ここで酸素濃度は質量%を用い,活量の基準を純鉄側を基準としたヘンリー則に取る.

これより,温度と全圧一定では,溶鉄中の酸素量はP_{H_2O}/P_{H_2}の比によって定まる.この関係を図示すれば図3・8[(3)(7)]のようである.図中線分

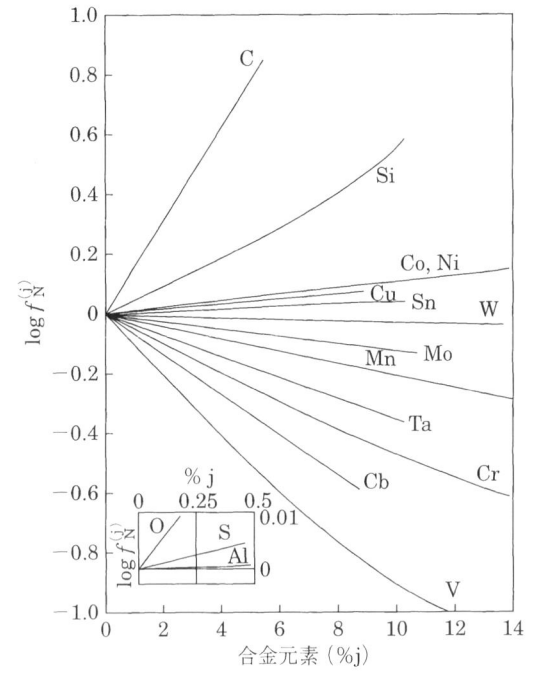

図3・7 溶鉄中窒素,溶解度に及ぼす合金元素の影響,1873 K

ABは溶融ウスタイト FeO の析出する線であり，溶鉄の酸素飽和溶解度を示す．

$$\log [\%O]_{sat} = -6320/T + 2.734^{(3)} \qquad (3・25)$$

また酸素溶解度は(FeO)飽和付近になると，わずかにヘンリーの法則より負偏倚しており，活量を使用すべきことを示している．活量および活量係数は，$a_O = f_O[\%O]$, $f_O = f_O^O \cdot f_O^H$ であるが水素量は十分低いので $f_O^H \fallingdotseq 1$ と考えられる．故に，式(3・23)と式(3・24)の組み合せより，

$$\log K' = \log K + \log f_O^O \qquad (3・26)$$

したがって，実測値 $\log K'$ と $[\%O]$ の関係を示せば図3・9[7]のようになり，$\log K'$ の Y 軸の切片より $\log K$ が，実測値の勾配より相互作用助係数 $\partial \log f_O^O / \partial [\%O] = e_O^O$ が得られる．これらは次のような値である．

$$\log P_{H_2O}/P_{H_2} a_O(\%) = 7040/T - 3.224^{(3)(7)} \qquad (3・27)$$
$$\Delta G° = -134800 + 61.71T \quad (J) \qquad (3・28)$$
$$\log f_O = (-1750/T + 0.76)[\%O] \qquad (3・29)$$

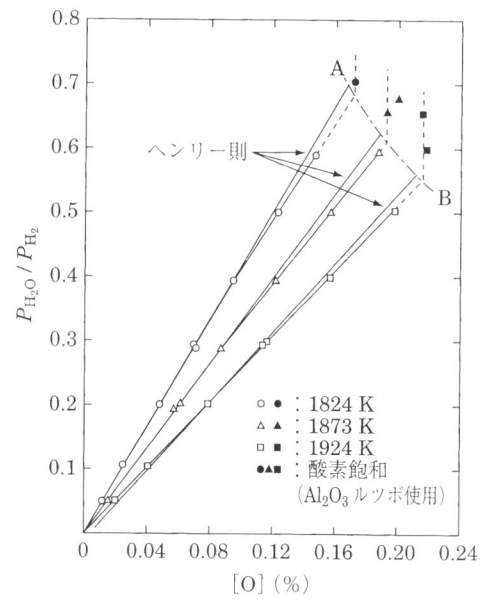

また次式が知られている．

図3・8　P_{H_2O}/P_{H_2} と溶鉄中酸素の関係

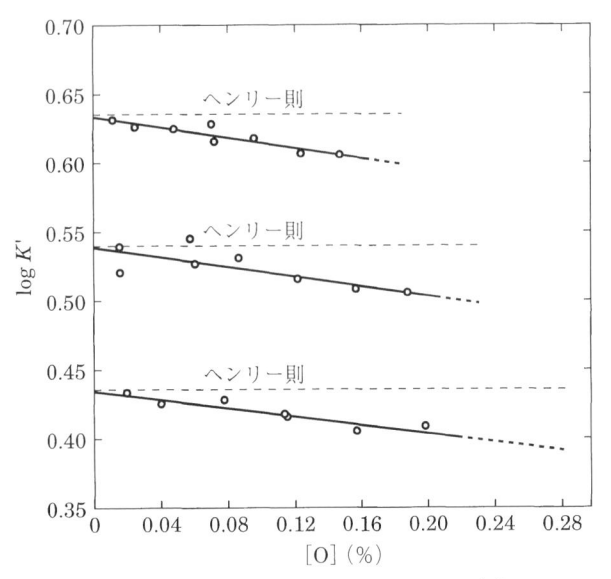

図3·9　見掛けの平衡定数の[%O]による変化

$$H_2(g) + 1/2O_2(g) = H_2O(g) \tag{3·30}$$

$$\Delta G° = -246535 + 54.94T \tag{3·31}$$

式(3·28)と式(3·31)の組み合せより次式を得る．

$$1/2O_2(g) = [O](1\text{質量}\%) \tag{3·32}$$

$$\log a_O/\sqrt{P_{O_2}} = 5836/T + 0.354 \tag{3·33}$$

$$\Delta G° = -111700 - 6.78\,T \tag{3·34}$$

これより，1873 K にて溶鉄が溶融ウスタイトと平衡する時，飽和酸素溶解度は$[\%O]_{sat} = 0.23$，酸素活量は$a_O = 0.21$，平衡酸素圧は$P_{O_2} = 5.2 \times 10^{-9}$である．Fe-O-j 3元系における$\log f_O^{(j)}$の値と$e_O^{(j)}$の値を図3·10[8]および表3·3に示した．

3·2·4　溶鉄中炭素と酸素の反応

製鋼過程は炭素を酸化除去する過程であるから，溶鉄中の炭素と酸素の反応は，その中心的課題である．また脱炭反応ではCO(g)生成による沸騰作用により溶鉄が著しく撹拌される．その結果として，炉内反応の促進，成分や温度の均一化，脱ガス反応，非金属介在物の分離促進など，多くの有益な効果をもたらす．

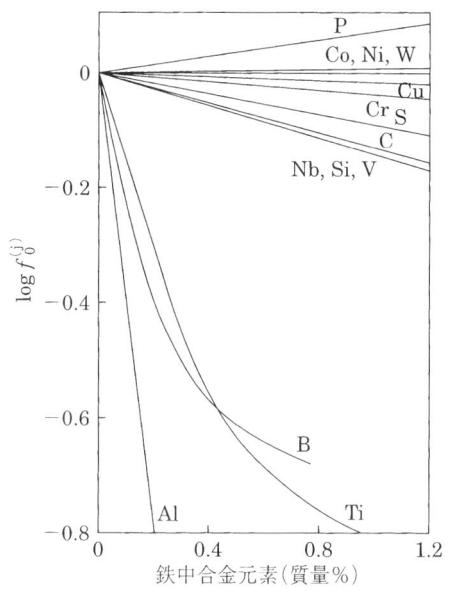

図3・10 溶鉄中酸素の活量に及ぼす合金元素の影響, 1873 K

脱炭反応の主反応は次式で示される.

$$[C]+[O] \longrightarrow CO(g)$$

しかし上式のみでは完全な平衡関係を示しておらず，平衡関係は次の3式で示される.

(1) 平衡関係[3][9]

$$[O]+CO(g) = CO_2(g) \tag{3・35}$$

$$\log P_{CO_2}/P_{CO} \cdot a_O = 8718/T - 4.762 \tag{3・36}$$

$$\Delta G° = -166900 + 91.13T \tag{3・37}$$

$$[C]+CO_2(g) = 2CO(g) \tag{3・38}$$

$$\log P_{CO}^2/P_{CO_2} \cdot a_C = -7558/T + 6.765 \tag{3・39}$$

$$\Delta G° = 144700 - 129.5T \tag{3・40}$$

$$[C]+[O] = CO(g) \tag{3・41}$$

$$\log P_{CO}/a_C a_O = 1160/T + 2.003 \tag{3・42}$$

$$\Delta G° = -2220 - 38.34T \tag{3・43}$$

$$\log f_C = \log f_C^C + \log f_C^O \fallingdotseq \log f_C^C \tag{3・44}$$

$$= 0.243[\%C] \tag{3.45}$$
$$\log f_O = \log f_O^O + \log f_O^C \fallingdotseq \log f_O^C \tag{3.46}$$
$$= -0.421[\%C] \tag{3.47}$$

ここで，溶鉄中の酸素と炭素の濃度は(質量%)で表わし，活量の基準は鉄を溶媒とするヘンリー則に取る．上式は1823〜1973 K，[%C]=0.1〜1.0の範囲で成立する．相律より見ると，成分は5([C]，[O]，CO，CO_2，Fe(l))であるが，平衡式は式(3·35)，式(3·38)，と式(3·41)の3式がありこの2つより他の1つの式を導出できるので独立式は2である．独立成分は3(=5−2)となり，相は2(gas, l-Fe)である．故に自由度は$f=(3+2)-2=3$であり，3変系となる．従って温度と全圧が一定の時，メタル中の酸素と炭素量はCO/CO_2混合比によって一義的に決まる．故に平衡式は式(3·35)，式(3·38)，式(3·41)の3式によって代表される．なお本系の理想性からの偏倚の程度は式(3·45)，式(3·47)によって示される．またFe–C–j系におけるe_C^jの値を表3·3にまとめて示す．

(2) 溶鉄中炭素と酸素の濃度積

溶鉄中炭素と酸素の関係は式(3·41)，式(3·42)のように示されるが，炭素濃度の低い範囲では$f_C \fallingdotseq 1$, $f_O \fallingdotseq 1$としてよいから，次式で示される．

$$\log \frac{[\%C][\%O]}{P_{CO}} = -1160/T - 2.003 \tag{3.48}$$

これより$P_{CO} \fallingdotseq 1$の時，溶鉄中の炭素と酸素の濃度積mは温度により一定値を示す．

$$[\%C] \cdot [\%O] = m, \ m = 0.0024 \cdots\cdots 1873\ K \tag{3.49}$$

これを図示すれば図3·11のようで，[%C]と[%O]は双曲線的関係で変化する．これは1931年 H. C. Vacher と E. H. Hamilton により初めて求められたことより Vacher–Hamilton curve という．

また高炭素濃度では式(3·45)と式(3·47)を無視できず，これを式(3·42)と組み合わせて変形すれば次式を得る．

$$\log \frac{[\%C][\%O]}{P_{CO}} = \log \frac{a_C \cdot a_O}{P_{CO}} - 0.243[\%C] + 0.42[\%C]$$
$$= \frac{\log a_C \cdot a_O}{P_{CO}} + 0.178[\%C] \tag{3.50}$$

すなわち図3·12[10]に示すように，高炭素濃度の範囲では，炭素と酸素の濃度積mは，炭素濃度とともに増加する．また溶鉄中炭素の活量に及

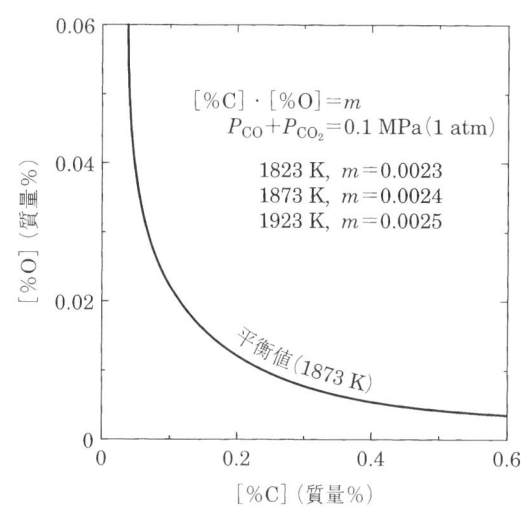

$$[\%C]\cdot[\%O]=m$$
$$P_{CO}+P_{CO_2}=0.1\text{ MPa}(1\text{ atm})$$

1823 K, $m=0.0023$
1873 K, $m=0.0024$
1923 K, $m=0.0025$

平衡値(1873 K)

図3・11　溶鉄中における炭素と酸素の関係

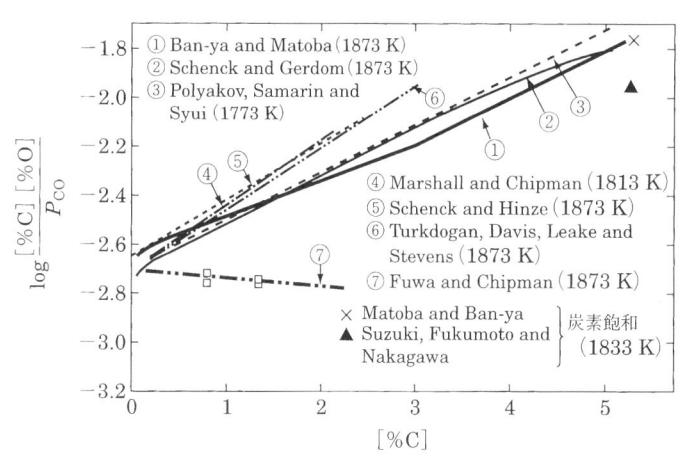

① Ban-ya and Matoba (1873 K)
② Schenck and Gerdom (1873 K)
③ Polyakov, Samarin and Syui (1773 K)
④ Marshall and Chipman (1813 K)
⑤ Schenck and Hinze (1873 K)
⑥ Turkdogan, Davis, Leake and Stevens (1873 K)
⑦ Fuwa and Chipman (1873 K)
× Matoba and Ban-ya
▲ Suzuki, Fukumoto and Nakagawa
炭素飽和 (1833 K)

縦軸: $\log\dfrac{[\%C][\%O]}{P_{CO}}$

図3・12　高炭素溶鉄中の炭素と酸素の濃度積

ぼす j 元素の影響を図3・13[11]と表3・3に示した．

(3) 炭素の活量

溶融 Fe-C 系における炭素の活量を全濃度範囲で考える時には，炭素濃度をモル分率 N_C で示し，炭素で飽和した溶鉄中の炭素の活量を基準にし

て 1 とすれば便利である．この場合の活量と活量係数を a_C^{gr}, γ_C' とすれば，炭素活量は (P_{CO}^2/P_{CO_2}) に比例することより，次式によって求めることができる．

$$a_C^{gr} = \frac{P_{CO}^2/P_{CO_2}(\text{in gas phase})}{P_{CO}^2/P_{CO_2}(\text{Boudouard's equil.})} = N_C \gamma_C' \qquad (3\cdot51)$$

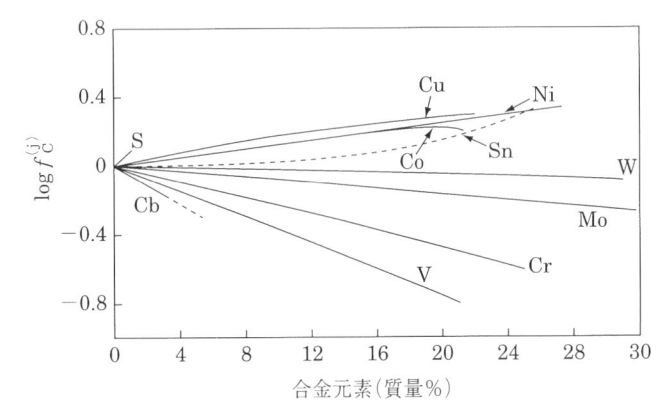

図3・13 溶鉄中炭素の活量に及ぼす合金元素 j の影響，1833 K，純鉄側基準

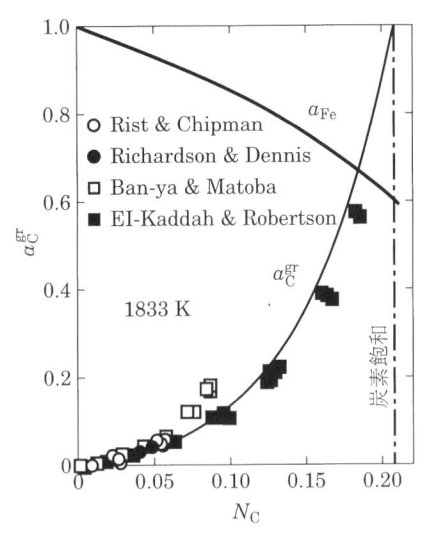

図3・14 Fe–C 系における炭素と溶鉄の活量，1833 K
活量基準：炭素は固体炭素，溶鉄は溶融純鉄

上式の対数を取って式を変形すれば，Boudouard 平衡式は式(2·30)で得られているので次式を得る．

$$\log \gamma'_C = \log P_{CO}^2/P_{CO_2} \cdot N_C + 8969/T - 9.14 \tag{3·52}$$

上式で $\log P_{CO}^2/P_{CO_2} \cdot N_C$ は濃度としてモル分率 N_C を使用した式(3·38)の見掛けの平衡定数であり，実測可能な値である．これより求めた，溶融 Fe-C 系の全濃度範囲における a_C^{gr} と a_{Fe} を図3·14[(12)]に示した．

3·2·5 溶融スラグの構造と取り扱い方

鉄鋼製錬におけるスラグは，各種金属酸化物を主体とし，小量の硫化物と弗化物を含む均一溶体である．常温で固体のスラグは各種酸化物結晶の不均一な集合体で電気の絶縁体であるが，溶融状態では良導体でありイオン電導してる．そのことより溶融スラグは各種成分のイオンに解離していると考えられる．しかし，完全解離しているかどうか，また存在するイオン種は何であるかなどは未だに不明の点が多い．そのことより，溶融スラグを分子性溶体であると仮定する分子説と，イオン性溶体であるとするイオン解離説の両者が併用して用いられている．

(1) 溶融スラグの分子論的取り扱い

溶融スラグはイオン解離しているから，これを分子性溶体として取り扱う方法は，一つの仮説に過ぎない．しかし古くよりよく研究され，実際の冶金反応をよく説明することより，今日においても広く用いられている．分子論的取り扱い方には，次の2つの場合がある．

(a) 複合酸化物を安定な分子状化合物と仮定する場合：本法では，溶融スラグは分子状の単純酸化物，例えば CaO, FeO, MgO, CaS などと，次のような中性で安定な複合酸化物より構成されていると考える．

$$\begin{array}{ll} \text{ケイ酸塩} & (MO)_n SiO_2 \\ \text{リン酸塩} & (MO)_n P_2O_5 \\ \text{鉄酸塩} & (MO)_n Fe_2O_3 \\ \text{アルミン酸塩} & (MO)_n Al_2O_3 \end{array} \quad \begin{array}{l} n=1\sim 4 \\ MO：塩基性酸化物 \end{array}$$

そして，複合酸化物を作った残りの成分を化学的に活性な量とする．

(b) 複合酸化物がスラグ中で一部次のように解離していると仮定する場合．

$$(2CaO \cdot SiO_2) \rightleftarrows 2(CaO) + (SiO_2)$$
$$K_D = (\%CaO)^2 (\%SiO_2)/(\%2CaO \cdot SiO_2)$$
$$(2FeO \cdot SiO_2) \rightleftarrows 2(FeO) + (SiO_2)$$

$K_D = (\%FeO)^2(\%SiO_2)/(\%2FeO \cdot SiO_2)$

複合酸化物の単純酸化物への解離と理想溶液を仮定し，実験事実をよく説明するように解離定数を定め，解離定数より計算された単純酸化物量を化学的に活性な量とする．(b)の仮説の方が自由度が広いため，よく実験事実を説明するが，計算が極めて複雑となる．

(2) イオン解離説

イオン解離説では，溶解スラグ中で酸化物は完全解離していると仮定する．存在するイオン種は $N_{CaO}/N_{SiO_2} \geq 2$ の塩基性範囲では次のものが考えられている．

塩基性酸化物

$(CaO) \longrightarrow (Ca^{2+}) + (O^{2-})$

$(FeO) \longrightarrow (Fe^{2+}) + (O^{2-})$

$(CaF_2) \longrightarrow (Ca^{2+}) + 2(F^-)$

酸性酸化物

$(SiO_2) + 2(O^{2-}) \longrightarrow (SiO_4^{4-})$

$(P_2O_5) + 3(O^{2-}) \longrightarrow 2(PO_4^{3-})$

中性酸化物（または両性酸化物）

$(Al_2O_3) \longrightarrow 3(Al^{3+}) + 3(O^{2-})$ (酸性スラグ中)

$(Al_2O_3) + 3(O^{2-}) \longrightarrow 2(AlO_3^{3-})$ (塩基性スラグ中)

従って $N_{CaO}/N_{SiO_2} \geq 2$ の塩基性スラグ中では次のようなイオン種が存在すると考える．

単純陽イオン　$Ca^{2+}, Mg^{2+}, Mn^{2+}$

単純陰イオン　O^{2-}, S^{2-}, F^-

複合陰イオン　SiO_4^{4-}, PO_4^{3-}

以上より分かるように，SiO_4^{4-} イオンを作るには SiO_2 1モルに対して塩基性酸化物 CaO 2モルを必要とする．それ故 $N_{CaO}/N_{SiO_2} < 2$ の酸性スラグ中では，SiO_4^{4-} イオンの酸素を共有して縮合し，次式のように解離する．

$$2(SiO_2) + 3(O^{2-}) \longrightarrow (Si_2O_7)^{6-}$$

$$\begin{bmatrix} & O^- & & O^- & \\ & | & & | & \\ O^- & -Si & -O- & Si- & O^- \\ & | & & | & \\ & O^- & & O^- & \end{bmatrix}^{6-}$$

このようにSiO_2は，溶融スラグ中で(SiO_4^{4-})の正4面体を基本構造とし，正4面体の角にある酸素を共有することにより縮合し，巨大な陰イオンを作る．この縮合例を珪酸塩鉱物より推測すれば**図3·15**および**表3·4**のようである．このように塩基性酸化物の減少により順次縮合の程度を上げて行くとする考え方を網目構造説と言い，その他にも多くの縮合型式が提案されている．

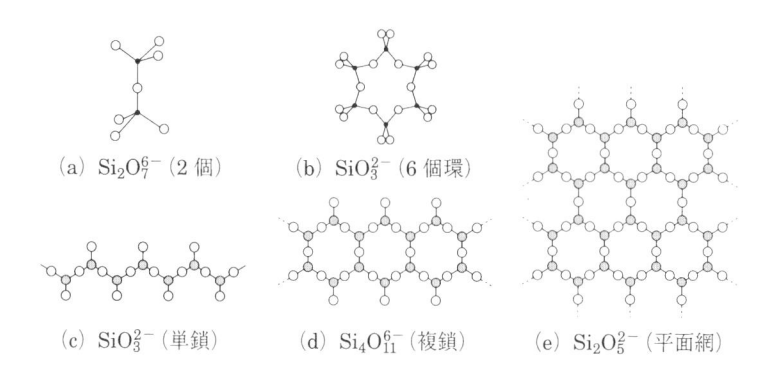

(a) $Si_2O_7^{6-}$（2個）
(b) SiO_3^{2-}（6個環）
(c) SiO_3^{2-}（単鎖）
(d) $Si_4O_{11}^{6-}$（複鎖）
(e) $Si_2O_5^{2-}$（平面網）

●：ケイ素，○：酸素．ケイ素のまわりはすべて正四面体の酸素でかこまれている．構造をわかりやすくするため，丸の位置をややずらして描いてある．◎はジグザグ鎖の面から上方にのびた−Oを示す．

図3·15 ケイ酸イオンの構造

表3·4 各種ケイ酸イオンの構造とそれを含む鉱物類

組成式	構造	電価	鉱物	例
SiO_4^{4-}	単独	−4	カンラン石	Mg_2SiO_4, $(Mg, Fe^{II})_2SiO_4$
$Si_2O_7^{6-}$	2個	−3	トルトバイト	$Sc_2Si_2O_7$
SiO_3^{2-}	6個環	−2	緑柱石	$Be_3Al_2(S_6O_{18})$（緑柱石）
SiO_3^{2-}	単鎖	−2	輝石	$CaMg(SiO_3)_2$（透輝石）
$Si_4O_{11}^{6-}$	複鎖	−1.5	カクセン石	$Ca_2Mg_5(Si_4O_{11})_2(OH)_2$（透閃石）
$Si_2O_5^{2-}$	平面網	−1	雲母（ウンモ）	$KAl_2(AlSi_3O_{10})(OH)_2$（白雲母）
SiO_2^0	3次元	0	石英など	水晶，トリジマイト

3·2·6 鋼滓の酸化力

製鋼過程は酸化の過程であり，鋼滓の酸化力は製鋼反応を制御する鍵である．製鋼炉内で溶鉄と(FeO)を含む$CaO-SiO_2-FeO$系スラグが接触していると，スラグ−メタル間に次の反応が起きる．

$$(FeO) = [O] + Fe(l) \tag{3·53}$$

$$K = a_O/a_{FeO} \tag{3・54}$$

ここで溶鉄中酸素を(質量%)で示し,活量基準をヘンリー則に取る.FeOは先にも述べたように化学量論的FeO(Fe:O=1:1)は存在しないので,溶鉄と平衡する酸化鉄の活量を1とし,これを$a_{Fe_tO}=1$として示す.これに対して次の結果[3]が知られている.

$$\log[a_O]/(a_{Fe_tO}) = -6150/T + 2.604 \tag{3・55}$$

$$\Delta G° = 117700 - 49.83T \tag{3・56}$$

また先に述べたように次式が知られている

$$\log[\%O]_{sat} = -6320/T + 2.734 \tag{3・25}$$

$$\log f_O = \log f_O^0 = (-1750/T + 0.76)[\%O] \tag{3・29}$$

これより1873 KでFe_tOにて飽和した溶鉄中の酸素量は$[\%O]_{sat}=0.23$,その時の活量は$[a_O]_{sat}=0.21$を得る.

これより,1873 Kにてスラグ-メタル間の酸素の分配平衡値の実測より,次式よりa_{Fe_tO}を求めることができる

$$a_{Fe_tO} = a_O/0.21 \tag{3・57}$$

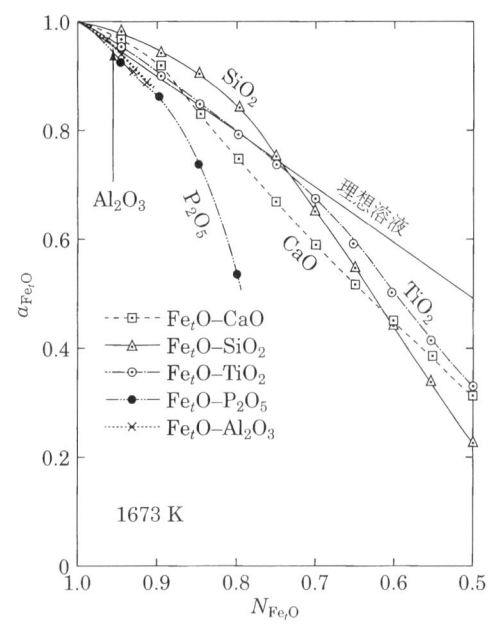

図3・16 Fe_tO-M_xO_y(M_xO_y=SiO_2, TiO_2, CaO, Al_2O_3, P_2O_5) 2元系のa_{Fe_tO}, 1673 K
a_{Fe_tO}:活量基準:固体鉄と平衡する純溶融Fe_tO

Fe$_t$O–M$_x$O$_y$(M$_x$O$_y$=SiO$_2$, TiO$_2$, CaO, Al$_2$O$_3$, P$_2$O$_5$) 2元系の a_{Fe_tO} を図3·16[13][14]に，CaO–SiO$_2$–Fe$_t$O系[13][15]の a_{Fe_tO} を図3·17に，またFe$_t$O–MgO–SiO$_2$[13][15]系の値を図3·18に示した．塩基性製鋼スラグの基本系におけるCaO–SiO$_2$–Fe$_t$O系スラグの a_{Fe_tO} の値は $N_{CaO}/N_{SiO_2} \fallingdotseq 1$ の近くに最大値を有する特異な値を示すことは興味深い．

3·2·7 Siの分配

溶鉄中[Si]の酸化反応は次式で与えられる．

$$[Si] + 2[O] = (SiO_2)(s) \tag{3·58}$$

$$\log K (= a_{SiO_2}/a_{Si}a_O^2) = 30110/T - 11.40 \tag{3·59}$$

$$\Delta G° = -576440 + 21.82T \tag{3·60}$$

$$\left.\begin{array}{l} e_{Si}^{Si} = 0.103 \\ e_{Si}^{O} = -0.119 \\ e_{O}^{Si} = -0.066 \end{array}\right\} \quad <[3\%Si] \tag{3·61}$$

上式で[Si]と[O]は質量％で示し，ヘンリー則に活量の基準を取る．

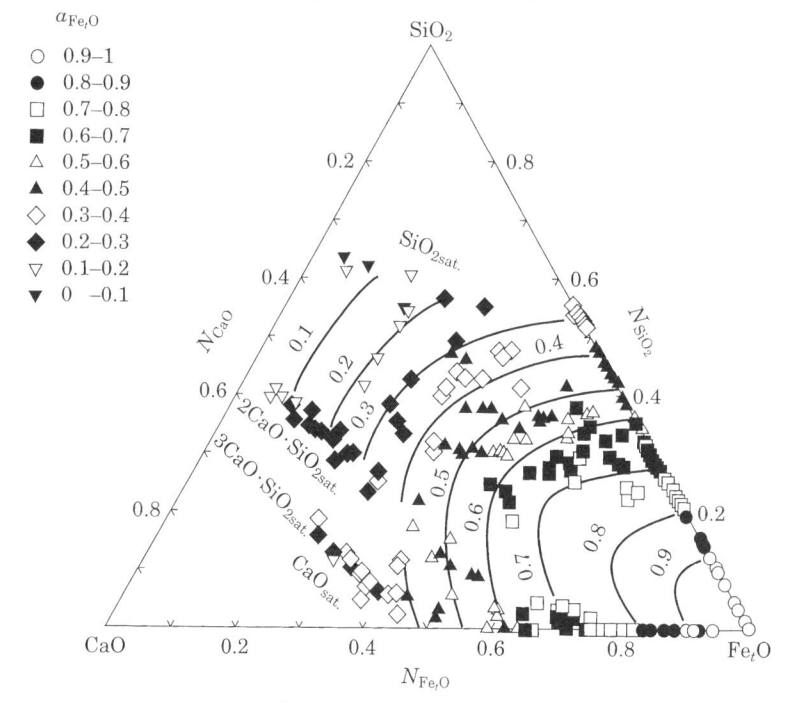

図3·17　CaO–SiO$_2$–Fe$_t$O系スラグの a_{Fe_tO}, 1873 K
活量基準：溶鉄と平衡する純溶融Fe$_t$O

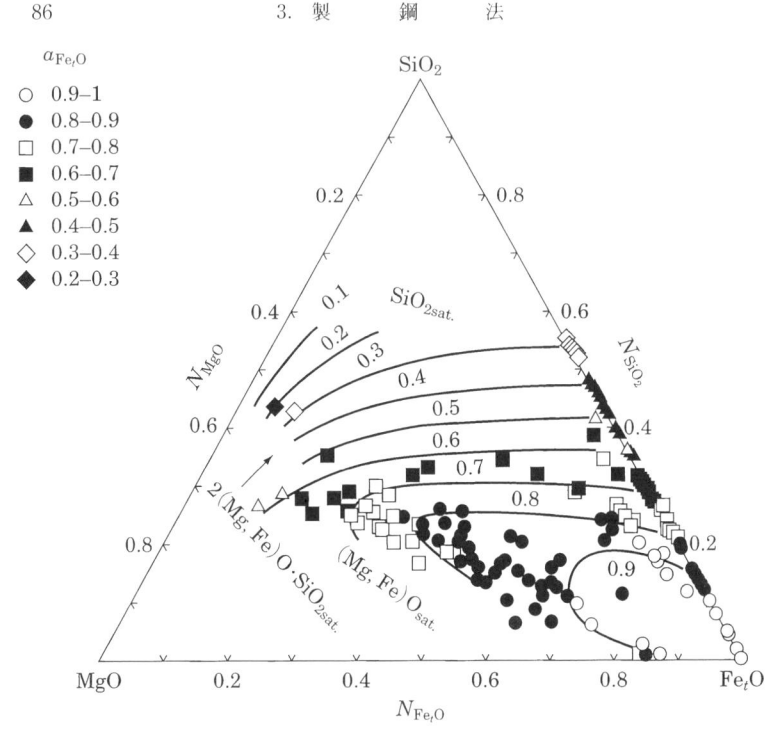

図3·18 Fe_tO–MgO–SiO_2 系スラグの a_{Fe_tO}, 1873 K
活量基準：a_{Fe_tO} は溶鉄と平衡する純溶融 Fe_tO

(a_{SiO_2})の活量基準は純固体 SiO_2 である．式(3·59)に前述の式(3·55)を組み合せれば Si に関するスラグ－メタル間反応は次式[3]で与えられる

$$[Si] + 2(Fe_tO) = (SiO_2)(S) + 2tFe(l) \quad (3·62)$$

$$\log a_{SiO_2(s)}/[a_{Si}](a_{Fe_tO})^2 = 17810/T - 6.192 \quad (3·63)$$

式(3·63)における平衡定数は $K(1873\,K) = 2.1 \times 10^3$, $K(1573\,K) = 1.3 \times 10^5$ のように大きい値である．製鋼過程の初期では温度が低く，比較的(Fe_tO)の高いスラグが生成することより，ケイ素は製鋼過程の初期に容易に酸化除去されることが分かる．

3·2·8 Mn の分配

Mn は鋼材の性質を改善し，精錬過程では溶鋼の過酸化を防ぐため有効成分であり，溶鉄中に一定量含有せしめる．そのスラグ－メタル間反応は次式[3][16]で示される．

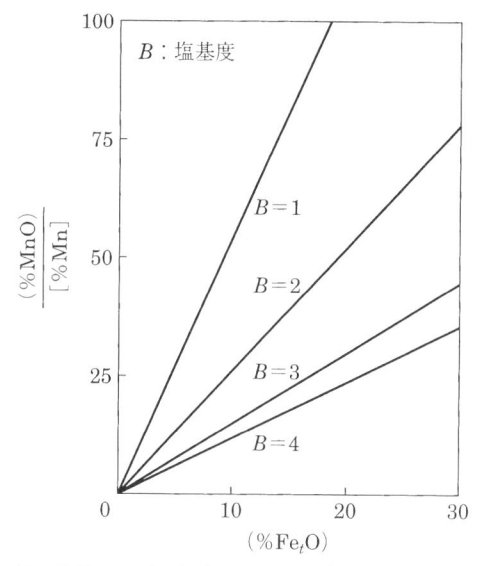

図3・19 Mn分配に及ぼす塩基度Bおよび(Fe_tO)量の影響, 1873 K

$$[Mn] + (Fe_tO)(l) = t \cdot Fe(l) + (MnO)(l) \tag{3・64}$$
$$\log a_{MnO(l)}/a_{Mn} \cdot a_{Fe_tO(l)} = 6440/T - 2.93 \tag{3・65}$$

ここで$a_{Mn} \fallingdotseq [\%Mn]$であり，$MnO(l)$，$Fe_tO(l)$の活量基準は溶融純$MnO$および$Fe_tO$にとられている．$K(1873\,K) \fallingdotseq 3.22$で[Si]より酸化され難いことが分かる．$MnO$-$Fe_tO$は大略理想溶液に近いことが知られているが，これに酸性酸化物が混入するとγ_{MnO}は小さくなる．塩基性成分が混合すると逆にγ_{MnO}は大きくなり，金属相におけるMn歩留は向上する．その関係を図3・19[16][17]に示した．以上の結果より製鋼過程におけるMn歩留は(1)温度の高いほど，(2)スラグ中(Fe_tO)量の低いほど，(3)高塩基性であるほど，向上することが分かる．

3・2・9 脱硫

(1) ガス-メタル間反応

硫黄に関するガス-メタル間反応は次式で示される．

$$1/2\,S_2(g) = [S] \tag{3・66}$$
$$\log a_S/P_{S_2}^{1/2} = 6535/T - 0.964^{(3)} \tag{3・67}$$
$$\Delta G° = -125100 + 18.5T \tag{3・68}$$

88   3. 製　　鋼　　法

$$e_S^S = -120/T + 0.018 \quad <1\% \tag{3.69}$$

ここで，溶鉄中硫黄の活量は質量%で示し，純鉄を基準にした，ヘンリー則に取ってある．これより，溶鉄中硫黄はヘンリー則より負偏倚することが分かる．またFe-S-j 3元系における溶鉄中硫黄の助互作用助係数を表3·3および図3·20[18]に示した．

(2) ガス－スラグ間反応

溶融スラグは金属酸化物の混合物であるから，溶融スラグへの硫黄溶解度は，気相中の硫黄ポテンシャルと酸素ポテンシャルに左右され，気相中の酸素ポテンシャルにより，次の2式のように溶解すると考えられている．

$P_{O_2} \leq 10^{-6}$

$$1/2S_2(g) + (O^{2-}) = 1/2O_2(g) + (S^{2-}) \tag{3.70}$$

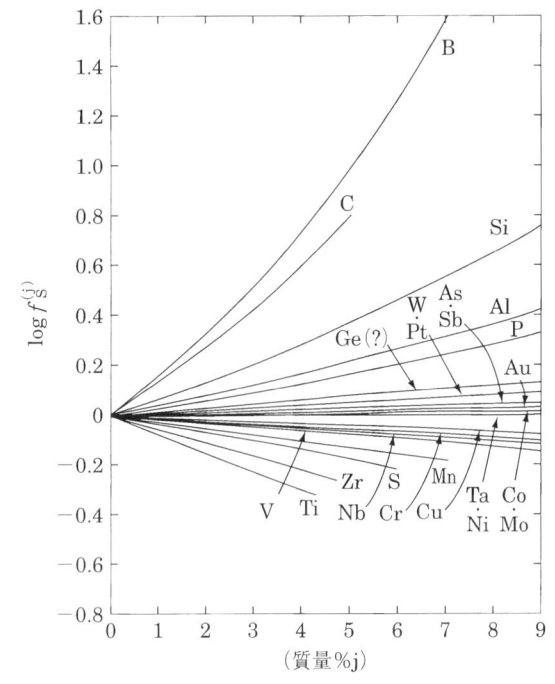

図3·20　溶鉄中硫黄の活量に及ぼす合金元素jの影響，1823 K

$$K_{71} = \left(\frac{(\%\mathrm{S})(f_\mathrm{S})}{(a_{\mathrm{O}^{2-}})}\right) \cdot (P_{\mathrm{O}_2}^{1/2}/P_{\mathrm{S}_2}^{1/2}) \tag{3.71}$$

$P_{\mathrm{O}_2} \geqq 10^{-4}$

$$1/2\mathrm{S}_2(\mathrm{g}) + 3/2\mathrm{O}_2(\mathrm{g}) + (\mathrm{O}^{2-}) = (\mathrm{SO}_4^{2-}) \tag{3.72}$$

$$K_{73} = \left(\frac{(\%\mathrm{SO}_4)(f_{\mathrm{SO}_4})}{(a_{\mathrm{O}^{2-}})}\right) \cdot \frac{1}{P_{\mathrm{S}_2}^{1/2} P_{\mathrm{O}_2}^{3/2}} \tag{3.73}$$

すなわち,硫黄は$P_{\mathrm{O}_2} > 10^{-5}$では硫酸イオン(硫酸塩)の形で,$P_{\mathrm{O}_2} < 10^{-5}$では硫黄イオン(硫化物)の形で溶解することが分かる.

ところで溶融スラグ中への硫黄溶解度の低い範囲では,硫黄の溶解についてヘンリーの法則が適合することが知られており,$(a_{\mathrm{O}^{2-}})$, (f_S), f_{SO_4}はスラグ組成と温度のみの関数である.しかし,溶塩塩中における$(a_{\mathrm{O}^{2-}})$, $(a_{\mathrm{S}^{2-}})$や$(a_{\mathrm{SO}_4^{2-}})$などのイオン活量は不明の値であり,これを実測することも理論的に不可能である.従って測定可能な既知項のみを用いて,溶融スラグの硫黄吸収能を次式[19]で定義する.

サルファイド・キャパシティ　　$C_\mathrm{S} = (\text{質量}\%\mathrm{S})(P_{\mathrm{O}_2}/P_{\mathrm{S}_2})^{1/2}$ (3.74)
　　(sulphide capacity)

サルフェイト・キャパシティ　　$C_{\mathrm{SO}_4} = (\text{質量}\%\mathrm{S})/P_{\mathrm{S}_2}^{1/2} \cdot P_{\mathrm{O}_2}^{3/2}$ (3.75)
　　(sulphate capacity)

ところで製銑製鋼スラグにおける平衡酸素は特別の場合を除けば$P_{\mathrm{O}_2} < 10^{-9}$であるから,サルファイド・キャパシティ$C_\mathrm{S}$が重要な意味をもっている.

2, 3の溶融スラグのC_Sを示せば**図3.21**[19]のようである.またC_Sは式(3.71)と式(3.74)から次のようにも書ける.

$$C_\mathrm{S} = K_{70}\{(a_{\mathrm{O}^{2-}})/(f_\mathrm{S})\} \tag{3.76}$$

すなわち,C_Sは$(a_{\mathrm{O}^{2-}})$に比例し,(f_S)に逆比例するから,スラグの塩基度と酸化物の種類により変化する.一般に塩基性酸化物の多いスラグのC_Sは大きく,酸性酸化物の多いスラグではC_Sは小さくなる.サルファイド・キャパシティは,実炉では硫黄の気化脱硫と関係があると考えられる.

(3) 硫黄のスラグーメタル間反応

実際の製鋼炉における脱硫反応はスラグーメタル間反応で進行する.スラグ中(CaO)量の多い塩基性操業で脱硫は進行し,酸性操業では進行しない.これより次式が考えられる.

分子論的表現

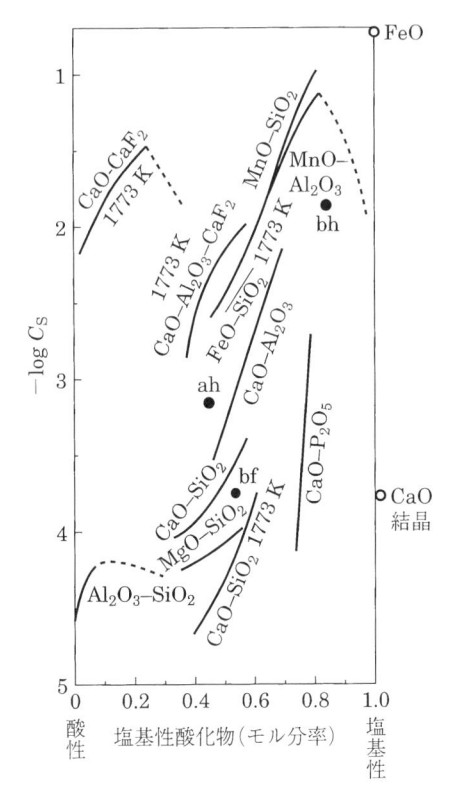

図3·21 2元系スラグのサルファイド・キャパシティ
太線は 1923 K,細線は 1773 K,bf:高炉スラグ,bh:塩基性平炉スラグ,
ah:酸性平炉スラグ

$$[S]+(CaO)=[O]+(CaS) \tag{3·77}$$

イオン式的表現

$$[S]+(O^{2-})=[O]+(S^{2-}) \tag{3·78}$$

式(3·77)は平衡定数は決定できるが,多元系成分中の a_{CaO}, a_{CaS} の値は不明であり実用的ではない.イオン式的表現の式(3·78)では $a_{O^{2-}}$, $a_{S^{2-}}$ などは不明の値であり平衡定数も決定できない.それ故多くの場合モデル化した実験式的取り扱いが種々提案されている.式(3·78)の平衡定数を次式で示す.

$$K_{79}=\frac{(N_S\gamma_S)\cdot[a_O]}{(a_{O^{2-}})[a_S]} \tag{3・79}$$

ここで$(a_{O^{2-}})$, (γ_S)の値は不明であるが，温度一定ではスラグ組成のみの関数である．これよりTurkdoganは[20]，既知項のみを用い，次式

$$K'_S=(N_S)\frac{[a_O]}{[a_S]} \tag{3・80}$$

を用いた．K'_Sは先に述べたサルファイド・キャパシティと同じ意味をもち，実験式として次式で示されるとした．

$$\log K'_S=-3380/T+0.11+A \tag{3・81}$$
$$A=(-12.68/\lambda+0.4) \tag{3・82}$$
$$\lambda=1/\{N_{SiO_2}+1.5N_{P_2O_5}+1.5N_{Al_2O_3}\} \tag{3・83}$$

式(3・80)〜(3・83)を使用すれば，脱硫反応を定量的に取り扱うことができ，次のことが結論づけられる．脱硫反応は，(1)高温であるほどよい，(2)スラグが高塩基性であるほどよい，(3)還元性であるほどよい，ことが分かる．

脱硫反応はスラグ-メタル間の分配比(%S)/[%S]で示される．スラグ-メタル間の分配比は式(3・77)および式(3・78)より，

$$(\%S)/[\%S]\propto a_O^{2-}\cdot(1/a_O) \tag{3・84}$$

すなわち，塩基度に比例し，酸素ポテンシャルに逆比例する．Chipmanらは製銑製鋼を通しての硫黄の分配比と塩基度，スラグ中(Fe_tO)の関係を図3・22のようにまとめた．還元性の強い製銑過程で分配比の高いことが分かる．すなわち，製銑工程で十分に脱硫する事が有効であることを示している．また$(CaO+MgO+MnO)-(SiO_2+Al_2O_2+P_2O_5)+(Fe_tO)$擬3元系製鋼スラグの硫黄分配比は図3・23[21]のようである．

3・2・10 脱リン

(1) ガス-メタル間反応

リンに関するガス-メタル間反応は次式[22]で示される．

$$1/2P_2(g)=[P] \tag{3・85}$$
$$\log a_P/\sqrt{P_{P_2}}=8240/T-0.28 \tag{3・86}$$
$$\Delta G°=-157700+5.4T \tag{3・87}$$
$$e_P^P=0.054 \tag{3・88}$$

上式で溶鉄中リン濃度は質量％で示し，リンの活量の基準はヘンリー則に取られている．これより，溶鉄中のリンはヘンリー則より正偏倚するこ

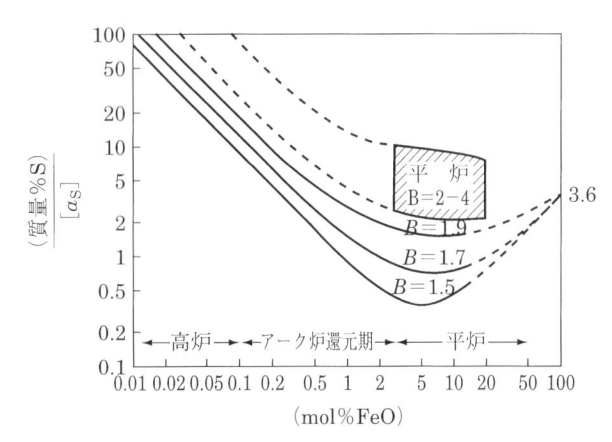

図3・22 Sの分配比とスラグの酸化鉄濃度および塩基度Bの関係
$$B = \frac{(CaO) + (MgO)}{(SiO_2) + (Al_2O_3)}$$

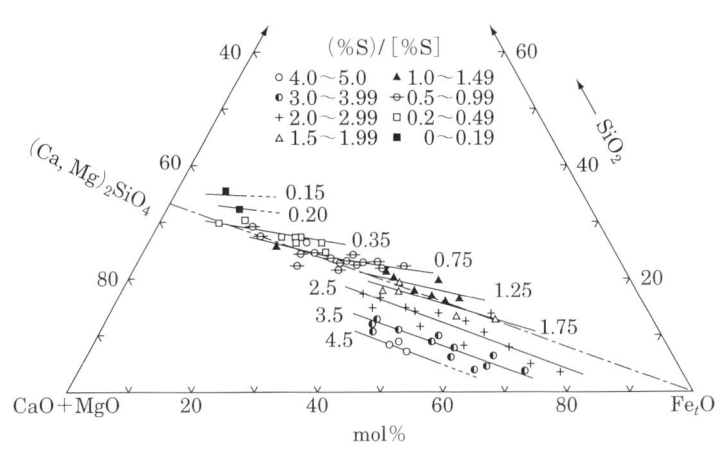

図3・23 MgOで飽和したFe_tO–SiO_2–CaO–MgOスラグの硫黄の分配比,1873 K

とが分かる.またFe-P-j 3元系における,溶鉄中リンの相互作用助係数を図3・24[23]に示した.

(2) 脱リン反応に関するスラグーメタル間反応

製鋼過程における脱リン反応はスラグーメタル間反応で進行し,スラグ中(%CaO)の高い塩基性操業で進行する.これより,脱リン反応は次式の

ように考えられている．
(a) 分子論的表示

$$2[P]+5(FeO)+3(CaO)=(3CaO\cdot P_2O_5)+5Fe(l) \quad (3\cdot 89)$$

$$2[P]+5(FeO)+4(CaO)=(4CaO\cdot P_2O_5)+5Fe(l) \quad (3\cdot 90)$$

またはさらに単純に，

$$2[P]+5[O]=(P_2O_5)(\text{in liquid slag}) \quad (3\cdot 91)$$

しかし，スラグ中で(P_2O_5)はリン酸カルシウムのような大形分子で存在するわけではなく，(PO_4^{3-})イオンの型で存在している．

(b) イオン式的表現

$$2[P]+5[O]+3(O^{2-})=2(PO_4^{3-}) \quad (3\cdot 92)$$

ここで(a_O^{2-})や(PO_4^{3-})イオンの活量は不明であり，従って式(3·92)の平衡定数も不明である．従って，モデル化して定量的取り扱い方をする．TurkdoganとPearson[24]は簡略化した式(3·91)につき平衡定数を次のように定めた．

$$K_p=(a_{P_2O_5})/[a_P]^2[a_O]^5$$

上式で，製鋼過程では[P]および[O]は低い値であることより$[a_P]=[$質

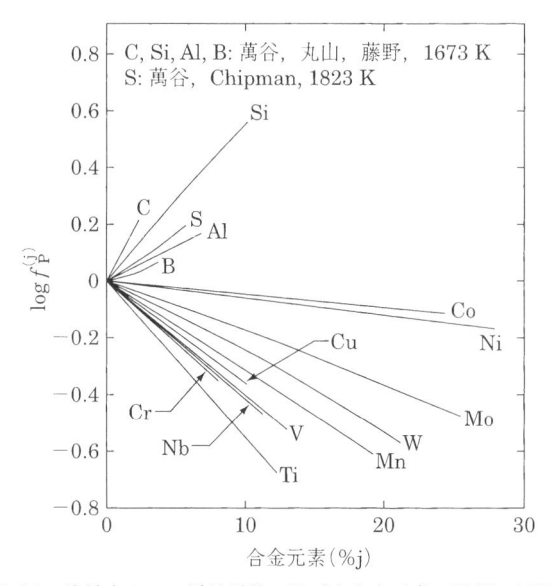

図3·24 溶鉄中リンの活量係数に及ぼす合金元素の影響，1673 K

量%P], $[a_O]$=[質量%O]とすることができる.スラグ中の$(a_{P_2O_5})$の活量基準は過冷した純溶融P_2O_5を取ると熱力学データより次式[24]が得られた.

$$\log K_P (=(a_{P_2O_5})/[\%P]^2[\%O]^5)=\frac{36850}{T}-29.07 \qquad (3\cdot 93)$$

$a_{P_2O_5}=\gamma_{P_2O_5}\cdot N_{P_2O_5}$であり,$\gamma_{P_2O_5}$は図3・25のようであり,次式で示される.

$$\log \gamma_{P_2O_5}=-1.12\sum A_i N_i -42000/T+23.58 \qquad (3\cdot 94)$$

$$\sum A_i N_i =22N_{CaO}+15N_{MgO}+13N_{MmO}+12N_{FeO}-2N_{SiO_2} \qquad (3\cdot 95)$$

以上の結果より定量的に脱リン反応を取り扱うことができる.以上の結果より脱リンに有利な条件は,(1)低温であるほどよい,(2)スラグの塩基度の高いほどよい,(3)酸化性であるほどよい([%O]または(FeO)の高いこと)であり,脱硫反応とは両立しない.

スラグ–メタル間のリンの分配比,$L_P=(\%P)/[\%P]=0.44(\%P_2O_5)/[\%P]$,を塩基度とスラグ中$(Fe_tO)$の関数として図式表示することも行われている.図3・26[25]は$Fe_tO-P_2O_5-M_xO_y$(M_xO_y=CaO_{sat}, MgO_{sat}, $SiO_{2\,sat}$)系を示したもので,$Fe_tO-P_2O_5-CaO_{sat}$系では分配比は$L_P=1000$に達しており,L_Pを大きくする程度は$CaO \gg MgO > Fe_tO \gg SiO_2$の順であり,

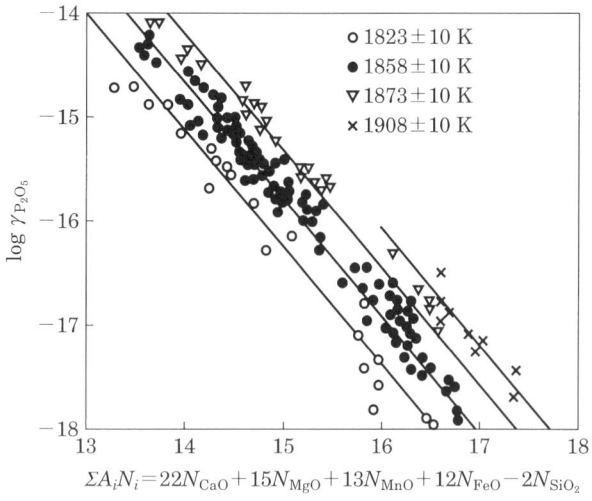

図3・25 P_2O_5の活量係数に及ぼすスラグ組成と温度の影響

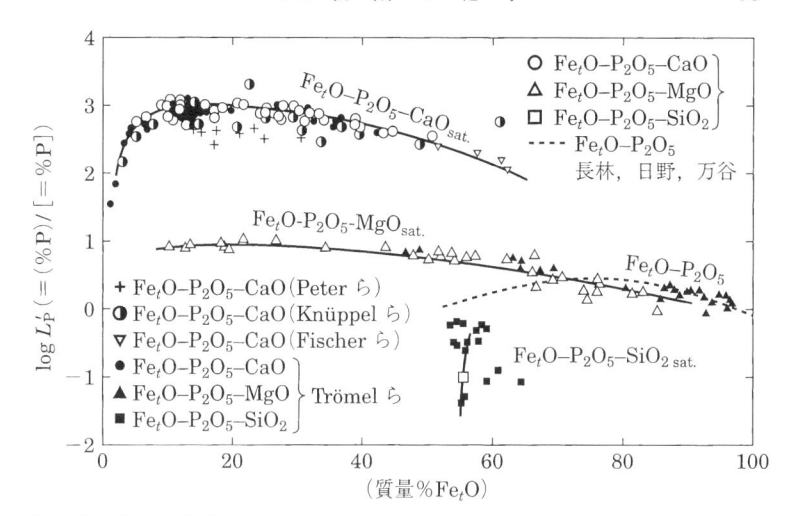

図3·26　M_xO_y で飽和した Fe_tO–P_2O_5–M_xO_y(M_xO_y = CaO, MgO, SiO_2)スラグと溶鉄間のリンの分配比

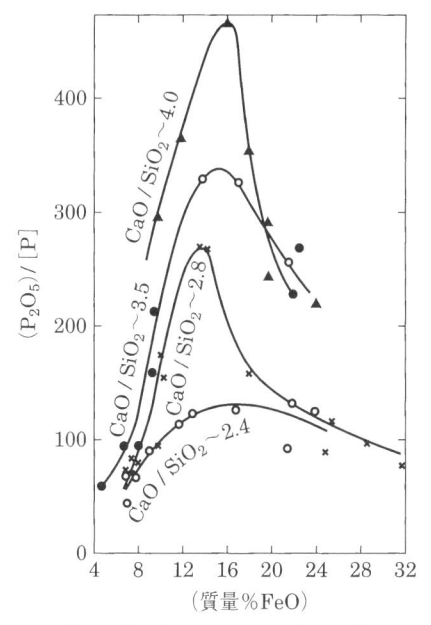

図3·27　脱リン比に対するFeO濃度の影響(1858 K)

SiO$_2$ を含む系では脱リン不能であることが分かる．また**図3・27**には Fe$_t$O–CaO–SiO$_2$–P$_2$O$_5$ 系について Balajiva ら[26]が測定した値を示したが塩基度(CaO)/(SiO$_2$)の高いほど分配比は高く，(%Fe$_t$O)=12～16の付近に最大値がある．最大値がある理由は(CaO)が(Fe$_t$O)に置き代った結果であると考えられている．

3・2・11　水蒸気の反応
(1) ガス–メタル間反応

製鋼過程で溶鉄が直接 H$_2$(g)にふれる機会は少ないが，雰囲気中の水蒸気や添加物中の水分と接触して，次式に示すように溶鉄中に[H]として溶解する．溶鉄中の[H]と[O]の量は低いので活量は質量%に等しく，その反応は式(3・6)と式(3・27)の組み合せにより，次式のようになる

$$H_2O(g) = [O] + 2[H] \tag{3・96}$$

$$\log[\%O][\%H]^2/P_{H_2O} = -10850/T - 0.042 \tag{3・97}$$

式(3・97)の結果を図示すれば**図3・28**のようであり，P_{H_2O} (atm)一定の下では[%O]の低いほど，溶鉄中[%H]は高くなる．また図中 $P_{H_2O}=0.05$ atm は夏，$P_{H_2O}=0.003$ atm は冬の空気中水蒸気分圧の代表値を示す．

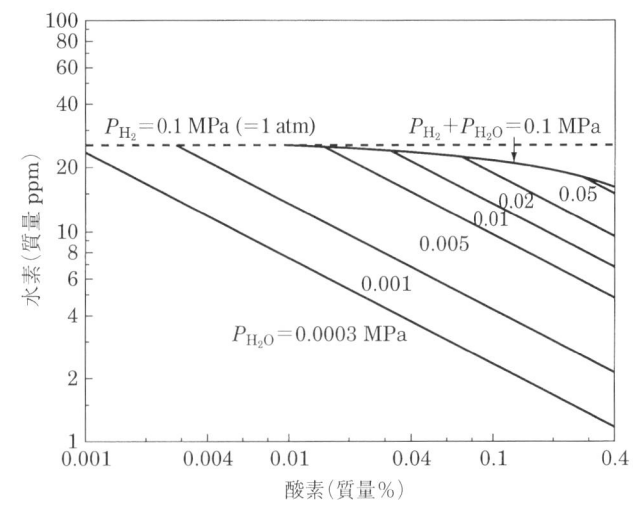

図3・28　溶鉄中における水素と酸素間の平衡(1873 K)

(2) ガス-スラグ間反応

溶融スラグ中に $H_2(g)$ は殆ど溶解しないのに対して，$H_2O(g)$ はよく溶解する．溶融スラグへの水蒸気溶解量は，水蒸気分圧の平方根に比例する．従って，スラグ中で水分は水素原子1原子をもった酸化物の形で溶解していると考えられ，単純には次式で示される．

$$1/2 H_2O(g) = (HO_{0.5}) \tag{3.98}$$

$$K = (\%HO_{0.5})/\sqrt{P_{H_2O}} = (\%H_2O)/\sqrt{P_{H_2O}} \tag{3.99}$$

赤外吸収による構造解析によると，溶融スラグ中で水分は，塩基性スラグ中では (OH^-) イオン (hydroxyl ion)，酸性スラグ中では (OH^0) 基 (hydroxyl radical) の形で溶解していると考えられ，水蒸気の溶融スラグ中への溶解反応は，イオン式で示せば次のようである．

(a) 塩基性スラグ

$$1/2 H_2O(g) + 1/2(O^{2-}) = (OH^-) \tag{3.100}$$

$$K_{100} = a_{OH^-}/P_{H_2O}^{1/2} \cdot a_{O^{2-}}^{1/2} \tag{3.101}$$

(b) 酸性スラグ

$$1/2 H_2O(g) + 1/2(O^\circ) = (OH^\circ) \tag{3.102}$$

$$K_{102} = a_{OH^\circ}/P_{H_2O}^{1/2} \cdot a_{O^\circ}^{1/2} \tag{3.103}$$

ここで (O^0), (O^-) および (O^{2-}) は，スラグ中における架橋酸素（＞Si-O-Si＜），非架橋酸素（＞Si-O$^-$）および遊離酸素イオン（O^{2-}）を示す．ところで上式における K_{100} および K_{102} はイオン活量が分からないので不明の値であり，既知部分のみを使用してハイドロオキシル・キャパシティ C_{OH} を次のように定義する．

ハイドロオキシル・キャパシティ

$$C_{OH} = (\%H_2O)/P_{H_2O}^{1/2} \tag{3.104}$$

$$= (18/17) K_{100} a_{O^{2-}}^{1/2}/f_{OH^-}$$

$CaO-SiO_2$[27]系および $CaO-SiO_2-Al_2O_3$[28]系の C_{OH} を図3・29[27]および図3・30[28]に示す．いずれの場合にも $(CaO)/(SiO_2) \fallingdotseq 1$ の付近に最小値があるがこれは溶解機構が式(3・100)および式(3・102)のようにスラグ塩基度により異なるためと考えられている．

(3) スラグーメタル間反応

ガスースラグーメタル間の水蒸気の移動は可逆的反応であると考えられるので，スラグーメタル間の水蒸気の反応は式(3・100)，式(3・102)と式(3・96)の組み合わせより次のようであると考えられる．

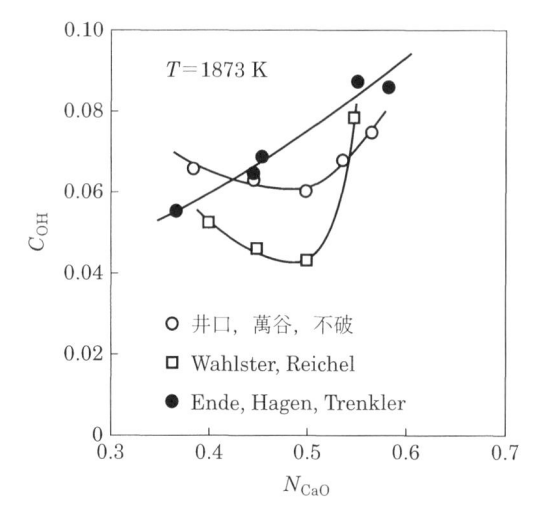

図3·29 CaO–SiO₂系スラグのハイドロオキシルキャパシティ

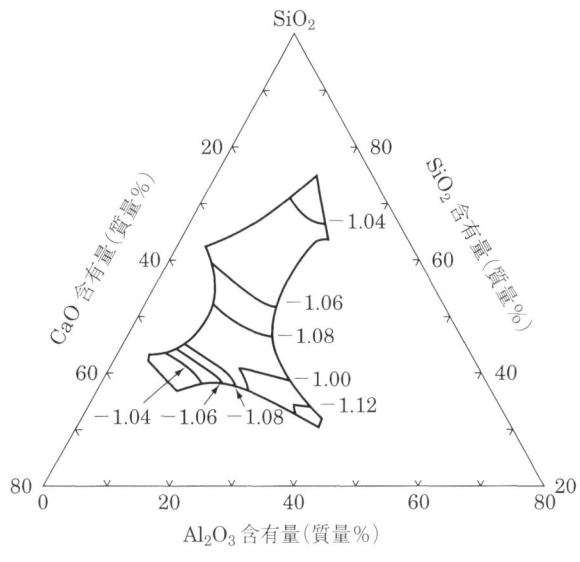

図3·30 CaO–SiO₂–Al₂O₃系スラグのハイドロオキシルキャパシティ，1673 K

(a) 塩基性スラグ

$$(OH^-) = [H] + 1/2[O] + 1/2(O^{2-}) \qquad (3 \cdot 105)$$
$$K = [\%H] \cdot [\%O]^{1/2} a_{O^{2-}}^{1/2} / a_{OH^-} \qquad (3 \cdot 106)$$

(b) 酸性スラグ

$$(OH°) = [H] + 1/2[O] + 1/2(O°) \qquad (3 \cdot 107)$$
$$K = [\%H][\%O]^{1/2} a_{O°}^{1/2} / a_{OH°} \qquad (3 \cdot 108)$$

上式は計算不能の値であり,スラグ-メタルの水蒸気の分配は($L_H =$ $(\%H_2O)/[\%H]$)は,式($3 \cdot 104$)と式($3 \cdot 97$)の組み合わせより,次式のように示される.

$$\log(\%H_2O)/[\%H] = \log C_{OH} + 1/2 \log[\%O] + 5425/T - 0.021$$
$$(3 \cdot 109)^{(53)}$$

すなわち,溶鉄中の[%O]が低下すると(例えば脱酸すると),水素の分配比 $L_H = (\%H_2O)/[\%H]$ が小さくなり,溶鉄の水素吸収能が増大することが分かる.すなわち,還元雰囲気では溶鉄の水素感受性が大きくなる.

3.3 転炉製鋼法

3・3・1 転炉製鋼法の種類と特徴

転炉製鋼法とは,西梨型の転炉(converter)を使用し,溶銑を原料とし,空気または純酸素を酸化剤とし,不純物の酸化熱により鋼浴温度を高め,30~45分程度で1回の精錬を終える迅速精錬法である.その送風形式,酸化剤および生成スラグにより,表3・5のような方法がある.

表3・5 転炉製鋼法の種類

送風形式	酸化剤	生成スラグ	名 称
底吹き	空気	酸性スラグ	Bessemer法
底吹き	空気	塩基性スラグ	Thomas法
底吹き	O_2+燃料	塩基性スラグ	Q-BOP法
上吹き	O_2	塩基性スラグ	LD法または,BOF
上吹き	O_2	塩基性スラグ	Kaldo法
上吹き	O_2	塩基性スラグ	Rotor法
横吹き	空気	酸性スラグ	Tropenas型転炉
横吹き	空気	酸性スラグ	Robert型転炉
上底吹き	O_2+不活性ガス,または(O_2+燃料)	塩基性スラグ	BOF, K-BOP

Bessemer法は1856年 Henry Bessemerにより発明された．溶融精錬法の糸口となった方法として意義深いが，酸性法であるため脱硫，脱リンが不能であり，高品位鉱石を産する地方で行れたが，今日では全く行われていない．Tropenas型転炉，Robert型転炉は鋳鋼用溶解炉として一時ヨーロッパで使用されていた酸性法の転炉である．

これに対して，Thomas法は塩基性法であり，リンの酸化熱を利用し，生成スラグはトーマスリン肥として利用できたため，高リン鉱石を産する地方で行われた．しかし，これらの方法では硫黄，リン，窒素量などが高いため高級鋼としては問題があった．

第2次大戦後，純酸素が工業的に大量使用できるようになると，高圧純酸素を上部より吹き込み，酸化と撹拌を効率よく行う，塩基性純酸素転炉法としてLD法(1952年，オーストリア，Linz-Donawitz工場)，Kaldo法(1956年，スウェーデン，Dommarfvet工場)，Rotor法(1953年，ドイツ，Oberhusen工場)などが相ついで発明された．また塩基性底吹き純酸素転炉であるQ-BOP法(1972年，アメリカ)や，更に塩基性上底吹き純酸素転炉が開発された．これらの方法では，硫黄，リン，窒素などの低い高級鋼を効率よく生産することができ，現在ではLD法，Q-BOP法，上底吹き純酸素転炉が全世界における主要な転炉製鋼法となっている．これら3法の概念図を図3·31に示した．

3·3·2　熱源と原料銑組成

転炉製鋼法における熱源は原料溶銑中の不純物の酸化熱であり，不純物1kg当りの発熱量の概数を示すと，表3·6のようである．発熱量より見るとSi, P, C, Feの順であるが，CはCO(g)として炉外に排出されるため，発熱源としては余り有効でない．Fe分は普通2～3％酸化されるが，鉄分歩留を下げ，溶鋼を過酸化させるため望ましくない．従って主要な熱源はSi, P，およびMnである．

ベッセマー法の主熱源はSiであり，Siの低い時にはMnを高めにする．普通[Si]＝0.8～2.5％, [Mn]＝0.2～2.0％である．脱リン，脱硫ができないから，これらは低いほどよく，[P]＜0.1％, [S]＜0.05％である．

トーマス法は高リン銑の吹精を目的とする方法であり，リンを主要な熱源とする．高塩基性スラグを作る関係上[Si]＜0.5％が望まれる．また，生成スラグをトーマスリン肥として使用する関係上，[P]＝1.7～2.2％が望まれる．本法における脱硫率は50％程度であるから[S]＜0.1以下が望

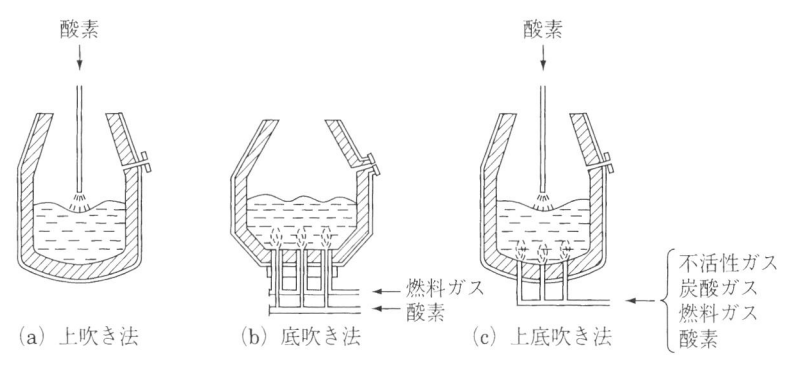

(a) 上吹き法　　(b) 底吹き法　　(c) 上底吹き法

図3·31　転炉吹錬概念図（出所：日本鉄鋼連盟）

表3·6　溶鉄中元素1kg当りの燃焼熱

反　応	ΔH_T°(J/mol)	Q(発熱)(kJ/kg)
$[C](1\%) + 1/2O_2(g) = CO(g)$	-134000	11200
$[Si](1\%) + O_2(g) = SiO_2(s)$	-800000	28500
$[Mn](1\%) + 1/2O_2(g) = MnO(l)$	-356000	6480
$[P](1\%) + 5/4O_2(g) = 1/2P_2O_5(l)$	-632000	20400
$Fe(l) + 1/2O_2(g) = FeO(l)$	-229000	4100
$[Al](1\%) + 3/4O_2(g) = 1/2Al_2O_3(s)$	-601000	22290

まれる．

　以上のように空気を酸化剤とする転炉法では原料溶銑組に厳しい制限があり，同時に発熱量から来る制限により使用可能な屑鉄配合量（冷却剤）も最大5％程度で，自家発生屑鉄すら十分には消化できない．

　これに対して，純酸素ガスを使用する転炉法（BOF）では廃ガス中$N_2(g)$の持ち出す顕熱分だけ熱的余裕があり[Si]と[Mn]の酸化熱を主熱源とすることは同じであるが，熱的に十分の余裕がある．それ故，原料銑組成に特に厳しい制限はなく，通常の製鋼用銑を利用し，屑鉄使用量は溶銑組成により15～30％である．

　また最近，電炉や炉外製錬で熱不足の時，[Al]を添加してから酸化し，鋼浴温度の上昇を計ることが行われているが，[Al]も大きい酸化熱をもっていることが分かる．

3·3·3 LD 転炉製鋼法

(1) 塩基性酸素製鋼法の発展

塩基性上吹き純酸素転炉は，日本では開発した工場名より LD 法(Linz-Donawitz 工場，オーストリア)または LD 転炉と呼んでいるが，アメリカでは BOF(Basic Oxygen Furnace)または BOP(Basic Oxygen Process)，イギリス，カナダなどでは BOS(Basic Oxygen Steelmaking)と一般に言われている．本法では従来の空気吹き転炉の長所である(1)設備が簡単で設備費，精錬費が安い，(2)迅速精錬であるため生産性が高いなどを受けつぎ，更にその欠点であった諸点を解決し，(3)原料銑組成の制限が広い，(4)屑鉄消費量が高い，(5)製出鋼中の P, S, N, などの不純物が低く，多品種の鋼種に利用できる，などの優れた点があるため，急速に発展し世界における主要な方法となった．また更に改良法として，LD-AC 法(OLP 法)，Q-BOP 法，上底吹純酸素転炉などが開発された．

(2) LD 転炉の設備

(a) 炉体設備

炉体構造は炉底部に送風設備がないから図3·31(a)に示すように単純である．炉の能力は一回の出鋼量で示し，通常30～350トン程度である．炉内容積は装入原料トン当り 0.93 m^3 である．鋼鉄製炉殻の内部に永久内張としてマグネシヤれんがを使用し，その更に内側にタールドロマイトれんが，ドロマグれんが，スラグラインはマグカーボンれんがなどを用いて築炉する．

(b) 酸素設備

酸素は図3·32(a)に示すように，銅製水冷式3重構造のランスを用い，上方から $(6～15) \times 10^7 \text{ g/m}^2 (6～15 \text{ kgf/cm}^2)$ の高圧で吹きつける．酸素使用量は約 $50 \text{ m}^3/$トン・溶鋼で，これに見合った Linde-Frankel 式の酸素発生装置を設備する．使用する酸素の純度には精錬上の問題からくる制限はないが，使用酸素中の窒素分圧が高くなると製出鋼中の窒素量が増加する．LD 法の特徴である[N]＜0.004％の低窒素鋼を吹錬するためには純度 $99.8\% \text{ O}_2$ 以上の純酸素を使用する必要がある．

(c) 排ガス処理設備

LD 法では吹錬中濃厚なフュームを多量に発生する．発生ガスは高温の CO(g) であり，粒度 $0.5～1 \text{ μm}$ にて $90\% \text{ Fe}_2\text{O}_3$ のフュームを $8.5～10 \text{ kg/}$トン程度発生する．排ガスの処理方法としては，炉上部で CO(g) を CO_2

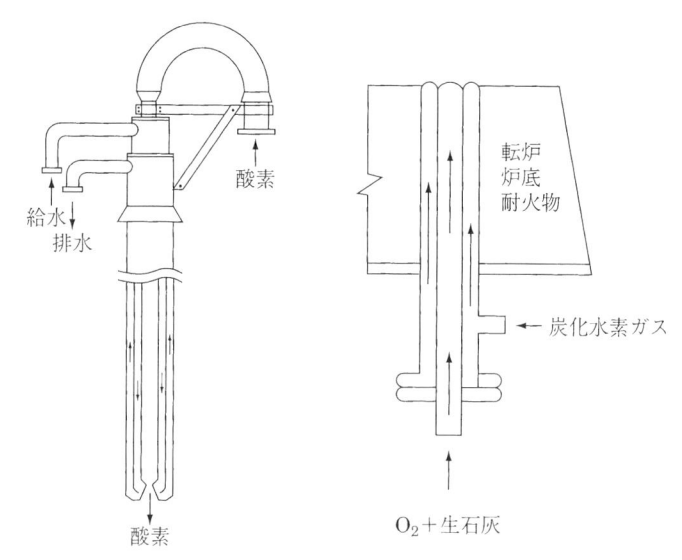

(a) LD 転炉の上吹きランスの構造　　(b) Q-BOP の底吹き羽口

図3・32　BOF の送風設備

(g)に燃焼する燃焼方式と，CO(g)のまま回収する非燃焼方式がある．最近では日本で開発された非燃焼式の OG 法が多く用いられている．OG 法は図3・33に示すように，転炉炉口と炉上排ガス吸収フードの間に可動式のスカートを設置して空気の侵入を防止し，フード内の静圧を検出して可変スロートを操作して排出ガスを回収する．回収したガスは硫黄分が低く，燃料や化学用原料として利用できる．

(3) LD 転炉の操業

LD 転炉1回の操業過程は，装入，吹錬，測温・サンプリング，出鋼，スラグ排出からなり，所要時間は炉容に関係なく30～40分であり，その間吹錬時間は16～20分である．その一例を図3・34[29]に示す．

装入では前方に炉体を傾け，秤量した屑鉄，次いで溶銑を装入する．次に炉体を直立させ，純酸素ガスを噴射させながら，ミルスケール，生石灰などの副原料を投入する．ランスを所定位置(湯面1～3 m)にし，所定圧力で酸素を噴射すると着火現象があり，着火から吹錬時間をカウントする．光輝度の高い焔を炉口より排出し，吹錬中期は脱炭最盛期で酸素による脱炭効率は100％に近い．ダイナミックコントロールをする場合は，排

3. 製　鋼　法

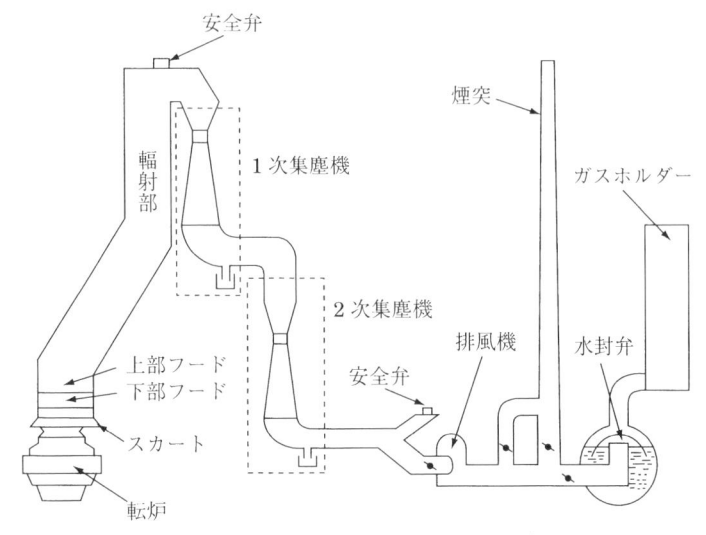

図3·33　OG設備（出所：日本鉄鋼連盟）

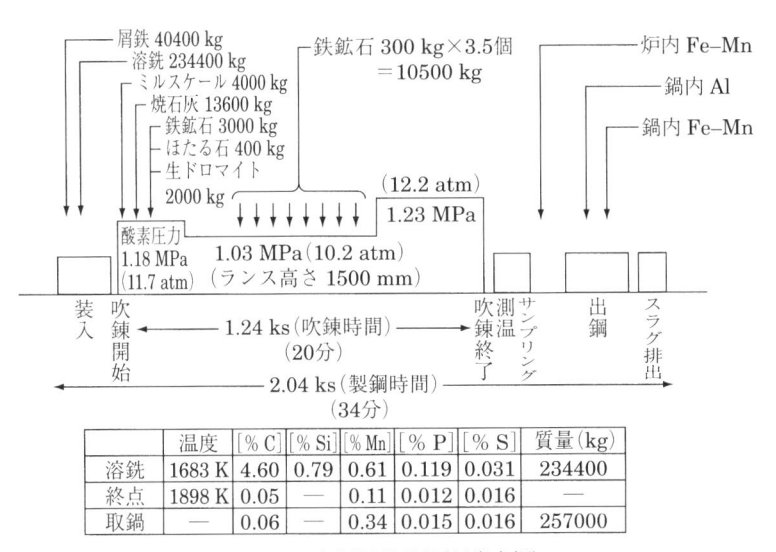

図3·34　転炉操業過程（低炭素鋼）

	温度	[% C]	[% Si]	[% Mn]	[% P]	[% S]	質量(kg)
溶銑	1683 K	4.60	0.79	0.61	0.119	0.031	234400
終点	1898 K	0.05	—	0.11	0.012	0.016	—
取鍋	—	0.06	—	0.34	0.015	0.016	257000

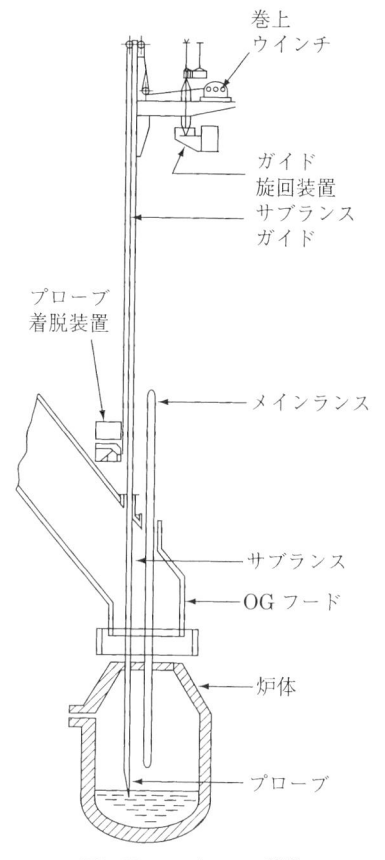

図3・35 サブランス設備

ガス量が次第に減少し,吹止予定数分前にサブランスを(**図3・35**参照)を降下して,溶鉄中の炭素濃度と温度を測定し,目標炭素濃度と目標温度に到る時を予測して吹錬を終わり出鋼する.スタティックコントロールでは目標炭素濃度および溶鋼温度と予想される時に,ランスを上昇させつつ O_2 噴射を中止し,ランスを完全に上昇させた後に炉体を装入側に倒し,炉口より温測およびサンプリングを行って,炭素量および温度を確認してから,炉体を出鋼側に倒して出鋼する.出鋼中に炉内および取鍋中に脱酸剤(Fe-Mn, Fe-Si, Al など)を添加する.次いで再び炉体を装入側に倒してスラグを排出して1回の吹錬を終わる.

純酸素転炉法の特徴の一つは，酸素が直接溶鋼に接触する火点付近では2270 K以上の高温になり，同時に未反応部分との撹拌が活発に行われ，炉内反応も著しく促進されることである．それにはランス高さ(ランス-湯面間隔)の設定は重要である．ランス高さについては，図3·36に示すように，酸素ジェットの鋼浴への侵入比L/L_0 (L：くぼみ深さ，L_0：鋼浴深さ)が鋼浴撹拌状態を示すパラメータとして使用される．すなわち，ランス高さを低くするか，酸素噴射圧を高くすればL/L_0は1に近づく．この状態をハードブロー(hard blow)という．ハードブローでは脱炭反応における酸素利用効率が上り，溶鋼中酸素は平衡値に近くなり，スラグ中の(FeO)量は減少し，石灰の溶解が遅れる．また逆にL/L_0を小さくすることをソフトブロー(soft blow)と言い，脱炭反応に対する酸素効率は低下する．溶鋼中酸素量は平衡値より高くなり，またスラグ中の(FeO)量も高くなり，石灰の滓化が促進される．

また溶鉄の撹拌状態は図3·37[30]のようである．

(4) 炉内反応

(a) 全般的推移

転炉吹錬過程中におけるスラグ，メタルの成分変化例を図3·38[31]に示す．炉内反応の推移からみて吹錬過程は3期に分けられる．

吹錬初期はSi, Mnが優先酸化され，鉄分も酸化され，T.Fe%が高く石灰を溶解した鉄硅酸スラグが発生し，脱リンも初期より起こり，次第に鋼浴温度が上昇する(1期)．

SiとMnの大部分が酸化された時点より吹錬中期に入り脱炭最盛期と

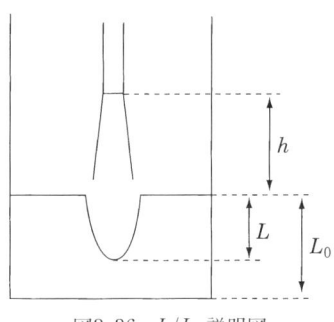

図3·36　L/L_0説明図

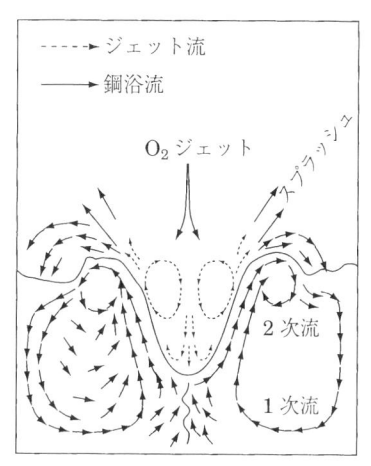

図3・37 ジェット衝突面の鋼浴の運動
（コールドモデル実験）

なる．この時期には酸素の脱炭利用効率は100％になる．スラグ中T.Fe％は低下し，温度の上昇によりスラグ中のPおよびMnがメタル相に移り，Mn隆起，リン隆起が現れる(2期)．

溶鋼中の炭素濃度が1％以下に低下して来ると脱炭速度が低下し始め吹錬末期に入る．スラグ中のT.Fe％が急速に高くなり，石灰の溶解は促進されMnおよびPが再びスラグ相に移り，目標炭素および温度に達して吹錬を終わる(3期)．

LD転炉の炉内反応の特徴は，(1)酸素の反応効率が高く，脱炭反応が極めて早く，精錬時間が短い．(2)スラグ-メタルの撹拌が激しく吹錬初期より脱リン反応と脱炭反応が同時に進む．(3)窒素ガスがないため精錬反応における熱効率が高くくず鉄使用量が高い．(4)強力な沸騰現象により鉄中の窒素，水素などのガス成分が除去され，その含有量が低い．(5)炉内最高温度部分が炉中心の火点にあるので耐火物の損傷が少ない，などである．

(b) 溶鉄中炭素と酸素の関係

吹錬末期における溶鉄中炭素と酸素の関係を示すと**図3・39**[32]のようで，撹拌の少ない平炉法に比較すると，激しい撹拌のあるLD転炉ではより平衡値に近いことが分かる．従って，その後のFe-Mnのような脱酸剤使用量も減少する．

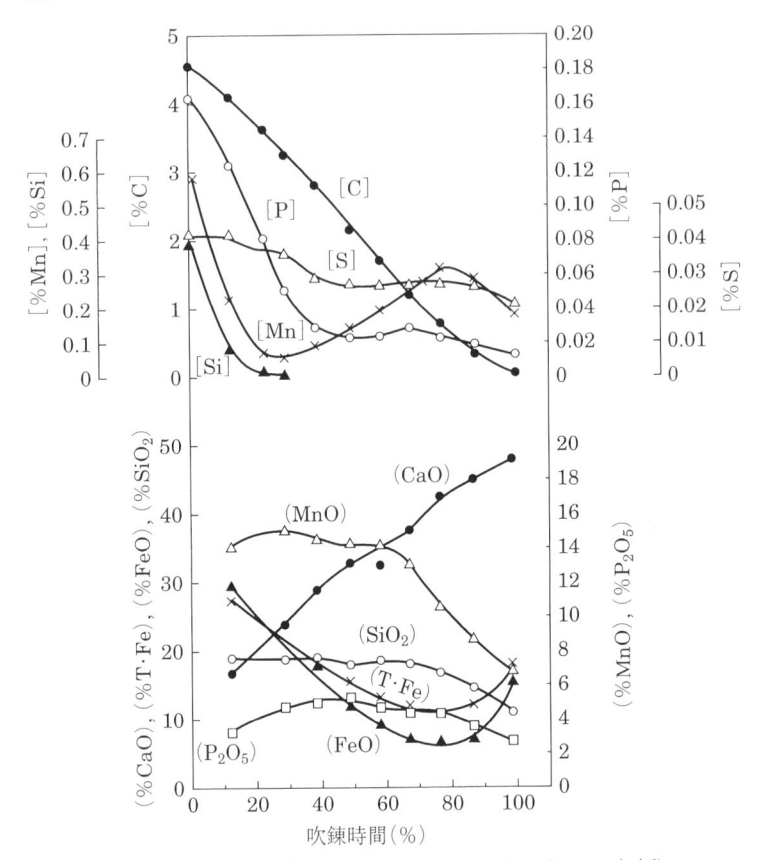

図3・38 吹錬中の鋼浴およびスラグ成分の変化(85トン転炉)

(c) LD 転炉の脱炭速度

LD 転炉における溶鉄中炭素と脱炭速度を示すと**図3・40**[(33),(34)]のようになる.すなわち,脱炭速度 $-d[\%\mathrm{C}]/dt$,は3期に分けて考えられ台形を示す.

第1期:溶鉄温度は低く,また Si と Mn が優先して酸化されるため,脱炭速度は遅く,時間と共に増大し,次式で示される.

$$-d[\%\mathrm{C}]/dt = k_1 t \tag{3・110}$$

k_1 の値は Si, Mn 濃度と温度に関係している.

第2期:Si と Mn の大部分が酸化された後,脱炭最盛期に入る.この

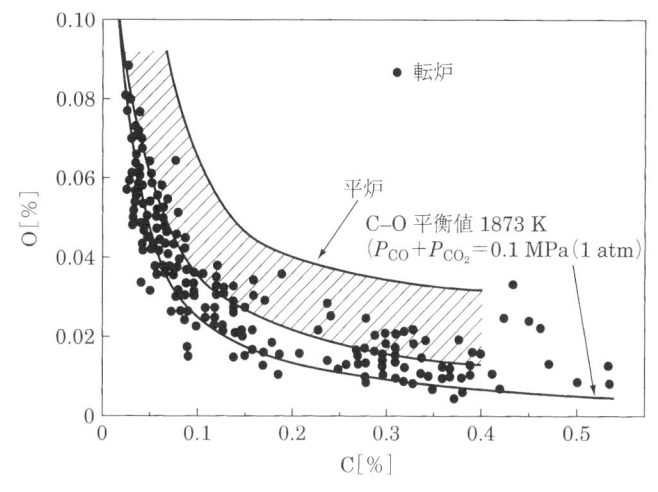

図3・39 鋼浴中の[C]と[O]の関係

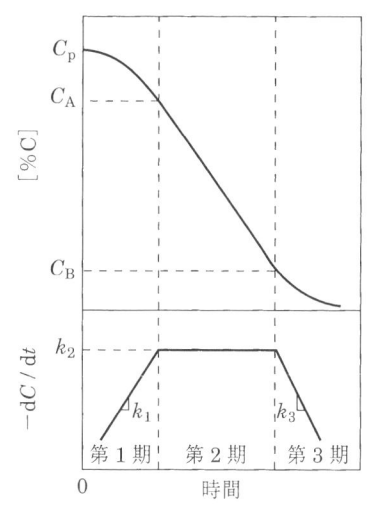

図3・40 脱炭速度の変化

時の脱炭に対する酸素利用効率は大略100％に達し，脱炭速度は酸素の供給律速であり，炭素に対して0次反応になる．

$$-\frac{d[\%\mathrm{C}]}{dt}=k_2 \tag{3・111}$$

k_2の値は酸素供給量によって決まる．

第3期：[%C]＝0.8〜1.0になると脱炭速度は次第に減少し，炭素量にも依存するようになる．この時の炭素量を臨界炭素量という．臨界炭素量以下の範囲では脱炭速度は炭素移動律速であると言われ，炭素量に大略比例する．

$$-\frac{d[\%C]}{dt}=k_3[\%C] \qquad (3\cdot112)$$

k_3は温度，送酸量，およびランス高さなどにより変化する．

上記の関係は転炉の脱炭速度をマクロ的に見たもので，転炉計算機制御のモデルパタンとしても利用[34]される．

(5) 転炉の計算機制御

転炉操業における吹精終点の炭素量と温度は計算機制御によって行う．終点制御にはスタティックコントロールとダイナミックコントロールがある．スタティックコントロールは，吹錬開始前に反応に関係する物質収支と熱収支を行い，その計算値を基礎にして必要冷却材量および必要酸素量を計算し，この計算値を使用して吹錬中の修正操作を加えず吹止時点を決定する方法である．この方法では信頼性があまり高くないので熟練作業員のフレーム判定も加味して吹き止める．ダイナミックコントロールでは，スタティックコントロールモデルにより計算した結果に基づき吹錬を開始し，吹止予定の1〜数分前に図3・35に示したサブランスを降下して溶鋼中炭素量と温度を測定する．この測定値を起点とする炭素濃度-温度軌道の推移をダイナミックモデルにより予測する．ダイナミックモデルとしては外見上の推移曲線によく適合する次式が用いられる．

溶鋼中炭素濃度については，

$$-d[\%C]/dt=\alpha+\beta\exp(-\gamma[\%C]) \qquad (3\cdot113)$$

温度については

$$d\theta/dt=\delta \qquad (3\cdot114)$$

$\alpha, \beta, \gamma, \delta$は定数で，吹錬条件や鋼種別に，近接した過去のチャージのデータから統計的に決定する．スタティックコントロールによる適中率は50％程度であるが，ダイナミックコントロールでは95％以上の適中率が得られる．

(6) LD転炉の特殊操業

(a) ソフトブロー法(soft blow法)

LD転炉により比較的リン量の高い溶銑を精錬する場合には，ランス高さを大きくし，酸素噴射圧を下げてL/L_0を小さくしてソフトブローを行う．ソフトブローでは脱炭反応における酸素利用率が低下し，スラグ中の(FeO)量が高くなり，石灰の滓化が促進されて，脱リン反応が促進される．これにより0.3〜0.5%Pの高リン銑を原料銑として低リン高級鋼を吹錬できる．

(b) 2回造滓法(double slag法)

吹錬中に2回造滓を行う高リン銑吹錬法である．第1回吹錬はソフトブロー法を行い[%P] = 0.2〜0.5, [%C] = 1.0〜1.5まで吹錬し，生成鋼滓((%P_2O_5) = 6〜25, (T.Fe%) = 5〜9)を排滓して，2回目の吹錬で希望組成の鋼を精錬する．2回目生成スラグは炉内に残して，次回の造滓剤として利用する．石灰使用量，鉄分歩留，製鋼時間などの点で不利であるが，高リン銑の吹精が可能である．

(c) LD-AC法(OLP法)

造滓剤として石灰粉を酸素に混入して高リン銑を吹錬する方法でOLP法(Oxygen Lance Powder)とも言う．石灰粉は2 mm以下とし，酸素と共に炉中心より偏った所に$(0〜17) \times 10^7$ g/m^2で噴射し，吹錬中1〜2回排滓する．本法は少量ずつCaOを噴射するため，吹錬初期より高塩基性スラグを生成し，脱リン反応が著しく促進される．生産性は少し低下するが脱硫率も70%と高く，トーマス銑を原料としてリン，硫黄0.01%以下，窒素0.02%以下の鋼を吹錬できる．

(d) 合金鋼の吹錬

転炉製鋼法は本来，低炭素鋼吹錬に適した精錬炉であるが，LD法では吹精開始後早い時期に脱リン，脱硫が進行する．また熱的にも合金鉄を溶解できる余裕があるので，従来電気炉で精錬していた合金鋼の吹錬も可能である．

合金鋼吹錬では目標炭素量に到る前に，脱リン，脱硫を十分行い，目標炭素量で吹止める．これをキッチカーボン法という．その後試料採取，排滓を行い，合金元素を添加して5分程度静置し，更に脱酸，成分調成を行って出鋼する．これにより低合金鋼や，ステンレス鋼も吹錬可能である．更に最近では後述するように取鍋精錬法の発展により，LD-LF組み

合せ，LD–RH組み合せなどにより高合金鋼も吹錬可能である．

3・3・4　純酸素底吹転炉法

(1) 純酸素底吹転炉の発展

純酸素が直接溶鋼に接触する火点付近は2270 Kに達するため，純酸素による底吹転炉は，羽口耐火れんがの溶損の点より困難とされていた．1967年カナダのG. SavardとR. Leeはこの問題に対し同心2重管構造の新羽口を開発した．これを図3・32(b)に示した．この羽口は内管から純酸素を，内管と外管のすき間からプロパンなどの炭化水素ガスを吹き込む．羽口出口における炭化水素の吸熱の分解熱により羽口を冷却して耐火物を保護する方法である．ドイツK. Brotzmannはこれを23トントーマス転炉に使用して工業化に成功しOBM法(Oxygen Bottom Maxhütte)と命名した．同一方法はフランスでも行われLWS法(Creuot–Loire, Wendel–Sidélor, Sprunck, 三社共同開発)，更に1971年アメリカのU. S. Steel社ではQ–BOP法(Quieter blowing, Quicker refining, Better Quality, Basic Oxygen Process)と命名した．日本では1977年川崎製鉄千葉製鉄所に世界最大の230トンQ–BOPが設置された．その概略図を図3・31(b)に示す．

本法をLD法と比較すると，LD法より撹拌が更に激しく，(1)溶鉄中の[O]，スラグ中の(T.Fe%)が低い，(2)吹止のMn歩留が高い，(3)スロッピング(炉口からメタル粒を含むスラグ塊の飛散すること)，スピッテング(炉口から細かいメタル粒の飛散すること)がなく製鋼歩留が高く，廃ガス回収も容易である．(4)吹錬時間が短い，(5)脱硫率が高いなどの利点がある．問題点としては炉底耐火物損傷の多いこと，および吹込炭化水素に原因する鋼中水素量が高いことなどが考えられる．

(2) Q–BOPの設備

炉体は図3・31(b)に示すようにLD法に似ているが，高さ/半径比(H/D)がLD法に比較して小さい．炉底部は分離式で交換できるようになっている．炉能力は30〜250トン程度で，炉底部に18〜20本の羽口が設備されている．内管と外管のすき間より吹き込む冷却用ガスは天然ガス，ブタン，プロパンなどの炭化水素ガスであり，特に脱リン，脱硫を要求される場合には純酸素ガス中に粉体の媒溶剤，例えばCaO粉を混合して直接溶鋼に吹込むこともできる．

(3) Q–BOP の操業と炉内反応

(a) 諸成分の推移

Q–BOP の操業法は LD 法と大略同じであり，吹錬中における各成分の推移を図3·41[35]に示す．吹錬初期に Si と Mn の優先酸化が進行するが，Q–BOP では Mn の酸化量が少なく60〜70％の Mn がメタル中に止っている．吹錬中期にマンガン隆起があり，吹錬末期に Mn と P の酸化が急速に進む．また吹錬初期から(％CaO)の高い塩基性スラグが生成し，吹錬全期にわたって，スラグ中の(T.Fe％)と(％MnO)が LD 法より低いレベルで推移する．

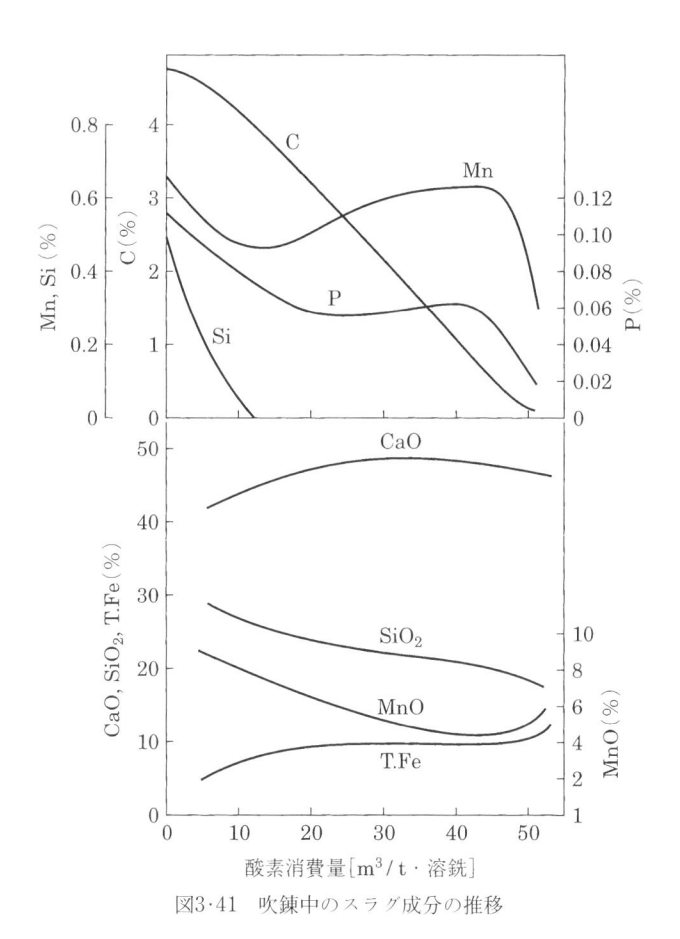

図3·41 吹錬中のスラグ成分の推移

(b) スラグ中(T.Fe%)と溶鋼中の酸素

Q-BOPでは吹錬全期間を通じて，LD法より激しい撹拌が起きるため，吹込酸素の脱炭利用効率が高く，**図3·42**[(36)]に見られるように，スラグ中の(T.Fe%)が低い．また**図3·43**[(37)]に示したように低炭素域におけるメタル中[%O]の値が低く吹錬終了後における合金剤や脱酸剤の原単位が低減

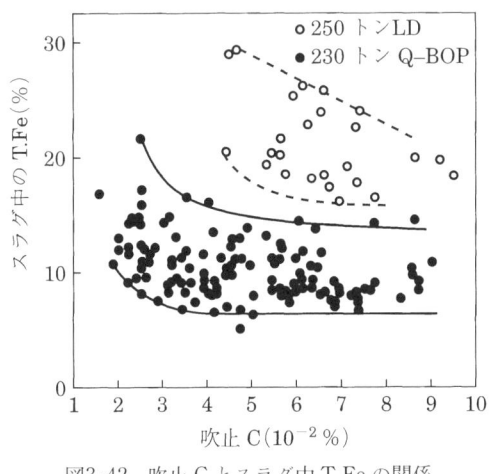

図3·42 吹止Cとスラグ中T.Feの関係

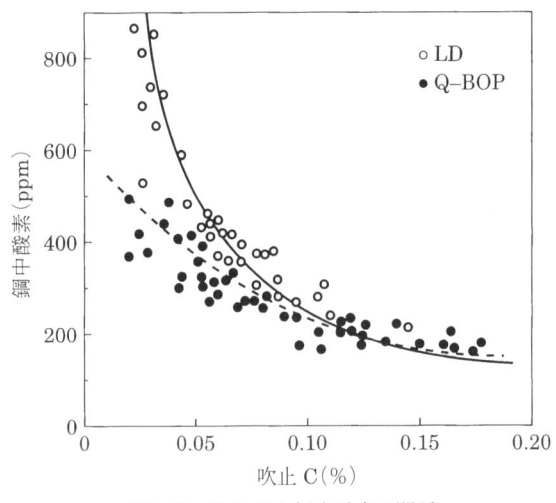

図3·43 吹止Cと鋼中酸素の関係

できる．また脱炭時における酸素給供律速から炭素移動律速に変わる臨界炭素濃度は LD 法では $[\%C] = 0.5 \sim 1.0$ であるのに対して，Q–BOP では $[\%C] = 0.3 \sim 0.6$ のように著しく低くなる．

(c) 鋼中の Mn

吹き止め $[\%C]$ に対する溶鋼中 $[\%Mn]$ を比較すれば**図3·44**[37]のようで，

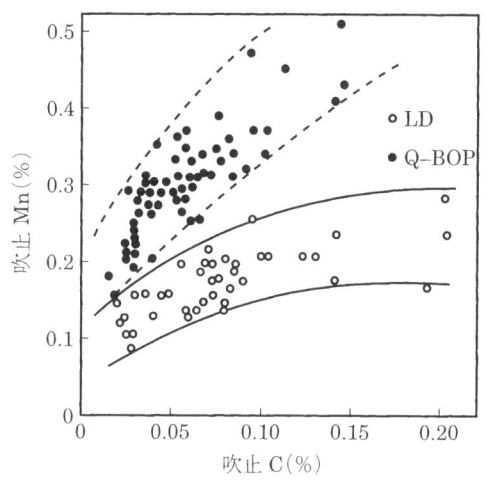

図3·44　吹止 C と Mn の関係

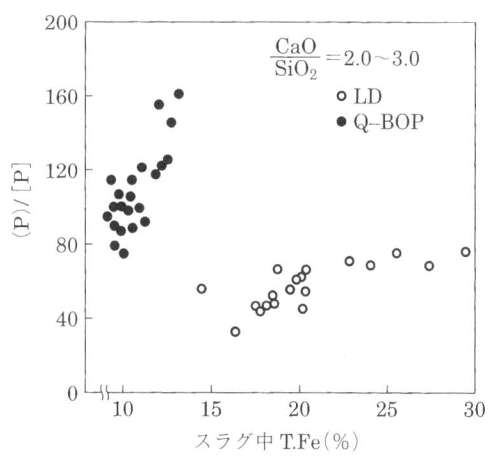

図3·45　スラグ中 T.Fe と P 分配比の関係

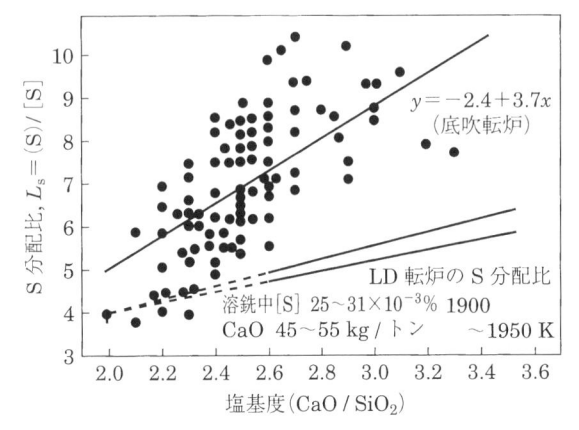

図3·46 スラグ塩基度とS分配比の関係

Q-BOPでは著しく高く，脱酸剤としてのFe-Mnの使用量が減少する．

(d) 脱リンと脱硫

図3·45[38]にスラグ中の(T.Fe%)とリン分配比の関係を示したが，スラグ中(T.Fe%)の低にもかかわらず，スラグ－メタル間のリン分配比は幾分高く，より平衡値に近いことが分かる．

図3·46[38]には吹止時のスラグの塩基度と硫黄の分配比の関係を比較した．Q-BOPでは塩基度2.5以上でLD法より著しく優れている．

(e) 鋼中窒素と水素

Q-BOPでは気泡が溶鉄中を上昇するため，この時のフラッシング作用により脱窒素され，吹錬40%時期で[N]<10 ppmまで低下する．しかし，炭化水素の利用により[H]ppmはLD法より1～3 ppm程度高い．

3·3·5 上底吹転炉法

(1) 上底吹転炉の開発

底吹純酸素転炉(Q-BOP)の開発により，底吹転炉の精錬上の特性が明らかになって来ると，上吹純酸素転炉(LD法)では未だ撹拌不十分であり，撹拌不足に原因する上吹純酸素転炉の欠点が次第に明らかになった．

すなわち，LD転炉では低炭素域でCO(g)発生の減少による撹拌力の低下により，(1)スラグ中への鉄分の酸化，すなわち鉄の酸化ロスが大きくなる(図3·42参照)．(2)メタル中[%O]の増大，すなわち過酸化される(図3·43参照)．(3)マンガンの酸化によるMnロスの増大(図3·44参照)が見ら

れる．その為最終炭素濃度は LD 転炉では0.03％が限界であるが，Q-BOP は0.01％であり，Mn 歩留も高い．また撹拌による炉内反応促進により，脱リン，脱硫反応もより平衡に近い．しかし一方 LD 法ではソフトブローにより，スラグ中（%FeO）を高くして，脱リンを促進することが可能であるなどの利点がある．

それ故，両者の優れた点をとるため，純酸素上吹転炉の炉底より鋼浴の撹拌を目的として底吹きガスを送り，炉内反応を促進する上底吹転炉（複合吹錬法）が1970年代より開発され急速に普及した．

上底吹転炉を底吹き方法により分類して示せば表3·7[39]のようであり，比較的少量の底吹きガス量で十分な成果が得られていることが分かる．また種々の型式の底吹きノズルが開発されたが，その代表的なものを示せば図3·47[40]のようである．

撹拌用底吹ガスの少ない弱撹拌上底吹き転炉[40]では，通気性れんがや単管羽口を使用し，N_2 や Ar などを送風する．それに対して比較的大量のガスを送風する強撹拌上底吹き転炉[41]では Q-BOP 法に似た二重管羽口を使用し（O_2＋燃料）を吹き込む場合が多い，特に K-BOP（Kawasaki-BOP）では必要に応じ底吹き酸素に CaO 粉を混入することもできる．

また記述のように，LD 転炉の製鋼時間は炉容に関係なく大略30〜40分であり，その間酸素吹錬時間は16〜20分程度であった．これに対して，上底吹き転炉では撹拌力の強化を利用し，更に上吹きランス先端部構造などの工夫により，時間当りの酸素送風量を増加して，急速精錬する方法が研究され，その結果，酸素吹錬時間は9分程度に短縮され，生産性の向上と，製鉄諸原の減少に大きい効果が得られるようになった．

(2) 鋼浴の撹拌強度

底吹転炉や上底吹転炉が LD 転炉に比較して優れた冶金特性を示すのは，鋼浴の撹拌により，スラグーメタル間反応が促進されて，より平衡状態に近づくこと，および鋼浴温度と成分の均一化が進むことである．これより鋼浴の撹拌強度を評価する多くの方法[42]が考えられた．これらはかなり難解であるが，ここでは中西ら[43]により提出された式を示す．上吹きおよび底吹きにより転炉内鋼浴に持ちこまれる撹拌エネルギーの供給速度 $\dot{\varepsilon}$（W/t steel）は次式で与えられる．

底吹き：$\dot{\varepsilon}_B = (28.5 Q_B T/W) \log[1+L/1.48]$

上吹き：$\dot{\varepsilon}_T = 0.0453 Q_T d/(W \cdot X) u^2(0,0) \cos^2 \xi$

表3・7 純酸素転炉・複合吹錬法の分類

底吹き方法	複合吹錬プロセス			底吹きガス			特　徴
	名　称	開発者	主ガス	冷却ガス	全ガス量 ($m^3/min \cdot トン$)		
通気性れんが	LBE	IRSID と ARBED	N_2, Ar	—	0.07〜0.15		Permeable element, 炉内二次燃焼ポーラスれんが
	LD-BC	CRM	〃	—			
	UBDT	KRUPP	〃	—			
単管羽口	LD-AB	新日本製鉄	N_2, Ar	—	0.02〜0.30		SA 羽口, 大幅流量範囲制御 Multi-hole 羽口, CO_2 吹きテスト有り
	LD-KG	川崎製鉄	〃	—	0.01〜0.10		
	LD-OTB	神戸製鋼	〃	—	0.04〜0.50		
	LD-CB	日本鋼管	〃	—	0.01〜0.10		
	LD-SS	MEFFOS	〃	—			
	ATH-B	ATH	〃	—			
二重管羽口	STB	住友金属	$CO_2 + O_2$	CO_2	0.03〜0.15		転炉ガスからの CO_2 製造プラント併設 Q-BOP なみの CaO 粉の底吹き
	BAP	BSC	空気 + N_2	N_2	0.30〜0.80		
	LD-OB	新日本製鉄	O_2	LPG	0.15〜0.80		
	LD-HC	CRM	O_2	C_mH_n	〃		
	LD-BD	MEFFOS	O_2	C_3H_8	0.20〜0.5		
	K-BOP	川崎製鉄	$O_2 +$ CaO 粉	C_3H_8	1.0〜1.5		

3·3 転炉製鋼法

a) 単管 b) 二重管 c) 単管集合 (MHP) (Multiple Hole Plug) d-1) 耐火物で形成 (PE) (Peameable Element) d-2) Canned brick e) SA羽口 (Simple Annular)

図3·47 底吹きノズル概要

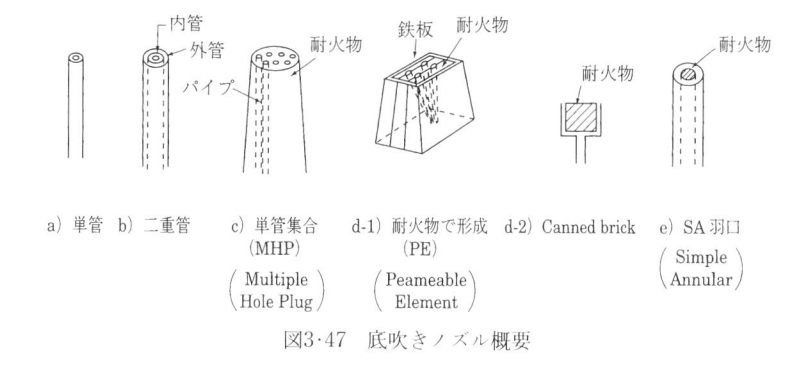

ここで：Q_B：底吹きガス量(dm³/min)
Q_T：上吹きガス量(dm³/min)
T：絶対温度(K)，W：溶鋼質量トン
d：上吹きノズル径(m)，X：上吹ランス先端よりの距離(m)，
L：鋼浴深さ(m)
ξ：ノズル傾角(°)，$u(0,0)$：上吹きランスのノズル出口ガスの線速度(m/s)

均一混合時間 τ(s) と $\dot{\varepsilon}$ の関係については中西の研究[44]があり，次式のようである．

$$\tau = 800\,\dot{\varepsilon}^{-0.4}$$

上式は1本の羽口に関するものであり，複数羽口に対しては，水モデルの実験より N の1/3に比例する．

$$\tau = 800\,\dot{\varepsilon}^{-0.4} \cdot N^{1/3}$$

以上から上底吹き転炉に適用できる τ として次式が得られる．

$$\tau = \left[\left(\frac{57 Q_B T N_t^{-0.833}}{W} \right) \log(1 + L/1.48) + \frac{0.0906 Q_T\, d u^2(0,0) \cos^2 \xi}{W \cdot X} \cdot N_n^{-0.833} \right]^{-0.4}$$

ここで，N_t：羽口数，N_n：ランスノズル孔数
上式を用いて均一混合時間 τ を評価できる．

図3·48[43]は上吹きランス高さと底吹き酸素比率が均一混合時間に及ぼす影響を250トンK-BOPについて計算したものである．底吹き酸素比率

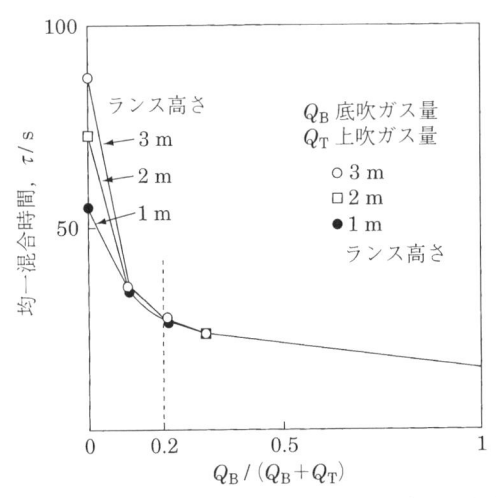

図3·48 均一混合時間 τ と底吹比（川鉄・水島 K-BOP）

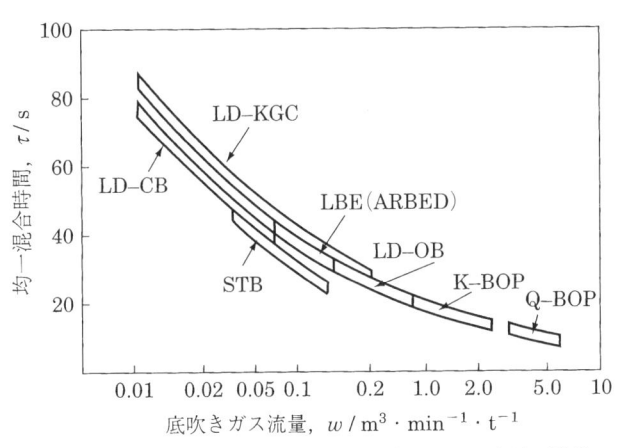

図3·49 鋼浴の均一混合時間に及ぼす底吹きガス流量の影響

が20%程度で十分な撹拌エネルギーが得られ，上吹きランス高さの影響がなくなっている．図3·49[45]は各種上底吹き転炉の底吹きガス量と均一混合時(τ/s)の関係をまとめたもので，均一混合時間は LD 転炉では100秒程度であり，Q-BOP と強撹拌上底吹転炉 K-BOP では10〜20秒で，また

弱撹拌上底吹転炉はこれらの中間にある．

(3) 上底吹き転炉の冶金特性

上底吹き転炉では底吹ガス量により撹拌強度が変化するから炉内反応進行程度も変化する．脱炭反応の律速段階が，酸素供給律速からC移動律速に変化する臨界炭素量は，LD転炉では0.8〜1.0%であるが，K-BOPでは0.35〜0.55%，Q-BOP法では0.3〜0.5%であり，強撹拌下では極低炭素鋼の吹錬が容易[41]になる．図3·50[46]には吹止め時の[%C]と[%O]の関係を示したがLD転炉では$P_{CO}=0.1$ MPa(1 atm)の線より上部にあるが，Q-BOPとK-BOP法では$P_{CO}=0.1$ MPaの線より下方にあり$P_{CO}≒0.075$ MPa(0.75 atm)の平衡値に近い．これは底吹ガスの分解により$H_2(g)$が発生し，P_{CO}が低下したためである．図3·51[46]は吹止め時のスラグ中(%T.Fe)と[%C]の関係を示すが，同一[%C]に対する(%T.Fe)の値はLD法＞LD-KG＞K-BOP≧Q-BOPの順に高くなり，撹拌の強化により供給酸素が脱炭に有効に利用されていることが分かる．

図3·52[46]はMn歩留を，図3·53[46]にはリン分配比を比較したもので，撹拌強度の上昇によりMn歩留およびリン分配比は向上している．

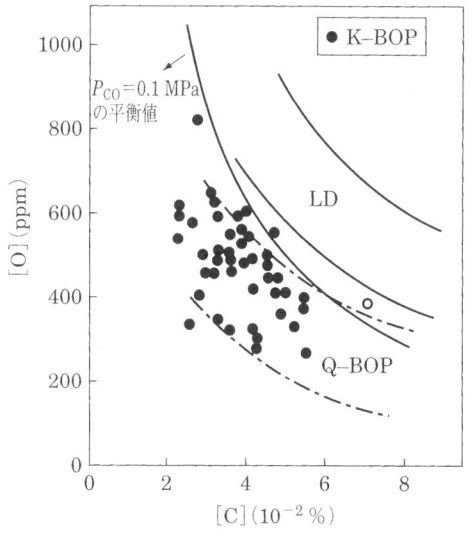

図3·50　吹止め時の[C]と[O]との関係

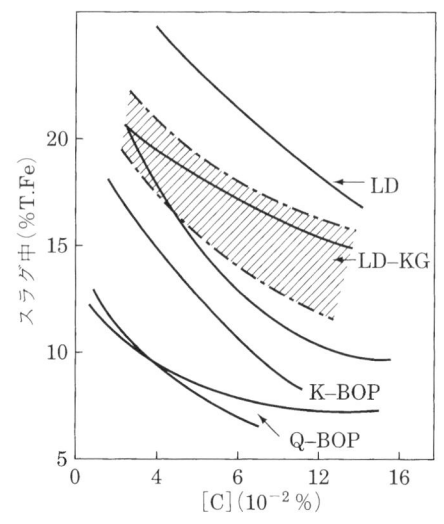

図3·51 吹止め時の(T.Fe)と[C]との関係

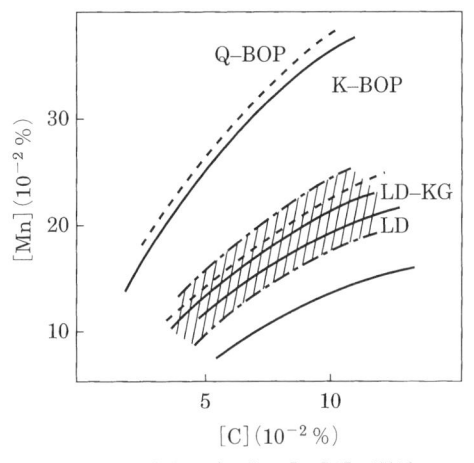

図3·52 吹止め時の[Mn]と[C]の関係

図3·54[46]には硫黄分配比を示したが，LD-KG と LD 転炉の間に大きい差はないことより，Q-BOP, K-BOP 法では微粉石灰をインジェクションした影響が現われている．図3·55[46]には吹き止め時の[%N]と[%C]を示

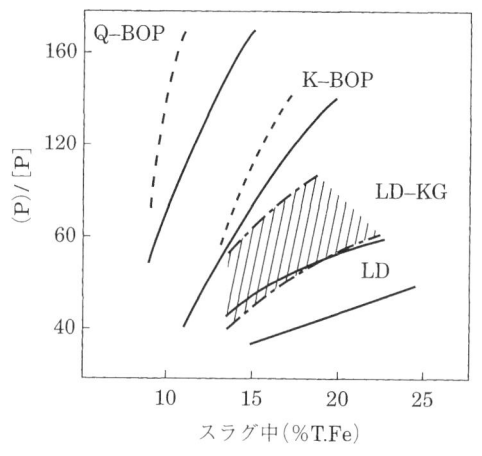

図3・53　P 分配比と(T.Fe)の関係

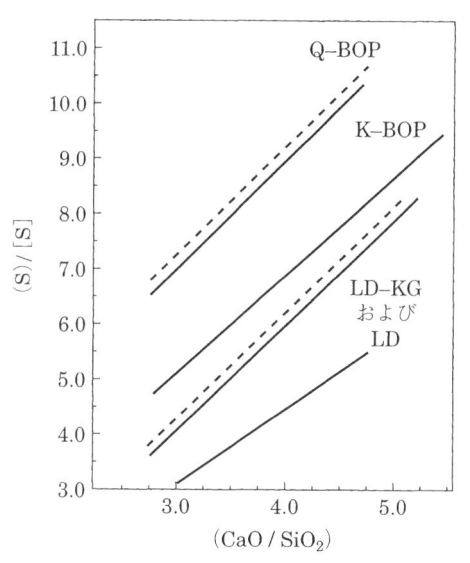

図3・54　S 分配比と塩基度の関係

したが，Q–BOP および K–BOP では低炭域での[%N]が LD 法より低く，K–BOP および Q–BOP は低 C，低 N 鋼の溶製が有利であることが分かる．

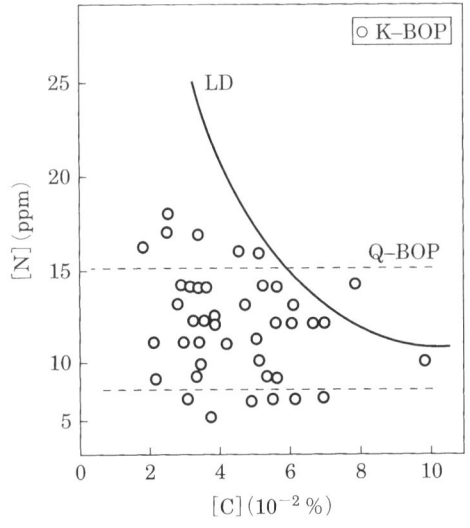

図3·55 吹止め時の[N]と[C]の関係

3·4 電気炉製鋼法

3·4·1 電気炉製鋼法の種類と特徴

電気炉製鋼法は，屑鉄や還元鉄のような冷鉄源を原料とし，電気エネルギーを利用して，これを溶解精錬する方法である．現在では純酸素転炉(BOF)に次ぐ重要な製鋼法である．

金属溶解用の電気炉は種々の形式のものが19世紀末より20世紀初頭に考案されたが，製鋼用実用炉として今日使用されているものは，図3·56に示す，弧光式電気炉（アーク炉）(EAF, Electric Arc Furnace)，高周波電気炉の2種である．

アーク炉は1899年アメリカ人エルーによって発明されたエルー式3相交流アーク炉と，1970年代より開発された直流アーク炉がある．いずれも電極と原料くず鉄の間で直接的にアーク（電弧）を発生して加熱溶解する．

高周波炉は1916年アジャックス・ノースラップにより発明された．るつぼの周囲にコイルを巻き，高周波電流を流し，その誘導電流による抵抗熱で原料を溶解する．

　　　　　　　　　3・4　電気炉製鋼法　　　　　　　　　125

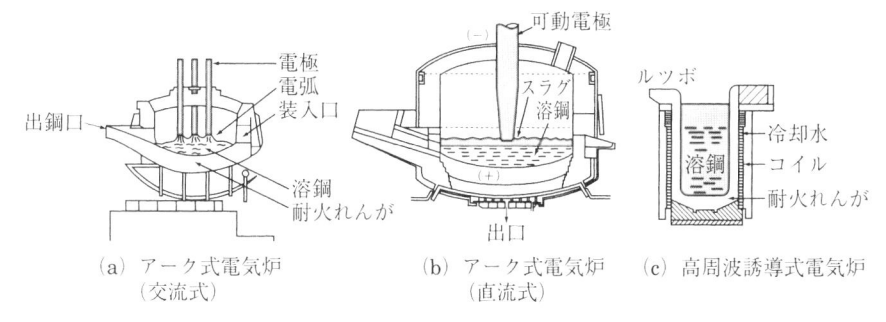

(a) アーク式電気炉
　　（交流式）

(b) アーク式電気炉
　　（直流式）

(c) 高周波誘導式電気炉

図3・56　電気炉概念図(出所：日本鉄鋼連盟)

　冷鉄源を主原料とする電気製鋼法は高炉-転炉法に比較すると次のような特徴がある．
　(1)　設備投資費が安い．
　(2)　需要の変動に柔軟に対応できる．
　(3)　溶解雰囲気や温度の制御が容易で高級鋼精錬に適している．
　(4)　製造鋼種の幅が広い．
　以上のことより，電気炉製鋼法は従来は特殊鋼や合金鋼の製造や，小規模生産などに応用されて来たが，最近における技術的進歩により，普通鋼の生産や屑鉄のリサイクル用としても広く用いられるようになった．すなわち，次のような進歩が挙げられる．
　(1)　アーク炉容の大型化．
　(2)　アーク炉の高電力操業．
　(3)　酸素富化操業，粉体インジェクション操業など操業法の進歩．
　(4)　炉外精錬法(2次精錬)の発達によるアーク炉機能の変化．
　(5)　連続鋳造法の発展．
　(6)　市販くず鉄発生量の増加によるリサイクルの重要性の増大などである．
　日本におけるアーク炉鋼生産比率は，1987年に30％近くを占めるようになり(図3・3参照)，その後も漸増し40％近くになっている．

3・4・2　アーク炉製鋼法の設備
　(1)　炉本体
　アーク炉は図3・56(a)および図3・56(b)に示すように，炉床，仕事口(装

入口)を設けた炉壁および天井よりなっている．外側は厚い鉄板で覆われ，内部はマグネシヤれんがで内張し，更に内側にドロマイトクリンカー，またはマグネシヤクリンカーなどでスタンプしている．炉体は前後に傾けることができ，天井は回転移動式が多い．天井の中心に交流アーク炉では3個，直流アーク炉では普通1個の電極用孔がある．原料のくず鉄は天井を回転移動して炉頂装入し，出鋼は炉体を傾けて行うが，最近の炉では図3・57[47]のように炉底出鋼方式(EBT方式，Eccentric Bottom Tapping)が一般化しつつある．炉底出鋼方式は(1)炉壁水冷域を拡大できる．(2)スラグフリーの出鋼が可能である．(3)出鋼時間が短く温度低下が少ない．(4)傾斜角度を小さくできるので，水冷ケーブルの短縮化による力率アップを図れる．などの利点がある．

電気炉の容量は普通は1回の出鋼量で示す．炉容は交流アーク炉では10〜80トン程度が多かったが，最近では250トンの大型炉もある．直流アーク炉の炉容は30〜150トン程度である．

(2) 電極および変圧器容量

電極黒鉛は(1)導電率(電気電導度)のよいこと，(2)アーク温度3300Kに耐えること，(3)有害成分の低いこと，(4)機械的に強いこと，(5)化学的に強いことなどが必要であり，主として人造黒鉛電極が用いられる．交流アーク炉では図3・36(a)に示すように電極は3本であり，直流アーク炉では普通1本が用いられる．直流アーク炉の炉底構造を示せば図3・58[51]のよう

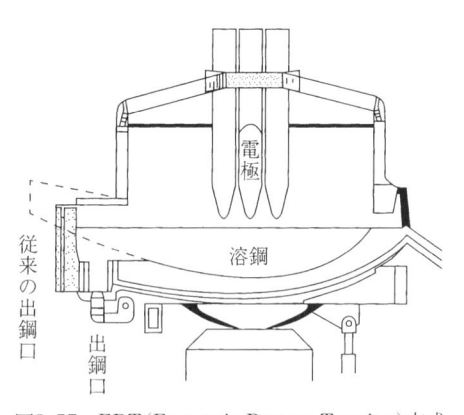

図3・57　EBT(Eccentric Bottom Tapping)方式

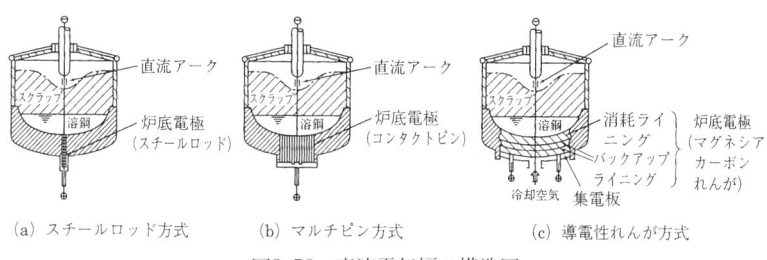

図3·58 直流電気炉の構造図
(a) スチールロッド方式
(b) マルチピン方式
(c) 導電性れんが方式

で、スチールロッド方式、マルチピン方式、導電性れんが方式の3方式があり、直流変換装置と炉底電極があることを除けば交流アーク炉と大きい違いはない。

電気炉の容量は1回の溶解量の外に、炉用変圧器容量でも示す。電気炉用変圧器は普通のものとは異なり、大容量のリアンクタンスを内臓しており、炉内で大電流が流れても、外部送電線に衝撃電流(フリッカ)が流れないようになっている。炉容量(トン)と電極径、変圧器容量および二次定格電流(A)などの関係を図3·59[48]に示した。炉用変圧器は通例10〜100トン炉で5000〜30000 KVAでこれをRP(Regular Power)と言うが、最近では炉容量(トン)に対して大容量の変圧器を設備して、大電力を投入して急速に溶解・精錬を行うようになった。これを図3·59[48]に示すようにHP(High Power), UHP(Ultra High Power)操業という。UHP操業は低電圧、大電流、低力率による太くて短いアークによる操業であり、大電力の投入により大きい生産性の向上が望める。

直流アーク炉は3相交流から変換した直流を用い、図3·58のように陽極側炉底電極と陰極側上部可動電極との間で、スクラップまたは溶鋼を介してアークを発生するもので次のような特徴がある。(1)発生フリッカーが半減するので電源設備の大型化ができる。(2)原料くず鉄が炉内で均一に溶解する。(3)アークジェットが安定で、アークの消費エネルギーの大きい陽極を常にスクラップにするので昇温効率がよい。(4)電磁力により鋼浴が撹拌される。(5)上部可動電極が1本で炉上構造が単純である。その結果として、(6)電力原単位、電極原単位、耐火材料原単位などが低減する。(7)生産性が大幅に向上するなどの特色がある。

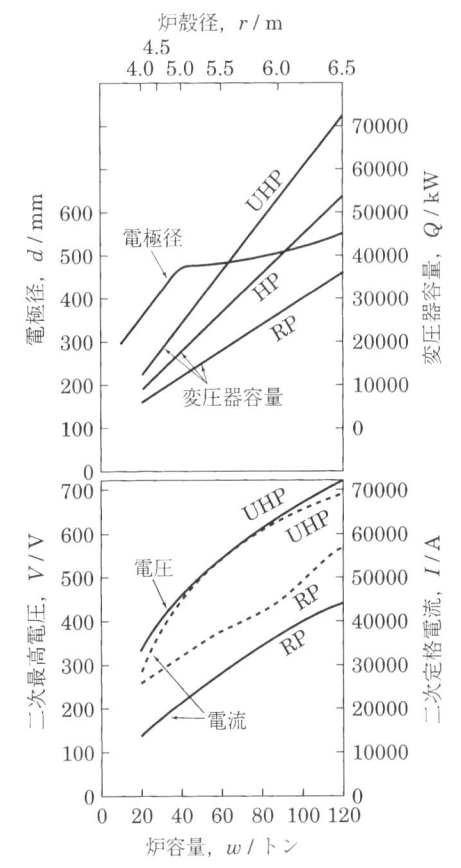

図3·59 炉容量と炉殻径, 電極径, 変圧器容量, 二次定格電流および二次最高電圧との関係

(3) その他の付属設備

自動電極調整装置:アーク電力の変動を少なくし, 使用電力を一定に保つため, 自動的に電極を上下する装置.

誘導撹拌装置:大型交流アーク炉では炉内鋼浴の撹拌やスラグ排出のため誘導撹拌装置をつけて鋼浴の均一化を計る.

アーク炉排ガスによるスクラップ予熱装置:アーク炉排ガスによりスクラップを予熱する(Scrap PreHeater; SPH). アーク炉排ガス顕熱の約20〜30%を回収できるが, 白煙や悪臭を発生するなどの問題点がある.

助熱バーナ：灯油，重油，またはLNGなどを燃焼するバーナを設備し，アーク炉側面の仕事口より，炉内装入のスクラップの加熱と溶解を促進して電力原単位の低減を計る．

3・4・3 アーク炉製鋼法の原料

(1) 主原料

主原料はくず鉄であり，溶銑の給供できる所では10〜30%の溶銑も使用されている．また原料事情により還元鉄も大量に使用されている．高級くず鉄を使用して，酸化精錬の必要のない場合でも，銑鉄，コークス，無煙炭，電極くずなどの加炭材を使用し，必ず脱炭反応を行う．

(2) 酸化剤

従来より主要な酸化剤は鉄鉱石であったが，最近では大量の酸素ガスを20〜40 m^3/トン(標準状態)程度使用する．使用目的は溶解促進(カッティング)，脱炭精錬(ベッセマーライジング)および温度上昇などである．

(3) 造滓剤

造滓剤として酸化期では$CaCO_3$, CaO を，還元期ではCaO, CaF_2, Fe-Si粉，コークス粉などを使用する．また最近これらの造滓剤を粉体の形で鋼浴中に吹き込み，熱源や反応促進剤としても利用するようになった．

(4) 粉体吹き込み剤

(a) カーボンインジェクション

カーボン粉を酸素富化操業と共に溶鋼-スラグ間に吹き込む方法である．カーボンと(FeO)間の反応によりCO(g)が発生してスラグがフォーミング(泡立ち現象)状態になる．サブマージドアーク操業になるため，熱効率の向上，電極原単位減少，耐火物原単位の減少，鉄分歩留向上，溶落[C]の調整が容易になるなどの効果がある．

(b) アルミ灰吹き込み

アルミ灰とはアルミ精錬ドロスを主成分とする粉末(主としてAl + Al_2O_3 よりなる)である．これを酸化期に吹き込むことにより，アルミの酸化熱による溶鋼温度上昇，未溶解スクラップの溶解などが促進され電力原単位の低減，製鋼時間の短縮ができる外，鋼中[C]の突沸現象を防止できる．還元期に吹き込むと，溶鋼温度上昇，鉄分および合金の歩留が向上する．脱硫反応は促進されるが，復リンが起きるなどの問題点がある．

(c) Fe-Si粉，SiC粉の吹き込み

酸化反応熱の利用により，電力原単位低減，製鋼時間短縮が計れる．還

元期初期に安価な Fe-Si 粉を吹き込み，予備脱酸を行い，次工程の合金鉄歩留向上を計る．

(d) CaO, CaC_2 粉の吹き込み

溶解期に連続的に吹き込み，脱リン反応を促進する．また還元期に吹き込み脱硫の促進を計る．

以上のような各種新技術による原料原単位の経年変化の一例を示せば図3·60[49]のようである．

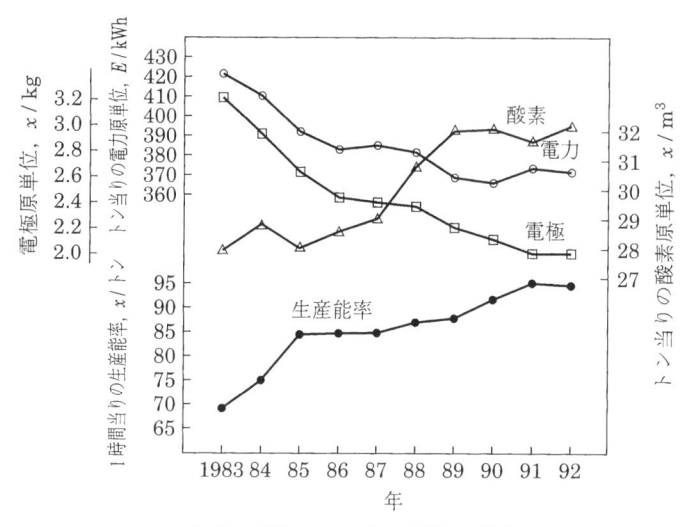

図3·60 電気炉における原単位の変化

3·4·4 アーク炉製鋼法の炉内精錬

(1) アーク炉の精錬工程

アーク炉の炉内精錬工程は，図3·61[50]に示すように溶解期(原料装入＋溶解)，酸化期，還元期に分けられる．しかし，近年炉外精錬の普及により還元期を短縮するか，または全く省略する場合が多い[50]．炉外精錬炉の有無や製造鋼種に対する品質要求より，次に示す3つのパターンによる炉内精錬が行われている．

(a) シングルスラグ法(図3·61(a))

シングルスラグ法は溶解期-酸化期で1回のみ(FeO)の高い酸化性スラグを作って精錬を終了する．その後，出鋼中に生石灰，アルミ灰，合金鉄

3・4 電気炉製鋼法

(a) シングルスラグ法

```
           溶
           落
   ┌─────┬─────────┬───┐
   │ 溶 解 期 │  酸 化 期  │出鋼│
   └─────┴─────────┴───┘
             ────O₂吹精──(流滓)─
              ─Cインジェクション─
```

(b) セミダブルスラグ法

```
                         (除滓)
   ┌─────┬─────────┬────┬───┐
   │ 溶 解 期 │  酸 化 期  │(還元)│出鋼│
   └─────┴─────────┴────┴───┘
            (同  上)       ╷生石灰
                          │Al系造滓剤
                          ╵合金鉄
```

(c) ダブルスラグ法

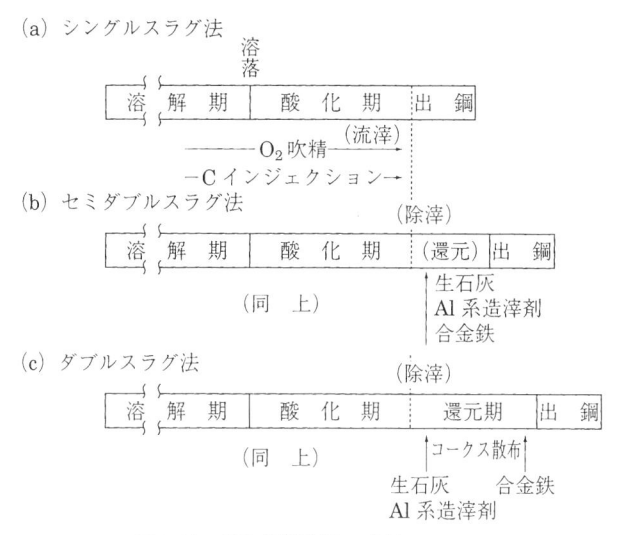

```
                          (除滓)
   ┌─────┬─────────┬──────┬───┐
   │ 溶 解 期 │  酸 化 期  │ 還 元 期  │出鋼│
   └─────┴─────────┴──────┴───┘
            (同  上)     ╷コークス散布╵
                     生石灰    合金鉄
                     Al系造滓剤
```

図3・61 電気炉製鋼法の吹錬パターン

を取鍋中に投入し,ArやN₂による取鍋内でのガス撹拌により成分および温度を調整する.アーク炉の最も高能率な操業法であるが,溶鋼の成分および温度の正確な調整に困難があり,多くの場合炉外精錬炉としてLF(Ladle Furnace)を設備して更に品質の向上を計る場合が多い.

(b) セミダブルスラグ法(図3・61(b))

セミダブル法では酸化期終了後に酸化性スラグを除滓し,次にアーク炉内に生石灰,アルミ灰,合金鉄を添加して,短時間だけ(FeO)の低い還元性スラグを作り,成分および温度の調整を行い出鋼する方法である.本法でも炉外精錬炉としてLFを設備して操業の安定性を確保する場合が多い.

(c) ダブルスラグ法(図3・61(c))

本法では溶解期-酸化期で酸化性スラグを作り,脱リンと炭素量調整をしてから,酸化性スラグを十分に除滓する.次いで,炉内に生石灰,アルミ灰,コークス粉,合金鉄を装入して(FeO)の低い還元性スラグを作り,脱酸,脱硫および成分調整をアーク炉内で実施して出鋼する.

3つの場合を比較すれば,シングルスラグ法は出鋼から出鋼までの時間は最近では1時間以内でアーク炉の生産性は最も高い.またダブルスラグ法では還元期における復リンが問題である.従って炉外精錬炉として

LFを設備することは，生産性と品質の向上を期待できる．それ故1992年頃にはアーク炉の70％以上がLFを設備してこれを併用するようになった．

(2) 溶解期

石灰石，くず鉄，銑鉄やスケールを装入し，アーク炉に通電加熱すると同時に酸素ガス吹込み，カーボンインジェクション，助熱バーナを使用して迅速な溶解を計る．精錬上溶落における炭素量は重要であり，次の酸化精錬の脱炭量を考慮して，目標炭素量より0.1〜0.5％高値を溶落炭素量の目標とする．

(3) 酸化期

酸化期の目的は酸素吹精により，C, Si, Mn, Pなどの酸化除去，目標炭素量への調整，脱炭沸騰による溶鋼中水素や窒素の脱ガスなどである．すなわち酸素吹込，カーボンインジェクションを行い，適度のスラグフォーミングを行い，塩基度2.5〜3.5，(％FeO)＝10〜20の酸化性スラグを作り酸化精錬をする．特に高塩基度，高酸化性スラグにより脱リンを促進する．高リンの場合には1〜2回排滓して十分脱リンする．また，脱炭による沸騰作用により反応促進，成分温度の均一化を計ると同時に脱水素，脱窒素を計る．従って原料中炭素量の低い場合には加炭剤を添加して，必ず十分な沸騰と撹拌を行う．このような方法により最近では[N]＜70 ppmの低窒素鋼をアーク炉により溶製できるようになった．

(4) 還元期

還元期の目的は脱酸，脱硫，合金成分調整および出鋼温度の調整である．すなわち，酸化精錬終了後に酸化性スラグを十分に除滓する．次いで生石灰，アルミ灰，コークス粉，合金鉄を添加し，塩基度2.5〜3.0以上，(％FeO)＜1％の還元性スラグを作り，溶鋼を十分に脱酸する．高塩基，還元性の下で脱硫が急速に進行する．なおこの時期には復リン傾向と鋼中水素が増加する傾向を示す．

合金鋼の溶製の場合，NiやMoのような酸化され難い元素はくず鉄などの原料と共に初期に添加する．Cr, W, V, B, Tiなどのように酸化されやすい元素は還元期の末期に添加するか，または炉外精錬炉としてLFを併用する場合には，LFに添加する．

(5) 最近の炉内精錬の変化

最近の電気炉製鋼法では炉外精錬の進歩により，アーク炉精錬–炉外精

錬を続けて行うことが一般化しつつある．また EBT 方式による炉底出鋼技術や直流アーク炉精錬が行われるようになった．これらの方法と同時にアーク炉底より Ar や N_2 ガスを吹き込みガス撹拌を行うことも行われている．これらの変化により生産性の向上，各種原単位の低減，製品品質の向上などの点で著しい発展が見られた．

3・4・5 高周波誘導炉製鋼法

高周波誘導炉は図3・56(c)に示すように，るつぼ内に原料屑鉄を入れ，その外側に水冷式のコイルに高周波電流を通電する．くず鉄中にうず電流が誘導され，そのジュール熱により加熱溶解する方法である．

製鋼用のものは0.5～1トン程度の容量で，主として高級な高合金鋼の溶製に使用されている．

再溶解が主要な目的で精錬作業は特に行わないので，リンや硫黄の低い高級くず鉄を原料とし，溶解後排滓，脱酸，炉中分析結果により成分を調整して出鋼する．

1回の溶解は1～3時間程度で，鋼種の変化に対応でき，合金歩留も高い．

高級なステンレス鋼，合金工具鋼，磁性材料など少量品種に広く利用されている．

3・5 平炉製鋼法

平炉製鋼法(Open Hearth steelmaking, OH)は蓄熱室を設備した反射炉の一種である平型炉による製鋼法である．燃料を熱源とし，溶銑，型銑，くず鉄を原料とし，鉄鉱石を酸化剤として溶鋼を精錬する．その大略は図3・62のような構造をしている．すなわち2階に平型の溶解室があり，1階に蓄熱室がある．蓄熱室は平炉排ガスにより加熱し，燃料または燃焼用空気を蓄熱室で予熱して溶解室に送る．1回の溶解量は50～500トン程度で，製鋼時間は8～10時間であったが，最近では酸素の多量使用により4時間程度まで短縮された．

本法は1856年 Siemens 兄弟による蓄熱炉を有する溶解炉の特許を始めとし，更に P. Martin によるくず鉄を多量に配合する溶解法により完成を見たことから Siemens-Martin process と呼ばれている．Siemens の方法は主として銑鉄を原料とした事より銑鉄・鉱石法，Martin は多量のくず鉄を配合したことよりくず鉄・銑鉄法と言われたが今日では両者に相違は

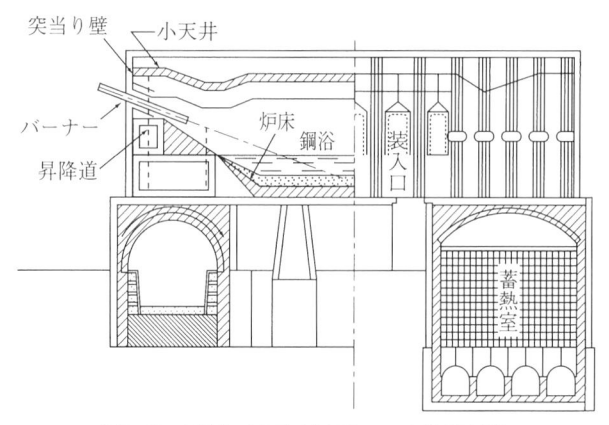

図3・62　平炉の断面図(出所：日本鉄鋼連盟)

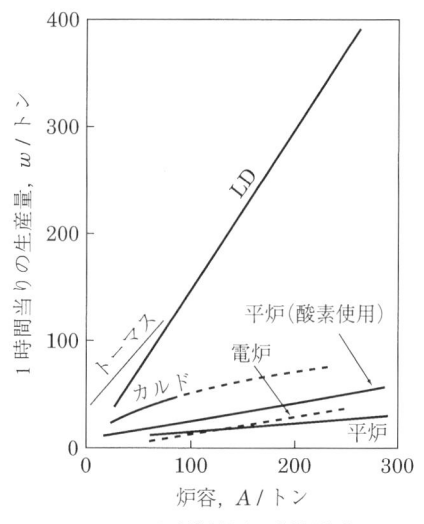

図3・63　各種製鋼法の製鋼能率

全くない．平炉法はその後，大量生産方式が確立され，製造鋼種の品質も優れていたことから，約100年間，1960年頃まで世界粗鋼生産量の約80％を生産し王座を占めて来た．世界第2次大戦後，生産性が高く，設備費が安い上，多品種の高級鋼を生産できる純酸素転炉(BOF)の発展により

調落し，日本では昭和52年末に遂に姿を消し，世界的にも一部でしか行われなくなってしまった．これまでの各種製鋼法の製鋼能率を比較すると図3・63[52]のようである．

参 考 文 献

(1) A Muan and E. F. Osborn: *Phase Equilibria among Oxides in Steelmaking*, Addison-Wesley Pub. Co. Inc., (1965), 宗宮重行訳, 技報堂, (1946).
(2) M. Weinstein and J. F. Elliott: Trans. Met. Soc. AIME, **227**(1963), 382.
(3) 製鋼反応の推奨平衡値：日本学術振興会製鋼第19委員会編, (1984).
(4) 萬谷志郎, 不破　祐：鉄と鋼, **60**(1974), 1299.
(5) 石井不二夫, 萬谷志郎, 不破　祐：鉄と鋼, **68**(1982), 946.
(6) R. D. Pehlke and J. F. Elliott: Trans. Met. Soc. AIME, **218**(1960), 1088.
(7) 坂尾　弘, 佐野幸吉：日本金属学会誌, **23**(1959), 667, 674.
(8) T. P. Floridis and J. Chipman: Trans. Met. Soc. AIME, **212**(1958), 549.
(9) 萬谷志郎, 的場幸雄：鉄と鋼, **48**(1962), 925.
(10) 的場幸雄, 萬谷志郎：鉄と鋼, **66**(1980), 1406.
(11) T. Fuwa and J. Chipman: Trans. Met. Soc. AIME, **215**(1959), 708.
(12) 王　潮, 平間　潤, 長坂徹也, 萬谷志郎：鉄と鋼, **77**(1991), 353.
(13) *Chemical Properties of Melten Slags*, ed. S. Ban-ya and M. Hino, Iron Steel Inst. Japan, (1991).
(14) 萬谷志郎, 千葉　明, 彦坂明英：鉄と鋼, **66**(1980), No. 10, 1484.
(15) 萬谷志郎, 日野光兀：鉄と鋼, **73**(1987), 476.
(16) J. B. Gero, T. B. Winkler and J. Chipman: Trans. AIME, **188**(1950), 341.
(17) *BOF Steelmaking*, Volume II, ISS, AIME, (1975), p. 145.
(18) S. Ban-ya and J. Chipman: Trans. Met. Soc. AIME, **245**(1969), 133, 391.
(19) F. D. Richardson: *Physical Chemistry of Melts in Metallurgy*, Vol. 1.2, Acad. Press, (1973).
(20) E. T. Turkdogan: J. Iron Steel Inst., **179**(1955), 147.
(21) 沈　載東, 萬谷志郎：鉄と鋼, **68**(1982), 251.
(22) 山本正道, 山田啓作, L. L. Meshov, 加藤栄一：鉄と鋼, **66**(1980), 2032.
(23) 萬谷志郎, 丸山信俊, 川瀬幸夫：鉄と鋼, **70**(1984), 65.
(24) E. T. Turkdogan and J. Pearson: J. Iron Steel Inst., **173**(1953), 393.
(25) 長林　烈, 日野光兀, 萬谷志郎：鉄と鋼, **74**(1988), 1770.
(26) K. Balajiva and P. Vajragupta: J. Iron and Steel Inst., **153**(1946), 115; **155**(1947), 563.
(27) W. Walsh, J. Chipman, T. B. King and N. J. Grant: J. Met., **8**(1956), 1568.
(28) 萬谷志郎, 井口泰孝, 永田俊介：鉄と鋼, **72**(1985), 55.
(29) 日本鉄鋼協会：製銑製鋼法, 新版鉄鋼技術講座第1巻, 地人書館, (1976), p. 198.

(30) 下間照夫, 佐野和夫：鉄と鋼, **51**(1968), 1909.
(31) 二上　愛, 松田一敏, 小谷野敬之, 安居孝司：鉄と鋼, **52**(1966), 1491.
(32) 藤井毅彦：鉄と鋼, **54**(1968), 151.
(33) 藤井毅彦, 荒木泰治, 丸川雄淨：鉄と鋼, **54**(1968), 153.
(34) 藤井毅彦：製鋼脱炭反応の変遷, アグネ技術センター, (1994), p. 51.
(35) 川名昌志, 岡崎有登, 永井　潤, 数土文夫, 馬田　一：鉄と鋼, **64**(1978), S166.
(36) 第69回製鋼部会, (1977-3), 川鉄, 千葉.
(37) 第67回製鋼部会, (1977-7), 川鉄, 千葉.
(38) 鉄鋼便覧(Ⅱ)製銑製鋼：日本鉄鋼協会編, 丸善, (1979). p. 500.
(39) 植田嗣司, 丸川雄淨, 姉崎正治：鉄と鋼, **69**(1983), 24.
(40) 半明正之：第100, 101回西山記念講座, 日本鉄鋼協会, (1984), p. 203.
(41) 今井卓雄：第100, 101回西山記念講座, 日本鉄鋼協会, (1984), p. 165.
(42) 浅井滋生：第100, 101回西山記念講座, 日本鉄鋼協会, (1984), p. 65.
(43) 中西恭二, 斉藤健志, 野崎　努, 加藤嘉英, 川崎製鉄技報, **15**(1983), 100.
(44) K. Nakanishi, T. Fuji and J. Szekely: Ironmaking and Steelmaking, **3**(1975), 193.
(45) J. Nagai, T. Yamamoto, H. Yamada and H. Take: Kawasaki Steel Technical Report, No. 6 (1982), p. 12.
(46) 永井　潤, 山本武美, 山田博石, 武　英雄：川崎製鉄技報, **14**(1982), 240.
(47) 第126, 127回西山記念技術講座, 日本鉄鋼協会編, (1988), p. 121.
(48) 製銑製鋼法, 新版鉄鋼技術講座1巻, 日本鉄鋼協会編, 地人書館, (1976), p. 229.
(49) 最近のアーク炉製鋼法の進歩(第3版), 日本鉄鋼協会編, (1993), p. 249.
(50) 最近のアーク炉製鋼法の進歩(第3版), 日本鉄鋼協会編, (1993), p. 113.
(51) 日本鉄鋼協会共同研究会, 第38回電気炉部会(1991)11月特別講演資料.
(52) 製銑製鋼法, 新版鉄鋼技術講座第1巻, 日本鉄鋼協会編, 地人書館, (1976), p. 755.
(53) S. Ban-ya, M. Hino and T. Nagasaka: Proceedings of Ultra High Purity Base Metals, UHPM-94, (1994), 86.（日本金属学会）

4. 造 塊 法

4·1 概　　要

　圧延鋼材は，溶鋼から直接製造せず，鋼片と言われるスラブ(偏平鋼片)，ブルーム(大型鋼片)，ビレット(棒状小型鋼片)などの半成品(図1·5参照)を作り，これを更に圧延して鋼材とする．その方法には以前よりある造塊・分塊法と(ingot making)，1950年代より実用化された連続鋳造法(continuous casting)があり，現在では後者が全体の98％以上を占めている．

　これらの2方法を比較すれば図4·1のようである．造塊・分塊法では，成分と温度の調整を行った溶鋼は，炉内，取鍋または鋳型中にて脱酸し，鋳型に鋳造して鋼塊とする．鋼塊は型抜き後，均熱炉に入れて1470 K程度に均熱し，分塊ロールにて圧延して鋼片を得る．一方連続鋳造法では，溶鋼を脱酸後，取鍋より連続鋳造機に移し，直ちに鋼片を得る．

　この工程で特に問題になる事項は，脱酸，凝固，偏析，非金属介在物および鋼塊欠陥などである．

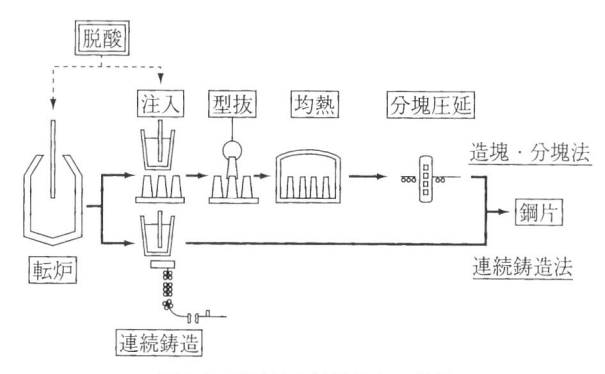

図4·1　鋼塊法と連鋳法との比較

4・2 脱　　酸

4・2・1 脱酸の原理

製鋼過程は溶鉄中炭素を酸化除去して，目標炭素濃度の鋼を吹錬する過程である．溶鉄中の[C]と[O]の間には[%C]・[%O]=m'(一定)の関係があるから，図3・11に見られるように，[%C]を低くすれば[%O]が高くなる．これを除去せずに凝固すれば，気泡の発生，酸化物系介在物の生成などにより鋼材の性質を著しく害する．それ故，溶鋼中[%O]を除去する必要がある．これが脱酸(deoxidation)の過程である．脱酸法には次の2方法がある．

(1) 拡散脱酸

既述のようにスラグーメタル間には酸素について次の反応がある．

$$(Fe_tO) \rightleftarrows [O] + Fe(l) \tag{3・53}$$

$$\log K(=a_O/a_{Fe_tO}) = -6150/T + 2.604 \tag{3・55}$$

ここでa_Oの濃度は質量%を用い，ヘンリー則を基準にする．a_{Fe_tO}はモル分率を使用し，溶鉄と平衡する溶融純酸化鉄の活量を1とする．故に1873 Kにては次式のようになる．

$$[a_O] = 0.21(a_{Fe_tO})$$

従ってスラグ中の(a_{Fe_tO})を低くすればメタル中$[a_O]$を低下せしめることができる．これを拡散脱酸と言い，電気炉製鋼法の還元期などがこの例である．最近では取鍋精錬法の発達により，十分撹拌ができるようになり，この方法で10～20 ppm[O]の鋼を溶製できるようになったが，未だ経済的に問題がある．

(2) 強制脱酸(化学脱酸)

溶鉄中に鉄より酸素に対する化学親和力の強い元素を添加し，脱酸生成物が溶鉄中に溶解度のない時は，次式により溶鉄中溶解酸素量[%O]は低下する．これを化学脱酸(chemical deoxidation)と言う．

$$x[M] + y[O] = (M_xO_y) \tag{4・1}$$

$$K = a_{M_xO_y}/a_M^x \cdot a_O^y \tag{4・2}$$

ここで，$a_{M_xO_y}$はモル分率表示でラウール則に活量の基準を取る．a_M, a_Oは質量%表示でヘンリー則基準とする．

したがって，次のようになる．

$$a_O = [\%O]f_O, \qquad f_O = f_O^O \cdot f_O^M \tag{4・3}$$

$$a_M = [\%M]f_M, \qquad f_M = f_M^M \cdot f_M^O \qquad (4 \cdot 4)$$

ここで,純粋酸化物($a_{M_xO_y} = 1$)が析出し,溶鉄中の[M]と[O]の濃度が低い範囲($a_O \fallingdotseq [\%O], a_M \fallingdotseq [\%M]$)では次のように書ける.

$$[\%M]^x \cdot [\%O]^y = K'(一定) \qquad (4 \cdot 5)$$

ここでK'のことを脱酸積(deoxidation product)と言う.従って[%M]と[%O]は双曲線的関係で変化する.主要な脱酸剤の大小関係を**図4・2**に,脱酸積を**表4・1**[1]-[13][24]に示した.

4・2・2 化学脱酸法

化学脱酸が効果的に行われるためには,(1)脱酸元素が酸素に対して強い親和力をもち反応速度の速いこと,(2)脱酸生成物の比重と融点が溶鉄に比較して低く,溶鉄より分離しやすいこと,(3)残留脱酸剤が鋼材の性質を害さないこと,(4)その価格が低廉であること,などが必要であり,次のような元素が実用されている.

すなわち,最も多く利用されている元素はMn, Si, Alの3種である.脱酸剤,合金剤として使用されている元素にはTi, V, Cr, C, Zr, Bなどがあり,特殊脱酸剤としてアルカリ土類金属のCa, Mg,および希土類元素としてRem, Ce, La,などがある.

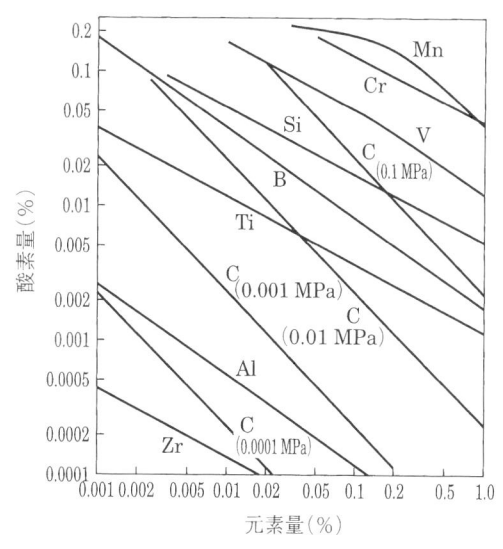

図4・2 溶鉄中における各種元素とOとの平衡関係(1873 K)

表4・1 溶鉄の脱酸反応の平衡定数, $K = a_M^x \cdot a_O^y / a_{M_xO_y}$

平衡定数 K	$\log K$	1873 K の K	e_M^M	1873 K の e_O^M	範囲	文献
$a_{Al}^2 \cdot a_O^3 / Al_2O_3(s)$	$-45300/T + 11.62$	2.7×10^{-13}	—	$-5750/T + 1.90$	%Al<1	(1)
$a_B^2 \cdot a_O^3 / B_2O_3(l)$	-800	10×10^{-8}	—	-0.31	%B<3.0	(2)
$a_C \cdot a_O / P_{CO}(g)$	$-1160/T - 2.003$ ($P_{CO} = 0.1$ MPa (1 atm))	2.4×10^{-3}	0.243	-0.421	%C<1.0	(3)
$a_{Ca} \cdot a_O / CaO(s)$	$-7220/T - 3.29$	7.2×10^{-8}	—	$-1.76 \times 10^6 / T + 627$	%Ca<0.01	(24)
$a_{Ce}^2 \cdot a_O^3 / Ce_2O_3(s)$	-17.1	7.9×10^{-18}	0.004	-64	%Ce<0.1	(4)
$a_{Cr}^2 \cdot a_O^4 / FeCr_2O_4(s)$	$-53420/T + 22.92$	2.5×10^{-6}	0.00	-0.055	%Cr<7	(5)
$a_{Cr}^2 \cdot a_O^3 / Cr_2O_3(s)$	$-36200/T + 16.1$	5.9×10^{-4}	0.00	$-123/T + 0.034$	%Cr=7〜46	(6)
$a_{Mn} \cdot a_O / MnO(l)$	$-12760/T + 5.62$	6.4×10^{-2}	0.00	-0.021	%Mn<1	(7)
$a_{Mn} \cdot a_O / MnO(s)$	$-11900/T + 5.10$	5.6×10^{-2}	0	-0.037	%Mn>4	(7)
$a_{Nb} \cdot a_O^2 / NbO_2(s)$	$-32780/T + 13.92$	2.6×10^{-4}	0.103	$-3440/T + 1.717$	%Nb<5	(8)
$a_{Si} \cdot a_O^2 / SiO_2(s)$	$-30110/T + 11.40$	2.1×10^{-5}	0.041	-0.066	%Si<3	(9)
$a_{Ti}^3 \cdot a_O^5 / Ti_3O_5(s)$	16.1	7.9×10^{-17}	—	-0.16	%Ti= 0.013〜0.25	(10)
$a_V^2 \cdot a_O^4 / FeV_2O_4(s)$	$-48270/T + 18.70$	8.5×10^{-8}	0.022	$-1050/T + 0.42$	%V<0.3	(11)
$a_V^2 \cdot a_O^3 / V_2O_3(s)$	$-43390/T + 17.60$	2.7×10^{-6}	0.022	$-1050/T + 0.42$	%V<4	(11)
$a_{Zr} \cdot a_O^2 / ZrO_2(s)$	$-57000/T + 21.8$	2.3×10^{-9}	0	-2.1	%Zr<0.2	(12)

最も多用されている Mn, Si, Al, の反応式および 1873 K の脱酸積は次のようになる．

$$[\mathrm{Mn}]+[\mathrm{O}]=(\mathrm{MnO})(\mathrm{s}) \tag{4・6}$$

$$\log K(=a_{\mathrm{MnO(l)}}/a_{\mathrm{Mn}}\cdot a_{\mathrm{O}})=11900/T-5.10 \tag{4・7}$$

$$[\%\mathrm{Mn}]\cdot[\%\mathrm{O}]=5.6\times10^{-2},\ 1873\ \mathrm{K}$$

$$[\mathrm{Si}]+2[\mathrm{O}]=(\mathrm{SiO_2})(\mathrm{s}) \tag{4・8}$$

$$\log K(=a_{\mathrm{SiO_2}}/a_{\mathrm{Si}}\cdot a_{\mathrm{O}}^2)=30110/T-11.40 \tag{4・9}$$

$$[\%\mathrm{Si}]\cdot[\%\mathrm{O}]^2=2.1\times10^{-5},\ 1873\ \mathrm{K}$$

$$2[\mathrm{Al}]+3[\mathrm{O}]=(\mathrm{Al_2O_3})(\mathrm{s}) \tag{4・10}$$

$$\log K(=a_{\mathrm{Al_2O_3}}/a_{\mathrm{Al}}^2\cdot a_{\mathrm{O}}^3)=-45300/T+11.62 \tag{4・11}$$

$$[\%\mathrm{Al}]^2\cdot[\%\mathrm{O}]^3=2.7\times10^{-13},\ 1873\ \mathrm{K}$$

これより分かるように，3元素の脱酸力を比較すれば，Al≫Si＞Mn の順である．

添加脱酸剤は Al，アルカリ土類金属，希土類金属では元素の形で使用されるが，他の脱酸剤は鉄合金(ferro alloy)の形で用いられる．フェロマンガン(Fe-Mn)，フェロシリコン(Fe-Si)などはその例である．また，これらの単独脱酸剤の外に，数種の脱酸剤を合金したシリコン・マンガン(Si-Mn-Fe)，カルシウム・シリコン(Ca-Si)や(Si-Al-Mn)，(Si-Mn-Al-Fe)，(Ca-Si-Mn)，(Si-Ti-Fe)など種々の合金剤が市販されている．

実際の脱酸作業では1種類の元素のみを使用することは希で，数種の脱酸剤を同時に添加する．これを複合脱酸と言う．複合脱酸では，(1)脱酸生成物間に相互溶解度がある場合や，脱酸生成物間で化合物を作る場合には，単独脱酸の場合より生成物活量が1より低下する．そのため脱酸反応は強化される．(2)脱酸生成物同士の反応により生成物が液体となり，生成物粒子の成長や分離などが容易となり，脱酸速度が促進される．**図4・3**[14]は Mn-Si 系複合脱酸につき Turkdogan が示した平衡論的計算例で，溶融シリケートの析出範囲では Mn の添加により Si の脱酸力が強化されている．

4・2・3 脱酸速度

(1) 化学脱酸の反応機構

溶鉄の脱酸を素過程に分けて考えると，(1)脱酸元素の溶鉄への溶解，(2)脱酸元素と酸素との化学反応，(3)酸化物の核生成，(4)核の成長，(5)生成物粒子の溶鉄からの分離，に分かれる．これらの中で最も遅い素過程が脱酸

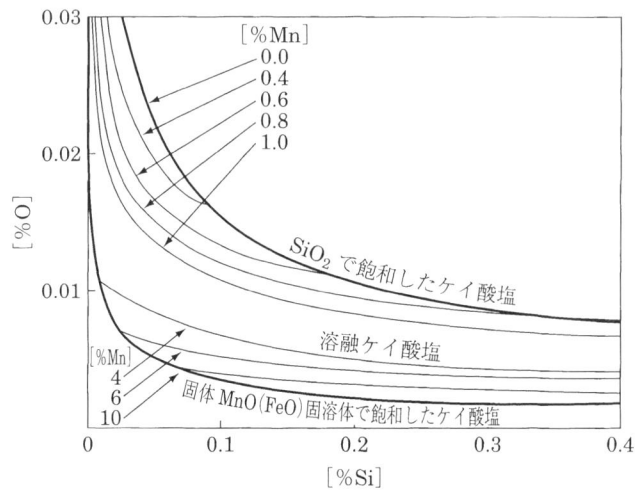

図4・3　Fe-Mn-Si系における複合脱酸の平衡関係，1873 K

速度を支配しているように見える．律速過程が何であるかは，実験条件や研究者により必ずしも十分に一致していない．図4・4に取鍋中に各種脱酸剤添加後の反応時間とT[O]（全酸素）量の関係を図示した．溶鉄中に脱酸剤添加後T[O]（全酸素量）一定となる時間は脱酸剤の種類により3～12分と大きく相違している．しかし，実操業における脱酸作業を総括すると，(1)～(4)までの素過程は瞬間的または可成速く，(5)の素過程すなわち生成物粒子の溶鉄からの分離が起きている結果をT[O]-時間曲線として測定していると考えられる．(5)の過程は静止浴と撹拌浴とでは大きく相違し，撹拌浴の方が一般に脱酸速度が数倍から数十倍も早く観測される．

(2)　静止浴の脱酸速度

古くより脱酸生成物を除去するには，脱酸剤添加後に取鍋を静置する事が勧められてきた．静止浴における脱酸生成物粒子の除去は，次に示すストークスの式に大略一致すると言われている[15]．

$$v = (2/9) \cdot gr^2(\rho_{Fe} - \rho_i)/\eta \qquad (4 \cdot 12)$$

ここで，v：粒子の浮上速度(m/s)，r：粒の半径(m)，$(\rho_{Fe} - \rho_i)$：溶鋼と介在物との密度差(kg/m)，g：重力の加速度(9.80 m/s^2)，η：溶鋼の粘性(Pa·s)．

上式によると，溶鉄と粒子間の密度差の大きいほど，生成物粒子径の大

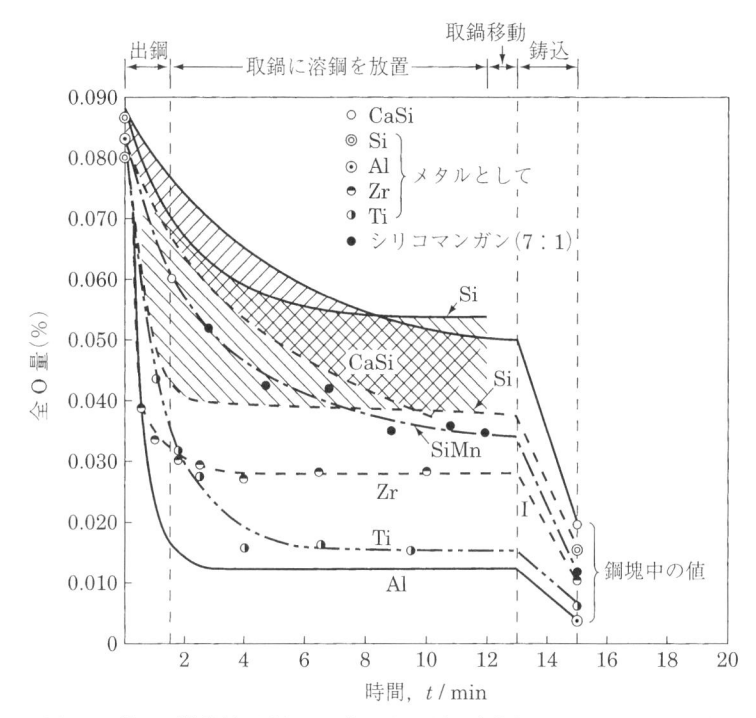

図4·4 種々の脱酸剤を添加した後の全O量の変化(Plöckinger-Wahlster)

きいほど,浮上分離速度が速くなることが分かる.
(3) 撹拌浴の脱酸速度

既述のように撹拌浴における脱酸速度は,静止浴のそれより数倍から数十倍も速く,現象論的に次に示す指数関数的関係[16]で変化し,鋼浴の撹拌が大きく影響することが知られている.

$$C = C_0 \cdot \exp(-kt) \qquad (4 \cdot 13)$$

ここで C は時間 t における T[%O], C_0 は初期における T[%O], k は見かけ脱酸速度定数である.**図4·5**[17]に溶鋼撹拌強度と介在物除去率の関係を示した.介在物除去率は撹拌強さと共に増加するが,あまり撹拌が強くなると溶融スラグ粒や耐火物片の巻き込みなどにより逆に減少し,最適撹拌強度のあることが分かる.

撹拌浴の脱酸速度を研究した2,3の報告[18][19]を総合すると,k の値は (1)取り扱い溶鋼量の少ないほど,(2)溶鋼-異相(耐火物,スラグ,ガス)な

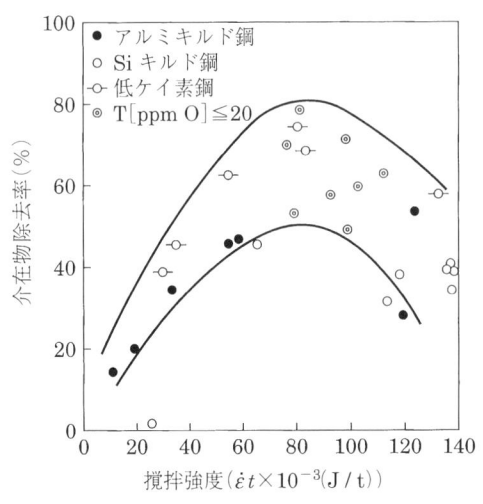

図4・5 溶鋼攪拌強さと介在物除去率との関係

どの異相界面積の大きいほど，(3)最適攪拌強度までは攪拌の強いほど，(4)脱酸生成物と耐火物間の反応性の強いほど，(5)初期過飽和度（$([a_\mathrm{M}]^x \cdot [a_\mathrm{O}]^y)$(初期値)/$[a_\mathrm{M}]^x \cdot [a_\mathrm{O}]^y$(平衡値)）の大きいほど，(6)高温であるほど，大きくなる．これは溶鋼中介在物粒子が溶鉄-異相間界面で捕捉されることにより減少していくと仮定すれば次式(18)で示される．

$$\kappa = (A/V)\dot{\varepsilon}^n \alpha \kappa' \tag{4・14}$$

ここで A：溶鉄-異相間界面(cm^2)，V 溶鋼量(cm^3)，$\dot{\varepsilon}$ 攪拌エネルギー($\mathrm{J/s \cdot t}$)，α：粒子形状や粒子-異相界面と反応性に関係する定数，κ'：定数，$n = 1.0 \sim 0.4$．

4・2・4 脱酸作業

脱酸作業においては，脱酸剤は脱酸力の弱いものから順に添加する．添加後は十分に攪拌して脱酸剤が迅速かつ均一に混合するようにする．その後は数分間静置してから鋳造作業に入る．脱酸生成物の分離が悪いと，非金属性介在物(nonmetallic inclusion)として鋼材中に残りその性質を低下せしめる．

脱酸剤添加時期には炉内脱酸，取鍋脱酸，鋳型脱酸がある．炉内脱酸はスラグ中(FeO)などとの反応により歩留が悪く，ばらつきが大きい上，復リン反応なども起きるため，Fe-Mnなどによる軽い脱酸に止める．取鍋

脱酸は合金歩留や成分適中率が高く，十分に脱酸すると同時に成分の均一化を計る．鋳型脱酸は最終的[%O]の調整のため行い，大量使用すると非金属介在物が多くなる．

また最近では炉外精錬法の発達により，溶解雰囲気の制御と有効な撹拌により適性且正確に脱酸反応を制御できるようになった．そのため後述するようにLFやVADなどの炉外精錬炉を設備して，炉外精錬の過程で最終的仕上脱酸を行う例が多い．また，これにより介在物の形態制御も可能になった．介在物の形態制御とは複合脱酸における平衡析出相の関係を有効に利用して，希望する化学組成または形状の介在物を析出させる方法である．

4・3 凝固と偏析

4・3・1 凝固現象

(1) 凝固組織

凝固現象が進むためには，結晶核の生成と，それに続く核の成長が必要である．核生成は均一融体中から同質固体の生成する均質核生成と，異質媒体の助けによって核生成する不均一核生成がある．いずれの場合も融体が平衡凝固温度より過冷(supper cooling)する事が必要で，純金属の均質核生成では300K近い過冷却をする場合もあるが，実際的な鋳型中では各種の異物が混入しているため，ごく少しの過冷で不均質核生成が起きる．

核生成に続いて起きる結晶の成長は，固体-液体界面付近における温度分布，流動，物質拡散，など多くの物理的，化学的因子に左右され複雑であるが，温度分布との関係を示すと図4・6のようで，一次結晶の形状が細長く異方性であるものを柱状晶(columnar crystal)，球状の等方性であるものを等軸晶(equiaxed crystal)という．また融体内の実温度と平衡凝固温度との関係より，界面は平らな界面，セル界面，デンドライト界面(柱状晶)，デンドライト界面(等軸晶)へと変化する．

(2) 凝固成長速度

凝固の基本現象は抜熱による固体の生成であり，熱移動の基本は次のフーリエの式に従う．

$$C\rho(\partial T/\partial T) = \frac{\partial}{\partial x}(\kappa \cdot \partial T/\partial x) \tag{4・15}$$

146   4. 造 塊 法

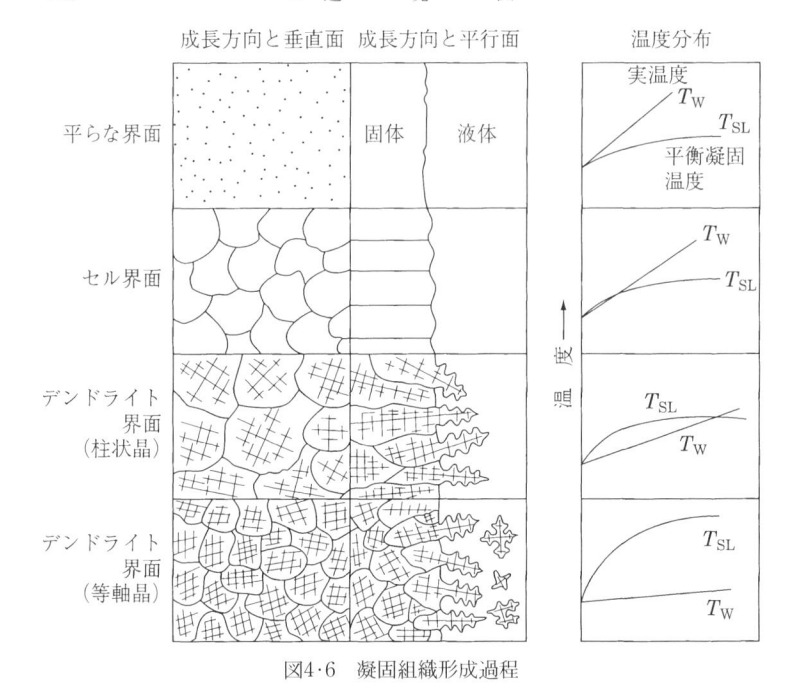

成長方向と垂直面　成長方向と平行面　　　温度分布

平らな界面　｜固体｜液体｜　実温度 T_W, T_{SL}, 平衡凝固温度

セル界面　T_W, T_{SL}

デンドライト界面（柱状晶）　T_{SL}, T_W

デンドライト界面（等軸晶）　T_{SL}, T_W

図4・6 凝固組織形成過程

ここで，C：比熱(J/kg·k)，ρ：密度(kg/m³)，κ：熱伝導率(J/(m·s·k))，T：温度(K)．

一方，現象論的には凝固厚さ D(m)は次式に従うことが知られている．

$$D = \kappa\sqrt{t} - a \tag{4·16}$$

ここで D：凝固厚さ(m)，κ：凝固速度定数(m/s$^{1/2}$)，t：凝固時間(s)，a：定数(m)．

すなわち，凝固相の厚さは時間 t の平方根に比例する．鋼では κ の値は鋼塊の大きさ，鋳型の種類，鋳造温度などにより変化するが大略(2.5〜4.0)×10^{-3}(m/s$^{1/2}$)程度である．

4·3·2 鋼塊の偏析

(1) 偏析

鋼は多くの場合，鉄を主成分とする合金であるから，凝固にあたり，始めに析出する物は合金元素濃度が低く，後に析出するほど合金濃度は高くなる．これが偏析(segregation)の第1の原因である．

表4・2 鋼中各成分の平衡分配係数

		C	Si	Mn	P	S	Al	O	H	N	Ni	Cr	Mo
K_0 :	δ-Fe	0.13	0.66	0.9	0.13	0.02	0.92	0.02	0.3	0.28	0.83	0.95	0.86
	γ-Fe	0.36	0.5	0.95	0.06	0.02	—	0.02	0.4	0.5	0.93	0.85	0.6

平衡状態を維持しながら凝固する時,固体と溶体の合金濃度比 $K_0(=C_s$(固相)$/C_l$(液相)$)$を平衡分配係数と言い,K_0 は 0 から 1 までの値を取る.$(1-K_0)$ の値は偏析係数と定義され,この値の大きいほど偏析しやすい.表4・2に鋼中各成分の平衡分配係数を示した.これよりS, O, P, C, N, Hなどは偏析しやすく,Cr, Al, Mn, などは偏析の少ないことが分かる.

実際の凝固偏析は平衡状態からは可成離れており,凝固速度,拡散,浴の流動などによって分配係数は変化する.この関係を実効分配係数(K_1)と言い,Burton[20]によって導出された次式が広く用いられている.

$$K_1 = \frac{K_0}{K_0 + (1-K_0)\exp(-f\delta/D)} \qquad (4\cdot17)$$

ここで,f:凝固速度(m/s),D:拡散係数(m²/s),δ:境界膜厚さ(m).

(2) 非金属性介在物

鋼中には酸化物,硫化物,窒化物やリン化物のような微細な非金属性の介在物が存在している.これらの中で精錬または造塊の過程で発生し,更にその後の熱間加工でも存在するものを非金属介在物(nonmetallic inclusion)と言う.これの少ない鋼を清浄度の高い鋼(clean steel)と呼ぶ.非金属介在物は酸化物系(oxide inclusion)と硫化物系(sulphide inclusion)がある.生因的には外来的(exogenous)なものと,内生的(indigenous)なものがある.前者は一般に大形で耐火物,スラグ,スカムなどが巻き込まれたもので地きずとも言う.後者は数 μm から数 10 μm の小さいもので脱酸生成物の残ったものである.

介在物は鋼材の欠陥となるので少ないことが望まれる.その除去に関する主要な現象は先に述べた脱酸速度と大体同じである.

4・4 造　塊　法

4・4・1　造塊作業

製鋼炉で精錬を終った溶鋼は，成分および温度の調整を行い，造塊工場に送って，鋳型に鋳造して鋼塊(ingot)を作る．この作業を造塊(ingot making)と言う．鋼材の良否を決定づける重要な最終作業である．

その様子を模式的に図4・7に示した．取鍋は容量200～300トンの耐火材料を内張した容器である．鍋の下部にはストッパーとノズルを取り付けているが，最近は油圧式のスライディングノズルが開発され利用されている．鋳型は鋳鉄製で内部にタール系，石油系，黒鉛系などの塗装剤を塗布している．

鋳造法には図4・7に見られるように，上注ぎと下注ぎがある．上注ぎ法では作業性はよいが，溶鋼飛沫により表面きずができやすい．下注ぎ法は鋳型内上昇速度が遅く，鋼塊肌も綺麗であり，割れの発生も少ないが，歩留が低下し，湯道耐火材の溶食による非金属介在物が多くなる．高級品は後者の方法を多く採用する．

4・4・2　鋼塊の内部性状

鋼塊の凝固後における内部性状は，鋼浴の脱酸の程度により著しく相違する．それ故，脱酸度の弱い方から強い方へ，リムド鋼(0.03～$0.045\%O$)，セミキルド鋼(0.015～$0.020\%O$)，キルド鋼(0.004～

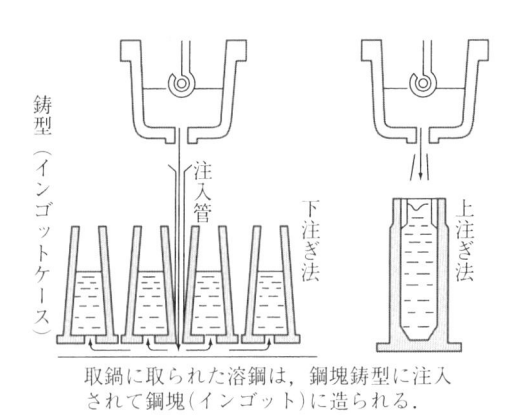

取鍋に取られた溶鋼は，鋼塊鋳型に注入されて鋼塊(インゴット)に造られる．

図4・7　造塊作業

0.007%O)のように分類される．これを**図4・8**(c), (b), (a)に示した．

(1) キルド鋼(killed steel)

Fe-SiやAlを使用して十分脱酸した溶鋼を鋳造凝固したものがキルド鋼である．キルド鋼では凝固過程でガス発生はなく静かに凝固するが，最終凝固部分に溶鋼の凝固収縮に原因する引け巣（パイプ）が発生する．この部分は切り捨てになるので，普通は押湯を設けて引け巣を集めて歩留の向上を計る．（図4・8(a)参照）

キルド鋼は偏析が少なく，内部は比較的に均質且健全である．それ故，高い機械的信頼度を要求する鋼材に用いられるが，押湯の費用と歩留に問題がある．

キルド鋼塊のマクロ組織は図4・8(e)に示すように，最外層はチル晶，内部は等軸晶のキルド鋼塊特有の沈殿晶よりなり，その上部にV偏析，逆V偏析などが発生する．

(2) リムド鋼(rimmed steel)

最も脱酸度の低い鋼であり，多量の[O]を溶鋼中に残しているので，凝

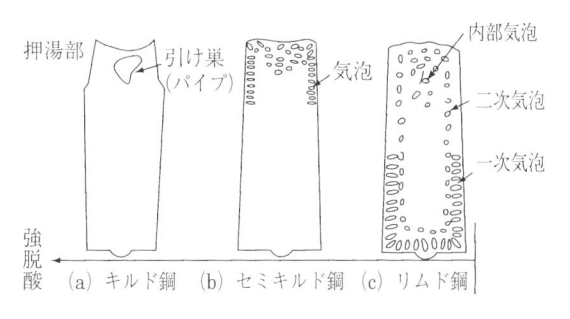

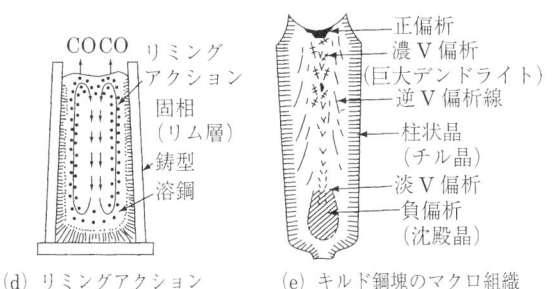

図4・8 鋼塊の内部性状

固の開始から一次結晶の析出や温度の低下により,溶鋼残液中の[%C]と[%O]が高くなり,[C]+[O]→CO(g)の反応が起こり,図4・8(d)に見られるように鋳型内で激しい沸騰現象が起きる.これをリミング作用(縁付き作用)と言う.リミング作用により凝固層中の不純物が洗い流され,最外縁に比較的純度の高いリム層が生成する.鋼塊下部ではリム層の内側の柱状晶内にCO(g)が捕捉され管状一次気泡を発生する.中間付近で一次気泡は消失し,柱状晶と自由晶の境目に二次気泡を発生する.更に最終凝固部分に不規則な内部気泡を発生する(図4・8(c)参照).しかし,これらの気泡は次の圧延過程で圧着する.リム層は純粋であるが,その内側ではC, S, Pなどの偏析が大きく材質的にキルド鋼より劣る.しかし鋼塊の歩留は高く,最外殻は綺麗なリム層でできているため表面は美しく,鋳肌が問題にされる薄板,線材などとして利用される.

(3) セミキルド鋼(semi-killed steel)

前2者の中間的脱酸度の鋼塊(図4・8(b)参照)である.鋳型内ではリミング反応を起さず静かに凝固させるが,鋼塊上部に若干の気泡を発生させて凝固収縮によるパイプを無くし,内部はキルド鋼に近い均質な鋼塊としたものである.すなわちリムド鋼と同じ歩留の向上を計り,質的にはキルド鋼に近いものとした中間製品である.

(4) 鋼塊の欠陥

鋼塊には気泡,偏析,非金属介在物などの内部欠陥の外に,表面欠陥として,肌不良,表面気泡,き裂,割れ,などの欠陥が脱酸や造塊作業の不適性により発生する.

4・5 連 続 鋳 造

4・5・1 概　　要

造塊・分塊法では溶鋼より鋼塊を作り,これを分塊ロールにて圧延して鋼片を得る.これに対し溶鋼から連続的に直接,鋼片を製造する方法が連続鋳造法(continuous casting, CCと略す)である(図4・1参照).

連続鋳造の概念は1850年頃すでにH. Bessemerより提案されていたが,1920年頃に到りS. Junghausにより非鉄金属類に利用された.その後1950年代に入ってI. Rossiにより鋼に応用され実用化されて,Rossi-Junghaus法として確立し,急速に普及した.現在日本における鋼の連続鋳造

4·5 連続鋳造　　　　151

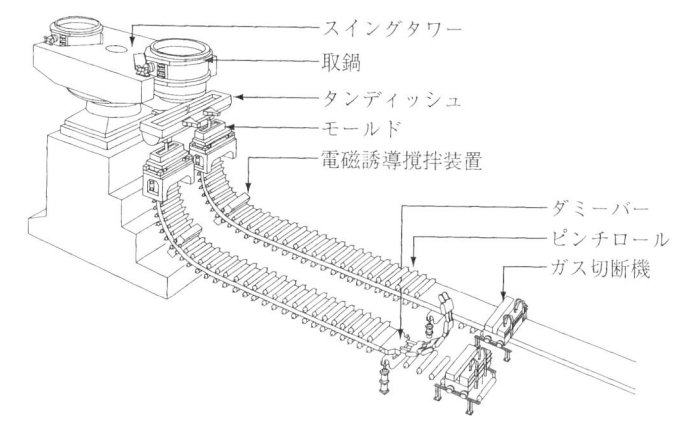

図4·9　連続鋳造設備例
（出所：日本鉄鋼連盟）

率は98%以上である．
　連鋳法が造塊・分塊法に比較して優れている点は次のような点である．
　(1)　鋼片の歩留が従来法に比較して8〜10%向上する．
　(2)　製造工程の省略(図4·1参照)により，消耗品費，エネルギー費，人件費などを大幅に節約できる．
　(3)　建設費は造塊・分塊法に比較して60%程度減少する．
　(4)　鋼片の材質も従来法に比較して，偏析，気泡が少なく，均質であり表面状況もよい．
　(5)　工場内の作業環境が著しく向上する．
　連続鋳造設備の全体構造の一例を図4·9に示した．連続鋳機の高さは，小形のものでは数 m，大形のものでは30数 m に及ぶ．

4·5·2　連続鋳造設備と操業

　連続鋳造設備にも種々の型式のものがあるが，代表的な設備の基本要素を示せば図4·10のようである．すなわち，取鍋→タンディッシュ→鋳型→スプレー帯→ピンチロール→矯正ロール→切断装置，よりなっている．
　(1)　取鍋(ladle)
　製鋼炉より溶鋼を取鍋に移し，脱酸すると同時に，取鍋底部より Ar(g) を吹き込み，溶鋼の成分と温度の均一化を計る．また，この時非金属介在物の多くが除去される．

152   4. 造　塊　法

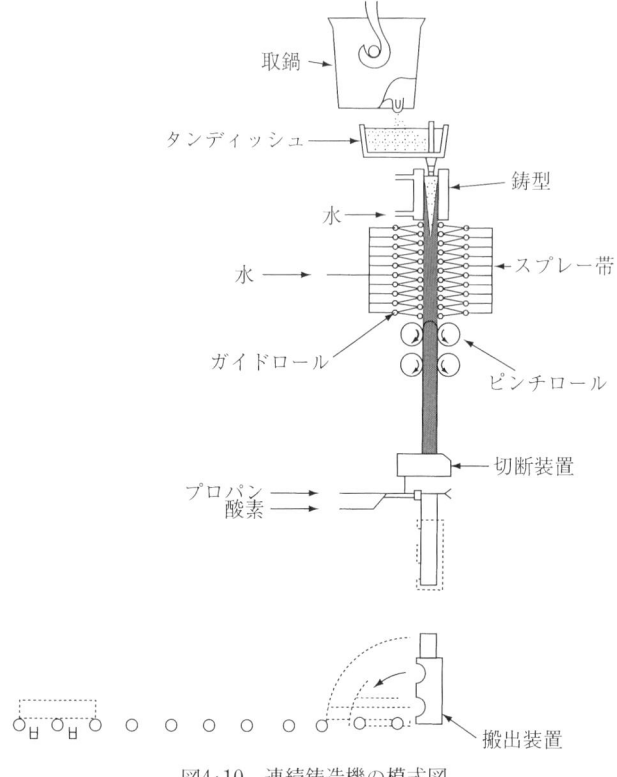

図4·10　連続鋳造機の模式図

(2)　タンディッシュ(tundish)

　鋳造速度を一定に保ち，溶鋼の流れを整える中間容器である．ここでも介在物の除去が計られる．また鋳込温度は極めて重要であり，タンディッシュ内の温度で，その鋼の凝固点より，スラブで10～20 K，ブルーム，ビレットで20～50 K程度高く管理される．鋳込速度は，速ければ生産性は向上するが，欠陥発生の問題があり，鋼片断面寸法や鋼種によって異なる．一例を示せば図4·11[21]のようである．鋼片厚みが厚くなるほど鋳込速度は低下させる．

(3)　鋳型(mould)

　鋳型は銅または銅合金製で，その外側を水冷する．また溶鋼と鋳型内面の融着を防止するため上下方向に静かに振動し，潤滑剤として連鋳パウダーを添加する．

図4・11 連続鋳造の鋳込速度

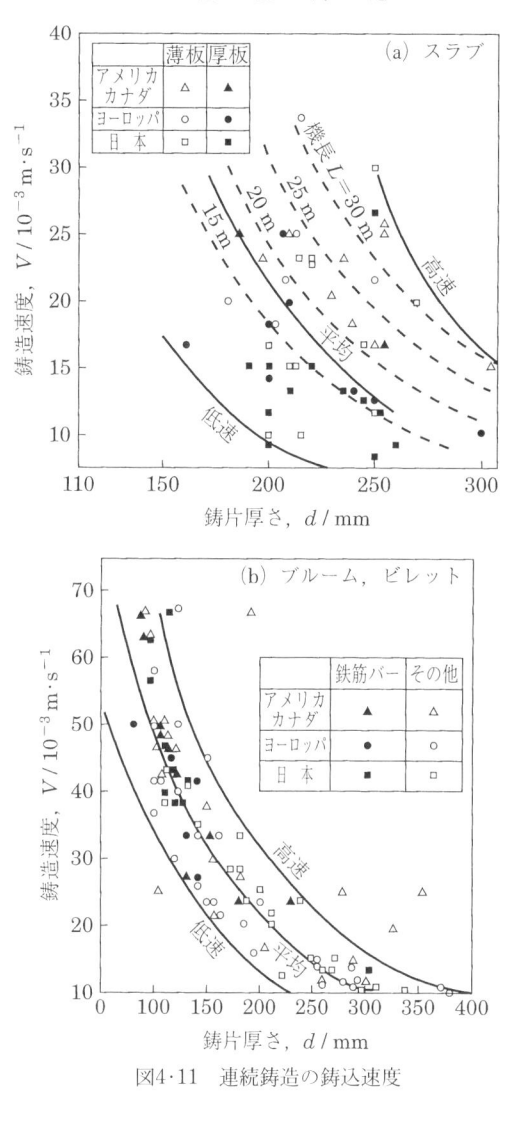

　連鋳パウダーの一例を示すと**表4・3**[22]のようである．CaO-SiO_2-Al_2O_3 系合成スラグに，融点と粘度を制御するためアルカリ性物質と CaF_2 を添加し，更に溶融速度を調整するため微粉カーボンを加えたものである．その融点は 1270～1470 K，粘性 0.5～2.0 Pa·s(1673 K)，$CaO/SiO_2 \cong 0.6$～

表4·3 鋳型内パウダの例

パウダ名柄	成 分(%)						塩基度 (CaO/SiO$_2$)	粘度 (Pa·s) (1673 K)
	CaO	SiO$_2$	Al$_2$O$_3$	Na$_2$O	F$^+$	T.C		
厚板用 A	38.1	34.2	8.0	5.6	5.7	5.5	1.1	0.16
〃 B	38.2	37.2	7.6	7.9	5.7	3.8	1.0	0.32
〃 C	28.6	47.3	1.8	8.4	2.4	4.0	0.6	0.96
薄板用 A	34.0	34.0	5.5	8.8	5.1	5.6	1.0	0.14
〃 B	32.8	33.3	8.4	10.3	5.7	3.8	1.0	0.11
〃 C	32.4	40.0	1.5	8.7	2.0	5.3	0.8	0.75
ブルーム用	32.4	39.5	1.5	11.2	3.8	3.1	0.8	0.65
ステンレス用	36.0	41.9	1.4	9.1	3.1	0	0.9	0.74

1.2程度である．パウダー添加の目的は(1)鋳型と鋳片間の潤滑，(2)鋳型内溶鋼表面の酸化防止，(3)浮上した介在物の捕捉，(4)鋳型内溶鋼表面の保温，などである．

(4) スプレー帯(spray zone)

スプレー帯は鋳型を出た鋳片の支持案内ロールと冷却スプレーよりなり，冷却を主目的としている．鋳型を出た鋳片は表面層は凝固しているが，中心部分は溶融状態にある．そのため溶鋼の静圧により外側に膨れる(bulging)力が作用する．これを多数のロールで押えると同時に鋼片を下方に引く．またロールの間から高速水ジェットにより鋼片を急冷して凝固せしめる．ロールにより押える圧力と送り速度，および適正な冷却は，鋳片の内部組織や品質に重大な影響をもっている．

(5) ピンチロール(pinch roll)

鋳片を引き抜く駆動力を与えるロールである．ピンチロールの出口では鋳片は中心まで完全に凝固していることが必要であり，引き抜き速度とスプレー帯冷却水量を自動的に制御している．

(6) 矯正ロール(reformation roll)

曲げ型連鋳機では鋳片を真直に矯正する．

(7) 切断機(cutter)

切断機は連続した長い鋳片を所定長さに切断する．溶断方式と切断方式がある．

(8) ダミーバー(dummy bar)

連鋳機の鋳型には底がない．従って鋳造開始に鋳型の底部に移動式の溶

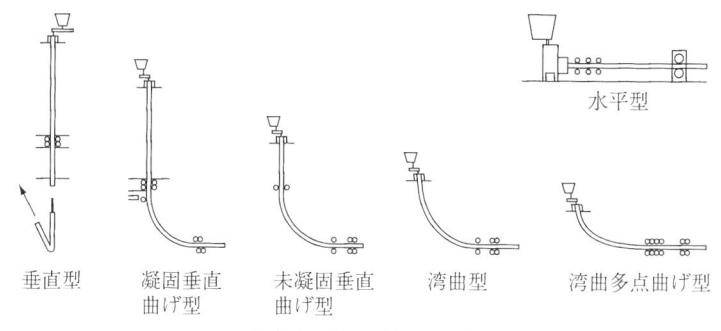

図4・12 連続鋳造の型式

(垂直型／凝固垂直曲げ型／未凝固垂直曲げ型／湾曲型／湾曲多点曲げ型／水平型)

鋼洩れ防止用の底を付ける．これをダミーバーと呼ぶ．

(9) 電磁誘導撹拌装置と凝固末期軽圧下装置

連続鋳造鋼片の内部欠陥の一つに中心偏析があり，最終凝固部分の鋼片中心部にS, O, P, Cなどの偏析しやすい成分が濃縮する．これを防ぐ方法の一つとして図4・9に見られるように，電磁力による撹拌を行い中心偏析部分を大きくぼやかすことや，凝固末期の適性固相率の部分で鋳片を軽く圧下して不純物濃厚残液を追い出す軽圧下などが行われている．しかし設置方法や位置が適正でないと逆効果になる場合がある．

4・5・3 連続鋳造機の設備型式

連続鋳造機の設備型式は図4・12に示すように分類されている．

垂直式は設備が簡単で，製造した鋼片の欠陥も少ない事よりまず垂直式が完成した．しかし大型機では工場建物が30 m以上にもなるため，曲げ型，湾曲型のように高さの低いものが開発され今日に到っている．そして遂に水平型が開発され，ステンレス鋼ビレットなどでは試験に成功しているが，未だ今後の研究課題と言える．

4・5・4 連鋳鋼片の欠陥

連続鋳造の3大技術課題は，介在物，偏析，割れであり，鋼片欠陥の発生場所により表面欠陥と内部欠陥に分けられる．

(1) 表面欠陥

面縦割れ，コーナー縦割れ，横ひび割れ，コーナー横割れ，ディプレッション（表面の凹み），のろかみ，気泡，スタークラック（引き抜き時に鋳型内壁のCuを削り取り，Cu脆化を生じ，局部的に発生する微細な割れ）などがある．

表4・4 製品によって要求される介在物の大きさ

分類	用途	製品ニーズ	目標介在物レベル
薄鋼板	①DI缶	a. 製缶時の割れ防止	*d(介在物系)<40 μm
	②超深絞り用鋼板	a. r<2.0～3.0 b. 高張力化, 極薄化	*d<100 μm *析出介在物制御 　(炭化物, 窒化物)
	③ディスク材	a. 孔拡げ加工 　(加工度>70%)	*d<20 μm(MnS系)
	④リードフレーム材	a. 打抜き加工時の割れ防止	*d<5 μm
	⑤シャドーマスク材	a. エッチングむら解消, プレス加工時の割れ防止	*d<5 μm
厚鋼板	ラインパイプ材	a. 耐HIC性の確保 　(NACE条件のクリア) b. 応力付加+NACE条件のスペック化	*介在物形態制御の高精度化 MnS, アルミナ→完全球状介在物化
棒鋼	軸受け鋼	a. 転動疲労寿命の向上	*d<15 μm 　(ASTM-B, D系) *T[O]<10 ppm
線材	①タイヤコード	a. 高強度化 b. 伸線時の断線防止	*非延性介材物の低減 *d<15 μm *T[O]<10 ppm
	②ばね鋼	a. 高強度化と疲労寿命の向上	

(2) 内部欠陥

中心偏析,センターポロシティ,内部割れ,大型介在物などがある.

特に介在物による欠陥は多く,製品により厳しい制限がある.表4・4[23]に特に介在物について厳しい材料と,その目標とされる介在物の大きさの期待値を例として示した.

これらの介在物に関する欠陥は,連鋳時における空気酸化や,残留スラグによる酸化および,その巻き込みなどによるものが多い.それ故,高級材料については,空気を遮断してArを流す無酸化鋳造や,残留スラグの改質(AlやCaO+アルミ灰を添加してスラグ中(FeO+MnO)<2～3%とする)することが一般化しつつある.図4・13[23]に連鋳時における欠陥発生の原因と,その防止法の一例を示した.

4·5 連続鋳造

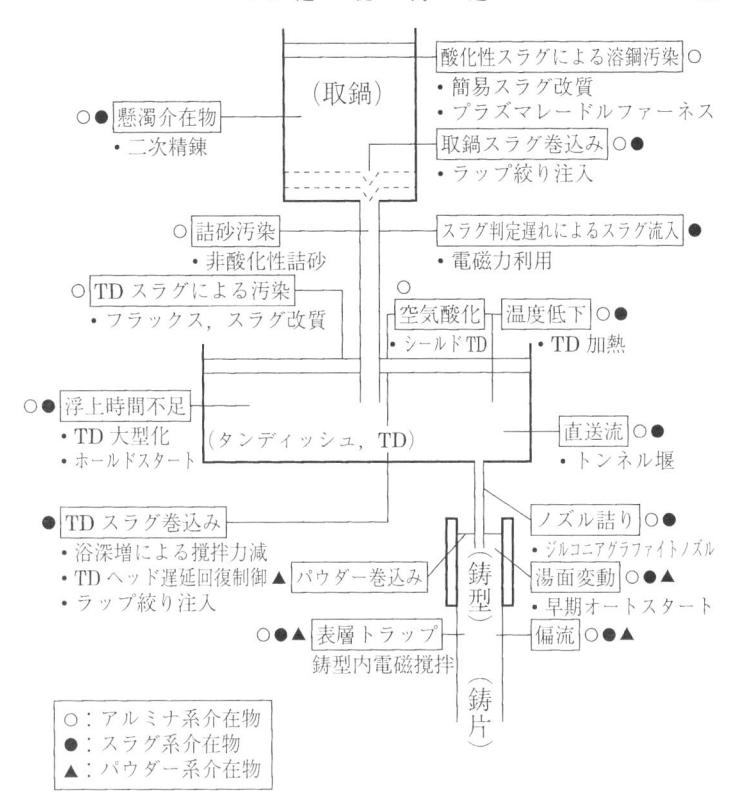

```
                    ┌─────────────┐   酸化性スラグによる溶鋼汚染 ○
                    │   (取鍋)     │   ・簡易スラグ改質
  ○● 懸濁介在物     │             │   ・プラズマレードルファーネス
     ・二次精錬     │             │   取鍋スラグ巻込み ○●
                    │             │   ・ラップ絞り注入
                    └──────┬──────┘
           詰砂汚染         │     スラグ判定遅れによるスラグ流入 ●
           ・非酸化性詰砂   │     ・電磁力利用
     ○ TD スラグによる汚染 │    ○
        ・フラックス,スラグ改質  空気酸化   温度低下 ○●
                                ・シールドTD ・TD加熱
  ●○ 浮上時間不足
     ・TD 大型化      (タンディッシュ,TD)    直送流 ○●
     ・ホールドスタート                     ・トンネル堰
                              │
  ● TD スラグ巻込み           │           ノズル詰り ○●
    ・浴深増による撹拌力減    ┌─┴─┐       ・ジルコニアグラファイトノズル
    ・TDヘッド遅延回復制御▲  │鋳型│       湯面変動 ○●▲
    ・ラップ絞り注入    パウダー巻込み       ・早期オートスタート
                              │
                       ○●▲ 表層トラップ    偏流 ○●▲
                         鋳型内電磁撹拌
                             (鋳片)
```

○：アルミナ系介在物
●：スラグ系介在物
▲：パウダー系介在物

ラップ絞り注入：溶鋼流出ノズルを絞り流出速度を低下させる
詰砂：スライデンクノズル開閉口の可動性増進用固体砂
ホールドスタート：タンデッシュ中に溶鋼を満してから注入を開始する
トンネル堰：タンデッシュ内溶鋼流れ方向を変える堰
TDヘッド遅延回復制御：タンデッシュ内溶鋼深さ遅延の回復制御
早期オートスタート：鋳型内湯面高さ自動制御装置を早く始動する

図4·13　連鋳における欠陥発生原因とその防止法

4·5·5　新しい連続鋳造法

　最近は工程の省略化により，必要エネルギーの低減，所要工程時間(転炉→製品)の短縮などが計られている．そのような方法として熱片装入法や直送圧延法が開発された．

　それらの関係を図4·14に示した．(a)は従来法で，連鋳で得られた鋼片を冷却し，表面欠陥の手入れをしてから加熱炉に入れ，加熱後に圧延して

158　　　　　　　　　4. 造　塊　法

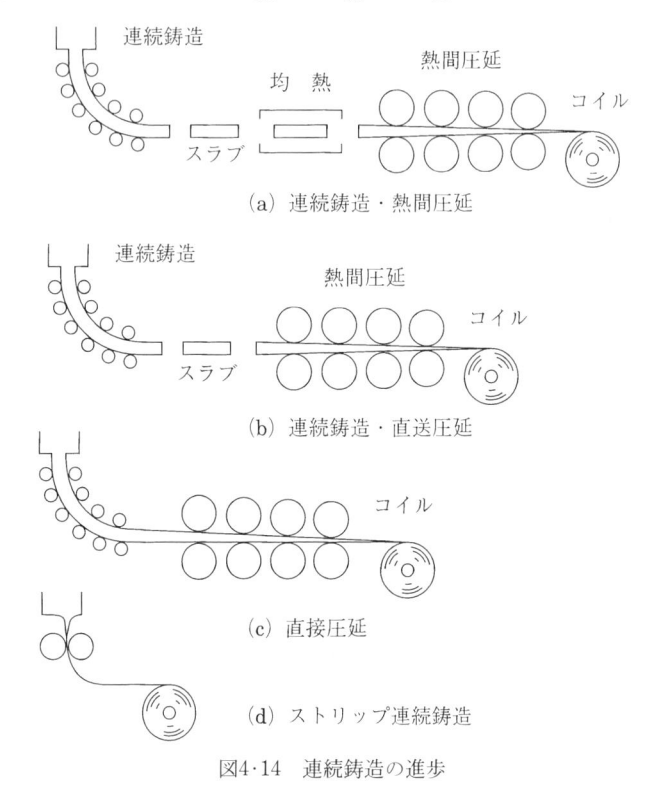

(a) 連続鋳造・熱間圧延

(b) 連続鋳造・直送圧延

(c) 直接圧延

(d) ストリップ連続鋳造

図4·14　連続鋳造の進歩

鋼材(例えば熱延コイル)を得る．所要エネルギー量は13.4×10^5 kJ/トン，所要時間は30時間以上である．これに対して連鋳後直ちに高温の加熱炉に入れ，次いで圧延工程に入るものが熱片装入法である．また更に連鋳直後直ちに高温鋼片のまま圧延に入るのが直送圧延で(b)の例である．直送圧延では連鋳工程と圧延工程の時間が均り合うように，連鋳速度を高速にすること，無欠陥鋼片を製造するなどの必要がある．これらの問題を解決し，直送圧延では所要エネルギー3.34×10^5 kJ/トン，所要工程時間は2時間程度となった．

また最近では(c)に示すように連鋳から直接的に圧延する直接圧延法，更に(d)のように連鋳より直ちにストリップを鋳造する，ストリップ連鋳法などが提案され，(d)はステンレス鋼などでは試作に成功している．

参 考 文 献

(1) 伊藤裕恭，日野光兀，萬谷志郎：鉄と鋼，**83**(1997), 773.
(2) Z. Buzek: *Chemical Metallurgy of Iron and Steel*, ISJ, London, (1973), p. 173.
(3) 萬谷志郎，的場幸雄：鉄と鋼，**48**(1962), 925.
(4) 鈴木健一郎：学振19委—No. 10587，(昭59年11月).
(5) 坂尾　弘，佐野幸吉：学振19委—8375, (昭和42年2月).
(6) T. Itoh, T. Nagasaka and M. Hino: ISIJ. Int., **40**(2000), 1051.
(7) K. Takahashi and M. Hino: High Temp. Mater. and Proc., **19**(2000), 1.
(8) K. Narita and S. Koyama: Trans. ISIJ, **9**(1969), 53.
(9) 的場幸雄，郡司好喜，桑名　武：鉄と鋼，**45**(1959), 1328.
(10) K. Suzuki and K. Sanbongi: Trans. ISIJ, **15**(1975), 618.
(11) D. A. R. Kay and A. Kontopoulos: *Chemical Metallurgy of Iron and Steel*, Pub. ISI, London, (1973), 178.
(12) O. Kitamura, S. Ban-ya and T. Fuwa: The Second Japan-USSR Joint Symposium of Physical Chemistry of Metallurgical Proceses, Special Report No. 10, ISIJ, (1969), p. 47.
(13) 製鋼反応の推奨平衡値：日本学術振興会，製鋼第19委員会，(1984・Nov.).
(14) E. T. Turkdogan: *BOF Steelmaking*, volume Ⅱ, ISS, AIME, (1975), p. 167.
(15) 宮下芳雄：鉄と鋼，**52**(1966), 1049.
(16) 川和高穂，大久保益太：鉄と鋼，**53**(1967), 1569.
(17) 北村和夫，竹之内朋夫：融体精錬反応の物理化学とプロセス工学，日本鉄鋼協会編，(1985), p. 291.
(18) 萬谷志郎，小川晴久，不破　祐：鉄と鋼，**64**(1978), 1694.
(19) 江本寛治，山本武美，飯田義治，大井　浩，西岡武三郎：鉄と鋼，**63**(1977), 2043.
(20) J. A. Burton, R. C. Prim and W. P. Slichter: J. Chem. Phys., **21**(1953), 1987.
(21) IISI: *A Study of the Continuous Casting of Steel*, (1977), p. 6, p. 16.
(22) 鉄鋼便覧第3版，Ⅱ製銑製鋼：日本鉄鋼協会編，丸善，(1979), p. 638.
(23) 梅沢一誠，江阪久雄：凝固プロセス研究の最近の進展：日本学術振興会製鋼19委員会，(1998・3月), p. 14.
(24) 伊藤裕恭，日野光兀，萬谷志郎：鉄と鋼，**83**(1997), 695.

5. 炉外精錬法

5·1 量産鋼の炉外精錬

　従来より大量生産鋼種は，高炉，転炉，電気炉などの炉内にて製精錬されてきた．これに対して最近では溶鉄の搬送容器である，トーピードカー，溶銑鍋や取鍋内で，予備的精錬や仕上精錬をすることにより，高品質鋼の生産やスラグ排出量を低減せしめる，製精錬炉・炉外精錬法が一般化してきた．これを炉外精錬法または取鍋精錬法[1]-[4]（ladle metallurgy）と言う．取鍋精錬法は高炉—製鋼炉間で溶銑を予備的に処理する溶銑予備処理（hot metal processing）と，製鋼炉—連鋳間で溶鋼を処理する二次精錬法（secondary steelmaking）がある．その主目的は，

　溶銑予備処理：(1)脱硫，(2)脱ケイ，(3)同時脱リン・脱硫，

　二次精錬：(1)脱ガス（H, N, CO），(2)脱硫，(3)脱炭，(4)脱酸，(5)介在物の除去，(6)介在物の形態制御，(7)成分および温度の調整，

などである．

　溶銑予備処理は既に長い歴史がある．これに対し二次精錬法は，1950年頃，取鍋底部よりArガスをバブリングして溶鋼を撹拌し，取鍋内溶鋼の温度・成分の均一化や介在物の除去を図ったGazal法（フランス）．同じく1950年代，大型鋳鍛鋼品の水素に原因する欠陥（白点，毛割れなど）を防ぐ真空造塊法（Bochumer法，ドイツ）などの簡単な方法より始まり，その後は多くの機能をもつ方法が開発され急速に発展した．

　このような着想は古くよりあり，試験もされてきたが，近年急速に進歩したのは，

　(1)　技術の進歩に伴い，使用者側の品質要求が厳しくなってきた．

　(2)　純酸素転炉（BOF）により出鋼温度に対する制約が広くなった．

　(3)　高能率スチーム・エジェクタ（真空ポンプ），耐火物，Arの大量供給など，周辺技術が大きく進歩した．

などの理由による．

5·2 溶銑予備処理法

溶銑組成と最終製品組成との差による，転炉の不純物除去の負荷が大きい時，溶銑の段階でS, Si, Pなどを予備的に除去する．

5·2·1 溶銑の脱硫

純酸素転炉(BOF)の脱硫率は普通操業では40～60％であり，溶銑中硫黄の高い時に，脱硫剤を添加して予備的に脱硫してから製鋼工程に移る．

本法は古くより行われて来た方法であり，脱硫剤としては，硫黄との化学親和力の強い金属や，硫黄吸収能の高いフラックスを添加する．金属としてはCa, Mg, Rem(希土類元素混合物)，フラックスとしてはNa_2CO_3, CaC_2, マグコーク(Mg+Coke)，石灰窒素，生石灰，アルミ灰+CaO，アルミ灰+CaO+CaF_2などがある．Na_2CO_3やアルミ灰+CaO+CaF_2などは脱硫力が強く使用しやすい．

添加法としては，高炉鋳床，溶銑鍋，トーピードカーなどに，単なる添加，添加して撹拌する，窒素をキャリヤーガスとしてインジェクションするなどがある．脱硫剤と溶銑との接触をよくし，よく撹拌することが大切である．そのため図5·1[5]に示したような多くの予備脱硫法が提案されている．1, 2の例を示すと，インジェクション法により$NaCO_3$粉を4kg/トン，5分間吹き込んで脱硫率50～60％を，またKR法ではCaC_2粉を2～3kg/トン添加し，インペラを80～120 r.p.m回転して，80～90％の脱硫率を得ている．

5·2·2 溶銑のリン・硫黄同時除去

溶銑中のリンと硫黄を同時に除去して，次の転炉における精錬負荷を軽くし，同時に低リン・低硫黄の高級鋼を精錬する試みは1970年代後半から行われるようになった．溶銑中のリンは純酸素転炉内反応でも述べたように，溶銑中ケイ素のほとんどが酸化除去された後に急速に酸化除去される．これからも分かるように，溶銑中リンを除去するためには，溶銑中ケイ素は0.2％以下であることが必要である．しかし，一般の高炉ではこれより高い[％Si]＝1.2～0.4程度の銑鉄を生産するので，脱リン処理に先立って脱ケイ処理が必要である．

(1) 溶銑の脱ケイ処理

溶銑の脱ケイ処理[6][7]では脱ケイ剤として，ミルスケール，焼結鉱，砂

① 置注法　　　　　　　　② PDS法

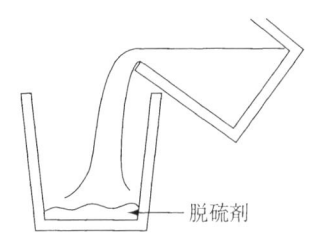

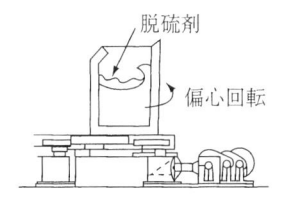

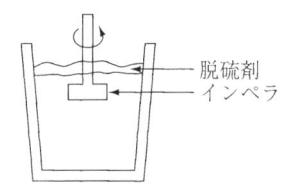

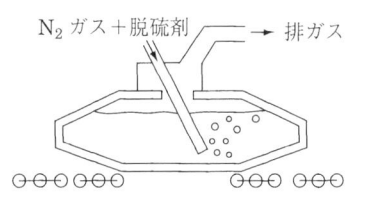

③ シェーキングレードル　　④ トーピードカー脱硫法
　　　　　　　　　　　　　　（インジェクション法）

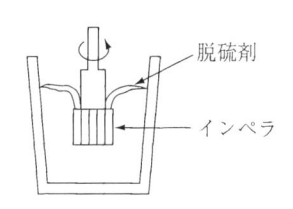

⑤ 機械攪拌法　　　　　　　⑥ 機械攪拌巻込法
　（Rheinstahl法）　　　　　（KR法）

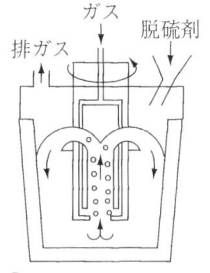

⑦ ガス吹込環流攪拌法　　　⑧ 攪拌式連続脱硫法

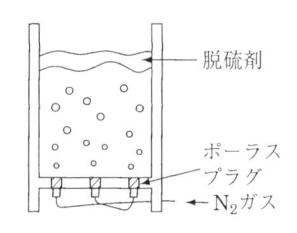

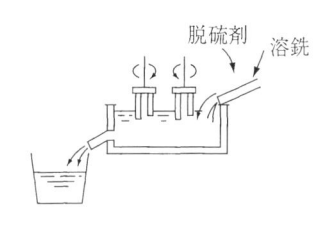

図5·1　溶銑の予備脱硫方法

鉄などの酸化鉄粉が使用される.

脱ケイ方法には鋳床脱ケイ方式と,トーピードカー内脱ケイ方式が採用されている.前者では,高炉炉前鋳床にて,高炉スラグを分離後,溶銑樋や傾斜樋に前記脱ケイ剤を連続的に添加する.また後者では,ArやN$_2$などをキャリャーガスとして,脱ケイ剤をトーピードカー内溶銑中にインジェクションする.脱ケイは比較的容易であり,前者の方が簡便であるため多く利用されている.

(2) 溶銑の同時脱リン,脱硫処理

(a) 添加剤

溶銑の脱リンと脱硫反応は,先にも述べたように,高塩基性スラグが有利であることを除けば,温度と雰囲気酸素ポテンシャルは相反する関係にある.それ故,脱リン・脱硫剤は高塩基性のNa_2CO_3(ソーダ灰)[6]系とCaO系[7]のものが使用されている.

図5·2に[6][8] Na_2CO_3単身,$CaO-Al_2O_3-Fe_2O_3$(4:1:5),$CaO-CaF_2-Fe_2O_3$(2:1:3)および$CaO-CaF_2-CaCl_2-Fe_2O_3$(6:1:1:8)の4種の脱リンフラックスを40 kg/トン添加した時の溶銑中リンおよび硫黄濃度の時間変化を示した.ソーダ灰は脱リン・脱硫とも除去率が高く,反応速度も早い.CaO-ハライド(またはAl_2O_3)-Fe_2O_3系フラックスでは,脱リンは3種とも同程度であるが,脱硫は$CaO-Al_2O_3-Fe_2O_3$系フラックスが著しく悪いことが分かる.

図5·3[8][9]はNa_2CO_3とCaO-ハライド(または酸化物)-50%Fe_2O_3系添加剤の脱硫率(η_S)と脱リン率(η_P)の関係を調査した結果を示す.Na_2CO_3は脱リン率(η_P),脱硫率(η_P)とも高く最も優れているが,耐火物の浸食,溶銑温度の低下,経済性などの点で問題があり,石灰系が主として使用されている.$CaO-CaF_2-Fe_2O_3$(2:1:3)系および$CaO-CaF_2-CaCl_2-Fe_2O_3$(6:1:1:8)などが多く実用されている.

(b) 処理方式

同時脱リン・脱硫の処理方式としては溶銑鍋方式,トーピードカー方式および転炉方式などが開発されている.**図5·4**[10]にトーピードカー方式による溶銑予備処理設備の一例を示す.本法では鋳床脱ケイとCaO系脱リン剤によるトーピードカー内での脱リン・脱硫を基本としており,溶銑脱リン・脱硫の時に発生したスラグは,鋳床脱ケイの時の添加剤として再利用する.**図5·5**[11]は溶銑鍋方式による溶銑予備処理設備の一例である.本

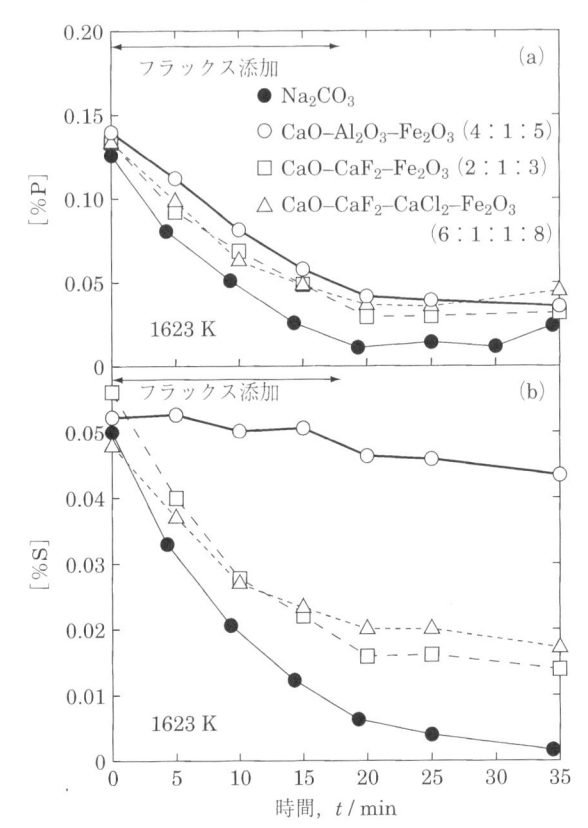

図5·2 実験室における同時脱リン(a),脱硫(b)曲線の一例.(MgO坩堝に溶解した500 g溶銑に,フラックス20 g(40 kg/トン)を添加した)

法はトーピードカー脱ケイ設備,回転台付溶銑鍋脱リン設備,スラグレス脱炭転炉および粉体処理設備よりなっている.転炉スラグは粉体処理設備で再処理して脱リン・脱硫剤として再使用する.

溶銑予備処理では末期でもスラグーメタル間反応は平衡状態にはなく,一種の定常状態にあると考えられる.従って,理論的取扱は困難であり2,3の反応機構が提案されているが,単純には次の2式が同時に進行すると考えられる.

$$[\mathrm{P}] + 2.5(\mathrm{FeO}) \longrightarrow (\mathrm{PO}_{2.5}) + 2.5\mathrm{Fe(l)} \tag{5·1}$$

$$[\mathrm{S}] + (\mathrm{CaO}) + [\mathrm{C}] \longrightarrow (\mathrm{CaS}) + \mathrm{CO(g)} \tag{5·2}$$

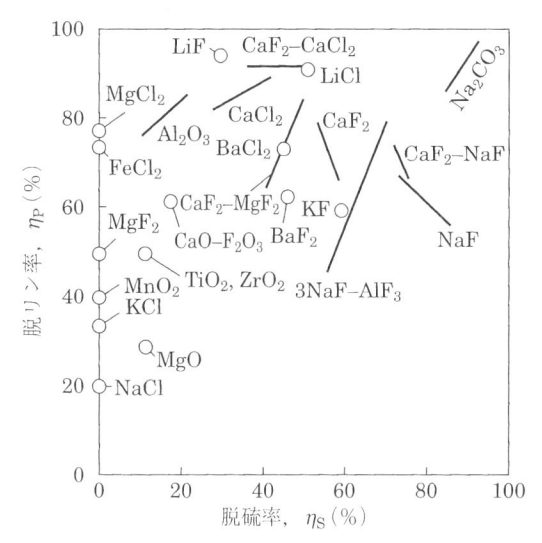

図5·3 Na_2CO_3 と CaO-ハライド(または酸化物)-50%Fe_2O_3 フラックスの脱硫率 (η_S, %)と脱リン率(η_P, %)の関係.

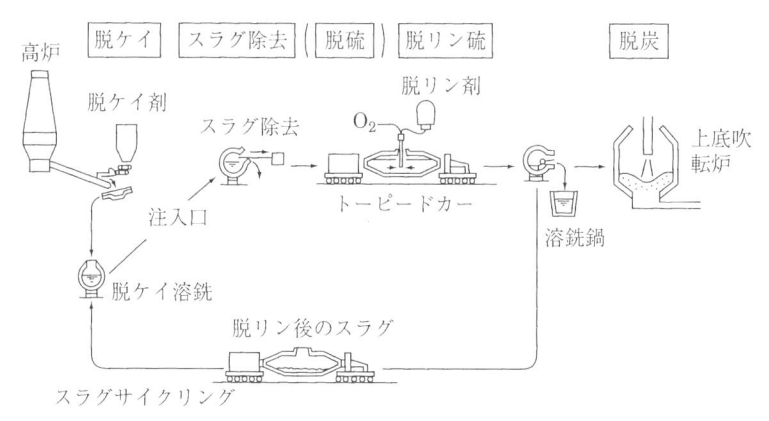

図5·4 トーピードカー方式による溶銑予備処理設備(新日鉄君津製鉄所)

脱リン終了後における溶銑中リン含有量は,設備や脱リン剤の種類にも関係するが,**図5·6**[(12)]に示すように,温度が低く,脱リン剤添加量の多いほど低下する.また脱リン予備処理では銑鉄中[%Mn]が低下せず,脱窒素

5. 炉外精錬法

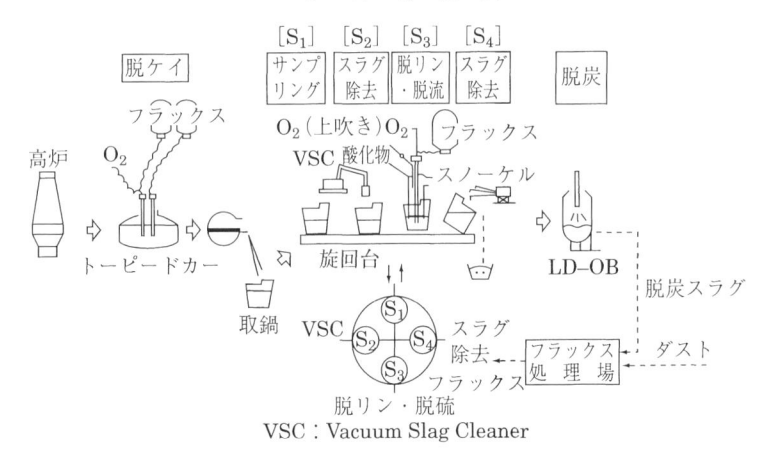

図5・5 溶銑鍋方式による溶銑処理設備(新日鉄大分製鉄所)

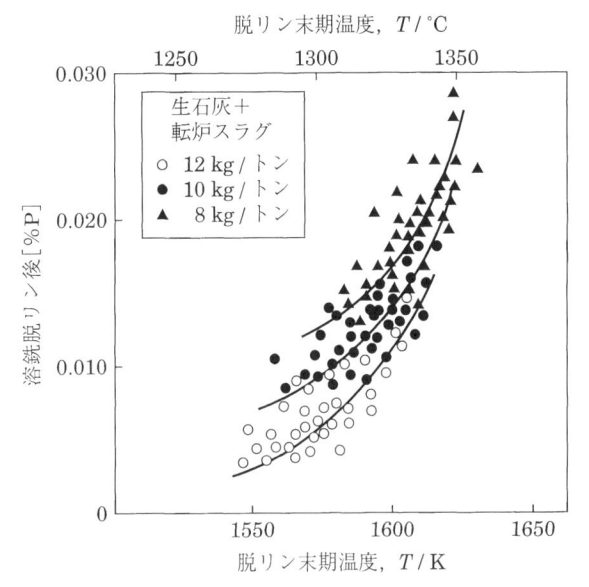

図5・6 溶銑脱リン処理後におけるリン濃度に及ぼす温度と添加剤消費量の関係

反応が進行するなどの特徴がある.

表5・1[13]に我が国における溶銑予備処理に関する2,3の実績を示した. 脱ケイ処理ではケイ素量を0.2%以下まで下げる. ついで, 脱リン・脱硫

表5・1 溶銑の同時脱りん・脱硫処理

フラックス	kg/トン	方　　法	容器大きさ	[%P] 前	[%P] 後	[%S] 前	[%S] 後
CaO－ミルスケール－CaF$_2$－CaCl$_2$ 35%　55%　5%　5%	52	インジェクション，N$_2$	トーピードカー 320トン	0.090－ 0.120	0.015	0.025	0.005
Na$_2$CO$_3$－焼結鉱 43%　57%	30	鉱石；上部添加 Na$_2$CO$_3$；インジェクション，N$_2$	溶銑鍋 100-130トン	0.046	0.009	0.020	0.002
CaO－焼結鉱－CaCl$_2$－CaF$_2$ 30%　62%　3.3%　4%	45	インジェクション，N$_2$	溶銑鍋100トン	0.120	0.012	0.024	0.009
Na$_2$CO$_3$	20	Na$_2$CO$_3$；インジェクション，N$_2$ O$_2$；上吹き N$_2$；バブリング	溶銑鍋200トン	0.105	<0.01	0.032	<0.005
CaO－Fe$_x$O－CaF$_2$ 38.5%　42.5%　19%	40	インジェクション，N$_2$ O$_2$；上吹き	溶銑鍋250トン	0.098	0.010	0.042	0.020
Na$_2$CO$_3$	15-20	インジェクション，N$_2$ または空気 O$_2$；上吹き	トーピードカー 500トン	0.090－ 0.110	0.011－ 0.020	0.040－ 0.060	<0.01
CaO－ミルスケール－CaF$_2$－Na$_2$CO$_3$ 39%　39%　11%　11%	35	インジェクション，N$_2$ または空気 O$_2$；上吹き N$_2$；バブリング	溶銑鍋 9-15トン	0.110	<0.01	0.042	0.01
CaO－CaF$_2$－鉄鉱石 39%　6%　55%	51	純酸素底吹き(転炉)	Q-BOP 230トン	0.140	0.01	0.02	0.01

処理では，リンは 0.1〜0.14%P より 0.001%P 程度まで，硫黄は 0.02〜0.05%S より 0.002〜0.005%S まで除去して転炉による製鋼工程に入る．

5・3 二次精錬法

5・3・1 二次精錬法の種類

溶鋼の炉外精錬である二次精錬法は，1952年における真空造塊法（Bochumer法，ドイツ Bochumer Verein 社）の実用的な開発より始まり，大型鋳鍛鋼品の水素による欠陥防止に著しい成果を挙げた．しかし，真空処理時間が短いことに問題があった．その後，大容量スチーム・エジェクターの開発により，長時間真空処理の可能な DH 法（ドイツ Dortmund Hörder Hüttenunion 社），RH 法（ドイツ Ruhstahl 社 – Heraeus 社）や LVD 法（Ladle Vacuum Degassing，ドイツ Mannesmann 社，Witten 社；アメリカ Finkl & Sons 社）などが相次いで開発され，脱ガス，脱酸素，脱炭，介在物低減などが可能になったが，処理中における溶鋼の温度低下が問題になった．そのことより取り外しの可能なアーク加熱鍋蓋を装置した取鍋を用いスラグ精錬も可能な炉外精錬法として，1960年に入って ASEA-SKF 法（スウェーデン ASEA 社，SKF 社），VAD 法（Vacuum Arc Degassing，アメリカ Finkl-Moher 社），LF 法（Ladle Furnace，日本特殊鋼・大同製鋼）などが開発された．これにより高純度鋼，高清浄度鋼の生産技術は急速に進歩した．中でも LF 法と RH 法は日本では最も多く使用されている．二次精錬法における主要な操作はアルゴンバブリンクによる溶鋼の撹拌，脱硫剤や脱酸剤のインジェクション，真空処理，溶鋼加熱による温度制御などである．**表5・2**[3]に主要な二次精錬法の名称と精錬機能をまとめて示した．また二次精錬比率は1992年には転炉鋼で85%，電気炉合計71%，電気炉特殊鋼95%，電気炉普通鋼で60%に達し，製鉄法が一変したと言っても過言ではない状況である．

5・3・2 真空鋳造法

真空鋳造法は大気中で精錬した溶鋼を鋳型に注入するまでの間に真空処理をする方法であり，脱水素および空気酸化の防止などの効果がある．**図5・7**の取鍋脱ガス法では，出鋼した溶鋼を取鍋に受け，これを真空容器中に入れて排気する．水素などのガスは溶鋼表面より除去されるため反応効率はあまりよくない．**図5・8**は流滴脱ガス法と言われ，中間取鍋の溶鋼を真空容器中の取鍋に移す過程で脱ガスする．中間取鍋中溶鋼は真空容器中

表5·2 主要な二次精錬法の名称と精錬機能

プロセス分類	開発時期	代表プロセス	雰囲気	撹拌法	加熱法	脱[H]	精錬機能 脱[N]	脱[O]	脱[C]	脱[S]
取鍋ベアリング	1950年頃	Gazal	大気	ガス	—	×	×	○	×	×
	1975年	CAS	Ar	ガス	(Al昇熱)	×	×	○	×	△
インジェクション	1970年頃	ワイヤーフィーダー	大気	ガス	—	×	×	○	×	○
	1960年頃	TN法	大気	ガス	—	×	×	◎	×	◎
真空処理	1952年	Bochumer	真空	—	—	◎	×	×	×	×
	1956年	DH	真空	吸上	—	◎	△	◎	○	×
	1957年	RH	真空	環流	(Al昇熱)	◎	△	◎	○	×
	1958年	LVD	真空	ガス	—	◎	△	◎	○	×
アーク加熱処理	1964年	ASEA-SKF	真空	電磁力	アーク	◎	△	◎	○	○
	1967年	VAD	真空	ガス	アーク	◎	△	◎	○	○
	1971年	LF	Ar	ガス	アーク	×	×	◎	○	◎
	1971年	LFV	真空	ガス	アーク	◎	△	◎	×	○
ステンレス鋼精錬	1965年	VOD	減圧	ガス	—	◎	○	○	◎	○
	1968年	AOD	Ar	ガス	—	×	○	○	◎	◎

◎非常によい、○良い、△やや良い、×なし

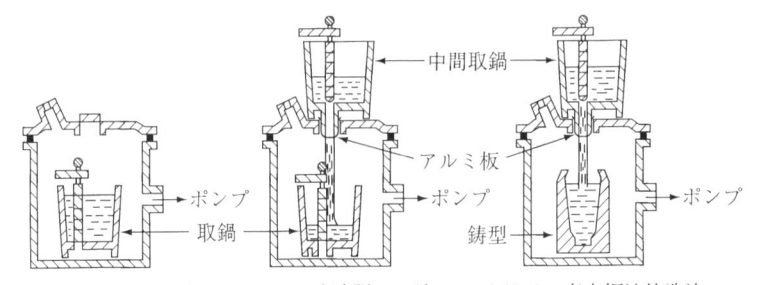

図5·7 取鍋脱ガス法　　図5·8 流滴脱ガス法　　図5·9 真空鋼塊鋳造法

でガス放出のため飛散して小滴となって流出する．そのため流滴脱ガス法とも言う．真空容器中で溶鋼表面積が拡大されるため，取鍋脱ガス法より水素放出効率は高い．**図5·9**は真空鋼塊鋳造法の構造を示したもので，取鍋より真空容器中に設置した鋳型中に鋳造する．この場合も真空容器中で鋼流は小滴となり，脱ガス効果は大きい．これらの3方法はドイツBochumer Verein 社で開発されたことよりBochumer法と言われている．

5·3·3 真空処理取鍋精錬法

Bochumer法より長い時間，真空処理の可能な二次精錬法として，RH法，DH法，LVD法などがある．

(1) RH法

RH法はドイツRuhrstahl社(現ATH社)と真空ポンプメーカーであるHeraens社の共同研究により1956年頃開発された．RH法の原理図を**図5·10**に示す．本法は溶鋼吸い上げ用と排出用の2本の脚をもった真空容器と排気装置よりなっている．真空槽の2本の脚を取鍋中溶鋼に浸漬して，真空容器を排気すれば，溶鋼は約1.48 m真空槽中を上昇する．この時上昇管中にArを導入すれば，上昇管内の溶鋼見掛け密度は下降管内溶鋼密度より小さくなるため，図5·10のように溶鋼は循環運動をし，真空槽内で順次脱ガスされる．その結果として脱水素，脱酸(介在物の低下によるT[O]減少，脱炭反応によるCO(g)生成による脱酸)および脱窒反応が少し進行する．本法で脱ガス効果を上げるためには，溶鋼の循環量を増加させるとよく，そのためには上昇管径とAr流量を増加せしめるとよい．

本法は初め高級鋼の脱ガス処理法として使用されたが，普通鋼にもRH-軽処理を行うようになった．軽処理法では40～1.3 kPa(300～10

5·3 二次精錬法

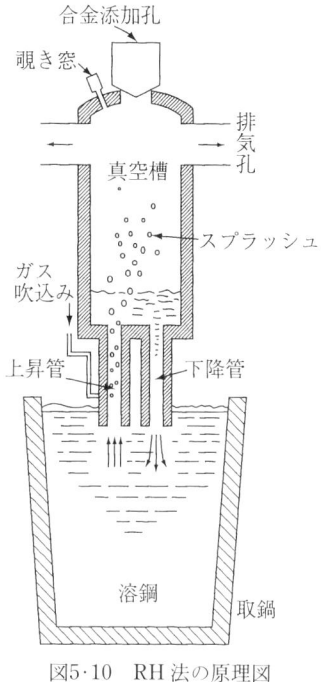

図5·10 RH法の原理図

Torr)の減圧下で短時間処理する．これにより脱酸剤・合金鉄原単位の低減，RH稼働率上昇によるコスト低下，製品の品質向上などの利益が得られ，今日のBOF-RH-CC直結製鋼プロセスが生れた．

RH法はその後，脱ガスのみでなく，減圧下における積極的な脱炭，さらに脱硫などの機能をもつよう改良され発展した．

(a) RH-OB法(RH-Oxygen Blowing)

減圧下で$O_2(g)$により脱炭する方法は1965年VOD法として開発されていた．その考え方をRH法に組み合せ，図5·11(a)のように酸素ランスにより上吹きするRH-OB法[14]が1971年新日鉄室蘭製鉄所で開発された．本法ではステンレス鋼の吹錬が目標であったが，極低炭素鋼の吹錬も可能である．その後酸素ランスとしては，Q-BOP法と同一考え方による二重管ランスノズルを使用した．さらに後には二重管ランスを溶鋼中に浸漬するように改良された．この改良法をRH·OB·FD法(FD : Full Dip)と呼んでいる．

172   5. 炉外精錬法

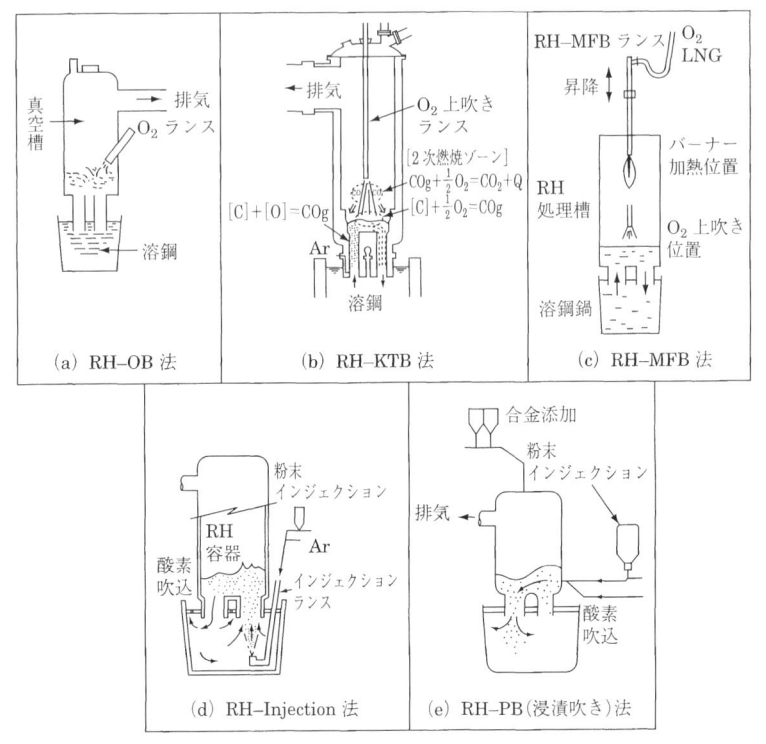

図5・11 RH法の改良法

(a) RH–OB法
(b) RH–KTB法
(c) RH–MFB法
(d) RH–Injection法
(e) RH–PB(浸漬吹き)法

(b) RH–KTB法(RH-Kawatetsu Top Blowing)

RH法の操業上の問題点の一つとして，長時間処理における溶鋼温度の低下，真空槽の内壁への地金の付着などがあった．この対策として，初期には真空槽内を電気抵抗ヒーターの設置や，SiやAlを溶鉄中に投入してその後に酸化し，その酸化熱を利用する方法などが試みられていた．これに対し1989年，川鉄千葉製鉄所では図5・11(b)[15]のように，上部より上吹酸素ランスを設備し，純酸素上吹転炉におけるソフト・ブローのような使い方をするRH–KTB法を開発した．本法では脱炭により発生した$CO(g)$を真空槽内で$CO_2(g)$に燃焼して(二次燃焼と言う)真空槽壁を加熱し，脱炭反応による溶鋼の昇温を期待できる．これにより地金の付着がなくなり，さらに転炉の吹止め[%C]を高くし，その吹錬時間を短縮できるなどの利益も得られた．

(c) RH-MFB法(RH-Multiple Function Burner)

RH-MFB法[16]も前法と同様に,溶鋼の温度上昇と真空槽壁への地金付きを防止する方法であり,同時に極低炭素吹錬にも適している.その目的のため,上下昇降自由であり,純酸素または(純酸素＋LNG)を必要に応じて使用できる多機能バーナーを開発し,図5・11(c)のように上方より設置した.(純酸素＋LNG)は溶鋼処理中と待機中に燃焼して真空槽内壁および溶鋼昇温に使用でき,純酸素はAlによる鋼浴の昇温と脱炭促進に使用する.本法は1993年新日鉄広畑製鉄所で開発された.

(d) RH-インジェクション法(RH-Injection)とRH-PB法(RH-Powder Blowing, 浸漬吹き;RH-Powder top Blowing, 上吹き).

これまでのRH法では脱硫は困難であったが,RH法に脱硫剤として$CaO-CaF_2$系フラックスを吹き込むことにより,同時に脱硫を行うのがこの3方法である.RH-インジェクション法[17]は図5・11(d)に示すように,処理中にRH法真空槽の溶鋼上昇管直下に脱硫剤をArにより吹き込む方法で,1989年新日鉄大分製鉄所にて開発された.RH-PB法[18]はRH法の真空槽内溶鋼中に同じく脱硫剤粉末を吹き込む方法であり,1992年新日鉄名古屋製鉄所で実用化された.これらの方法では真空槽中で脱硫黄剤粉末と溶鋼が激しく撹拌されるため,脱硫反応は著しく促進され,[S]<5~10 ppmの溶鋼が得られている.また両者は介在物の形態制御にも利用でき,脱硫剤の代りに鉄鉱石粉を使用すると極低炭素鋼の吹錬にも利用できる.

また住金和歌山製鉄所ではRH法真空槽の上方より脱硫剤粉末を上吹きする方法が試験され(1992)RH-PB(RH-Powder top Blowing, 上吹き)法として同程度の成功をおさめている.

(2) DH法

DH法は1956年ドイツDortmund Hörder Hüttenunion社で開発された.その原理図を図5・12に示す.本法は1本の脚をもった真空槽と真空装置よりなっている.この真空槽の脚を取鍋中溶鋼に浸漬して真空槽内を真空に排気すれば,溶鋼は0.1 MPa(1 atm)相当の位置(1.48 m)まで吸引上昇する.ここで,取鍋位置を下降するか,または真空槽を上昇すると,その高さだけ真空槽中の溶鋼面は下降する.この上昇と下降を毎分3~4回程度の速さで繰り返すと,溶鋼は循環して次第に真空処理される.

本法は原理的にはRH法と同じく,真空容器中で溶鋼を循環,撹拌,

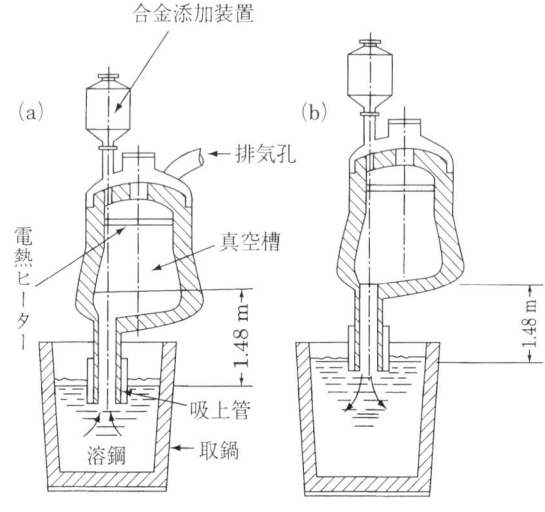

図5・12 DH法の原理図

混合することにより，(1)脱水素，脱酸，脱窒などの脱ガス，(2)真空脱炭，(3)撹拌による成分，温度の均一化と非金属介在物の分離，などを行うものである．本法でも真空槽内壁への溶鋼の地金付きや，溶鋼温度低下が問題となる．そのため真空槽内に電気抵抗ヒータを設置し，1173 K程度に加熱している．溶鋼の循環量を大きくすることは大切であり，その量は1回昇降時の吸い上げ量と昇降回数によって決まる．

(a) DH-AD法の開発

RH法ではArガスの吹き込みにより脱ガスが促進されることより，DH法でも図5・13(a)に示す方法(1965年，八幡製鉄所)によりAr吹き込み試験が行われた．その結果(250〜300)×10^{-3} m^3/minのAr使用により脱炭限界が50 ppm[C]から30 ppm[C]まで低下した．しかし，吹き込みノズル寿命に問題があり，図5・13(b)に示すように，ステンレス管の埋込み方式に改良され，DH-AD(DH-Argon Degassing)法[4](1974)が実用化された．本法はDH法における極低炭素鋼の吹錬に活用されている．

(b) REDA法

REDA(REvolutionary Degassing Activator)法は，1995年新日鉄八幡製鉄所[54]で開発された．本法は図5・13(c)に示すような構造で，DH法の

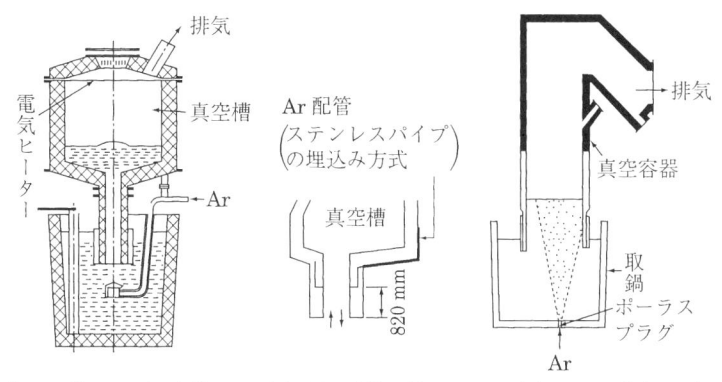

(a) DH 法へのガス吹込み試験(1969)　(b) ガス吹込み法(DH-AD 法)(1974)　(c) REDA 法(1995)

図5·13　DH-AD 法と REDA 法

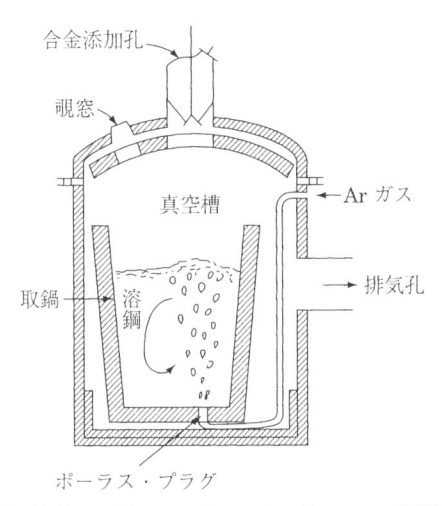

図5·14　LVD 法(Ladle Vacuum Degassing Process，取鍋脱ガス法)，または LD 法(Ladle Degassing)

改良法とも RH 法の改良とも言える．すなわち，DH 法における真空槽の浸漬管を太くして溶鋼中に浸漬し，真空槽を減圧に排気して，その中心より偏心した部分へ向って取鍋底よりポーラスプラグを通して細く Ar バブリングする．本法は構造が簡単であるため管理維持が容易であり，比較的少

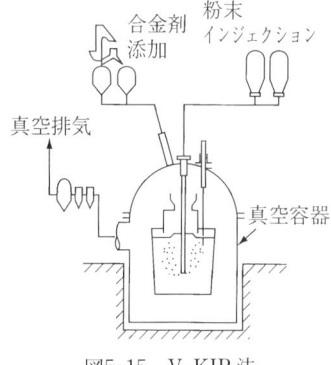

図5・15　V-KIP 法

ない Ar 量で大きい撹拌が得られ，溶鋼-Ar(g)界面が著しく拡大する．従って，脱ガスおよび極低炭素鋼の吹精に大きい成果が得られる．(C+N) <25 ppm．

(3) LVD 法

LVD 法(Ladle Vacuum Degassing process，取鍋脱ガス法，または LD 法(Ladle Degassing))は，真空容器中に設置した取鍋中溶鋼に Ar をバブリングする方法である．その原理図を図5・14[19]に示す．本法では RH 法，DH 法とは異なり，製鋼過程のスラグを十分に排除して，溶鋼のみを受鋼した取鍋を真空槽内に設置し，蓋をして真空槽を排気後，取鍋底部に設けたポーラス・プラグより Ar をバブリングして溶鋼を撹拌する．本法は原理的には造塊法における取鍋脱ガス法(図5・7，Bochumer 法)に Ar バブリングを取り付けた，または Gazal 法を真空容器中で実施した方法であるが，RH 法，DH 法と同程度の精錬効果が得られ(1958)，小規模な電気炉メーカーなどにおける特殊鋼精錬に広く利用されている．

(a) V-KIP 法

上記 LVD 法と似た方法として，V-KIP[18]法(Vacuum Kimitsu Injection Process)は1986年新日鉄君津製鉄所で開発された．その原理図を図5・15[18]に示す．本法では真空容器中に取鍋を設置し，Ar ガスを搬送ガスとして粉粒体の精錬剤をランスによって溶鋼中にインジェクションする．脱ガス，脱硫，介在物の形態制御に利用されている．

5・3・4　アーク加熱取鍋精錬法

3相アーク電源による電弧加熱設備と溶鋼の撹拌，また場合によっては

5·3 二次精錬法

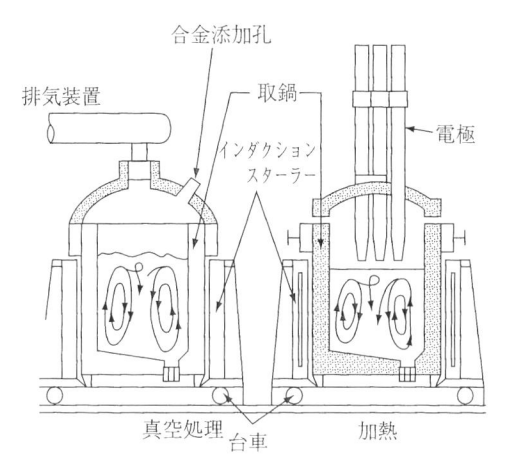

図5·16 ASEA-SKF法の概略

真空処理も可能な方法としてASEA-SKF法, VAD法, LF法などが開発された. これらの方法では取鍋内で溶鋼の加熱昇温, 合金剤の大量添加, 添加フラックスの溶解によるスラグーメタル間精錬, 場合により脱ガス処理などが可能である. いずれも強還元性スラグ, 強塩基性スラグを用いて精錬し, [S]<5 ppm, [O]<5 ppm のような極低硫, 極低酸素の高純度鋼が精錬できる. また転炉法と結合して高純度鋼や特殊鋼の製造, 電気炉法と結合して仕上精錬や高級特殊鋼の生産が可能になり, 近年急速に普及してきた.

(1) ASEA-SKF法

ASEA-SKF法はスウェーデンのASEA社とSKF社の共同研究により1965年に開発された. 本法は図5·16[20]に示すように, 台車上に乗せた取鍋1ヶに対して, 真空設備に連結した真空処理用鍋蓋と3相交流電極を設けた加熱用鍋蓋の2ヶの蓋よりなっている. 加熱処理では加熱用鍋蓋を使用して3相アークにより 1.4~2.0 K/min の加熱速度で加熱する. 真空処理では台車により真空処理用鍋蓋まで取鍋を移動し, その位置で真空処理をする. 溶鋼の撹拌は強力な電磁誘導撹拌により行う.

操業は転炉より取鍋に溶鋼を受鋼し, 復リンを防ぐため十分に排滓する. これにフラックスや合金鉄を加えて加熱溶解し, その後に脱ガス, 脱酸を行い, 大略120~140分程度で1回の操業を終わる.

本法を前節の真空処理取鍋精錬法に比較すれば, 脱ガス処理の外に脱

図5·17　VAD法の概略

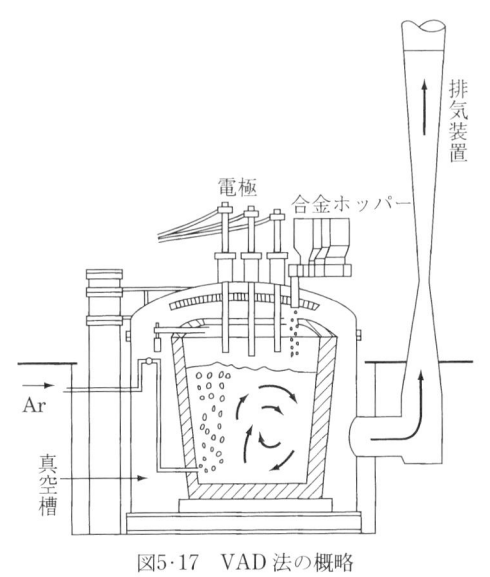

酸,脱硫と大量の合金剤添加が可能である.

(2) VAD法

VAD法(Vacuum Arc Degassing)は1967年にFinkle社とMohr社により共同開発されたことよりFinkle–Mohr法とも呼ばれている.本法の原理図を図5·17[21]に示す.減圧下でアーク加熱できること,Arバブリングにより撹拌することが特徴であり,LVD法(取鍋脱ガス法)にアーク加熱装置を設備したものとも考えられる.

操業例を図5·18[22]に示す.十分に除滓した取鍋を真空槽中に移す.次いで合金鉄やフラックスを添加して排気とアーク加熱を開始する.圧力が13.3 kPa以下ではグロー放電を起すので,その後は40 kPa程度の減圧下でアーク加熱を行う.その後,造滓剤,合金類,脱酸剤を添加してから加熱溶解し操業を終わる.

(3) LF法

LF法(Ladle Furnace)は1971年日本特殊鋼(現大同特殊鋼)大森工場で開発された.その原理図を図5·19[23]に示す.アーク加熱機能とArバブリングによる撹拌機能を持つが,真空処理機能はない.アーク加熱は取鍋中の溶融スラグ中でアークを発生させるサブマージト・アーク溶解であ

5・3 二次精錬法

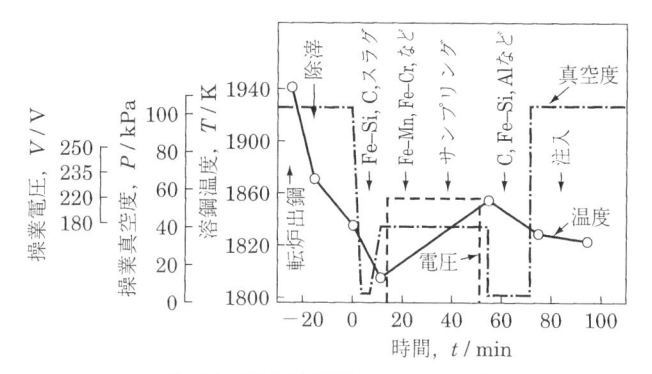

図5・18 VAD法操業パターンの一例

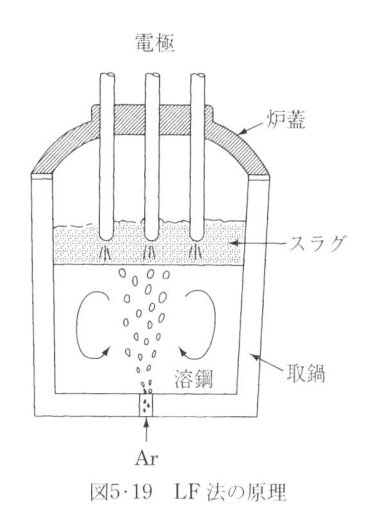

図5・19 LF法の原理

り,造滓剤として CaO, CaO+CaF$_2$, アルミ灰などを添加して,強塩基性で強還元性の合成スラグを作り,Ar バブリングにより撹拌する.従って,(1)加熱機能:アーク加熱により大量の合金元素が溶解でき,溶鋼温度の制御が容易である.(2)撹拌機能:Ar ガスバブリングによる撹拌による温度と成分の均一化,介在物の除去,反応促進が望める.(3)精錬機能:強塩基性,強還元性合成スラグにより強い脱酸,脱硫反応が期待できる.(4)雰囲気制御機能:気密構造で鍋内は不活性アルゴンであるため空気酸化は極めて少なく,Al のような強還元性元素の組成も正確に制御できる.(5)

電気炉の生産性向上:電気炉と組み合せ,電気炉の還元期をLF法で行い,出鋼温度も低くできるので,電気炉の生産性向上,耐火物原単位の減少が可能となる,などの効果がある.

LF操業は工場や鋼種により多様であるが平均的な一例を図5·20[3]に示す.電炉で酸化精錬の後,溶鋼を取鍋に受鋼してから十分に排滓し,造滓剤としてCaO, CaO+CaF$_2$, Al灰や脱酸剤を添加し,Arバブリングをし

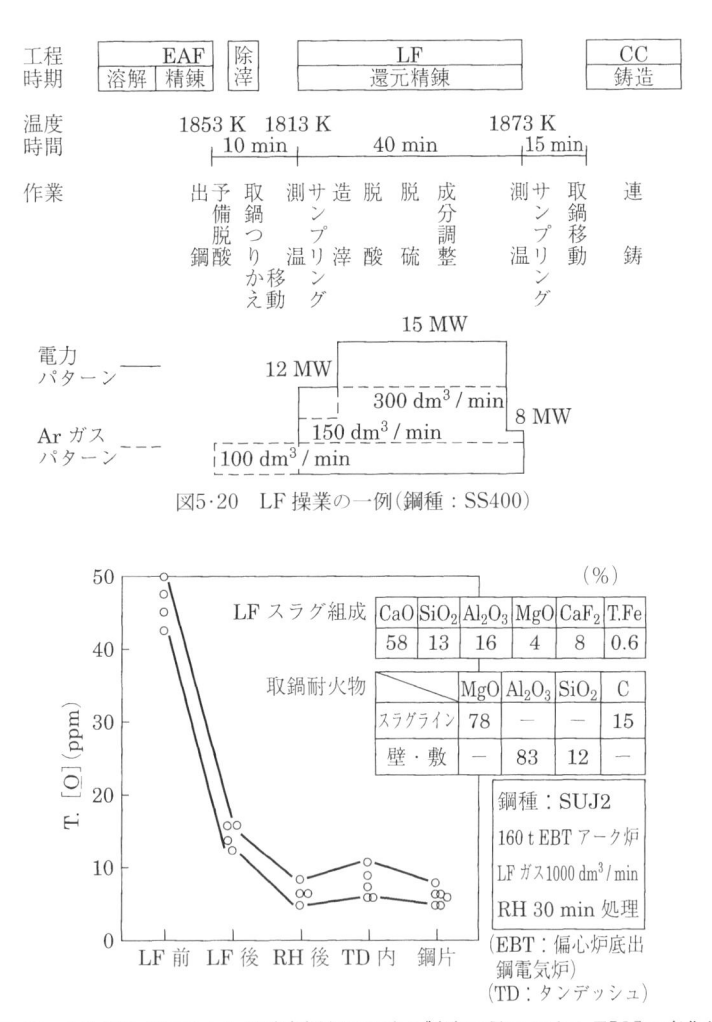

図5·20 LF操業の一例(鋼種:SS400)

図5·21 LF-RH-CCによる低酸素鋼(SUJ12)の製造工程におけるT[O]の変化例

ながら加熱溶解し，脱酸，脱硫，成分調整を行い，測温とサンプリング後に取鍋を移動して鋳造作業に入る（EAF-LF-CC結合）．

LFでは真空処理ができないことより，高級鋼についてはEAF-LF-RH-CCと結合するか，EAF-LF-LVD（取鍋脱ガス）-CCと結合することが行われている．前者におけるT.[O]の変化を示せば図5·21[3]のようで，鋼片の段階ではT.[O]<5〜10 ppmまで低下している．

LFについても他の機能を付加した2,3の改良法が開発されている．

(a) NK-AP法

NK-AP（NKK-Arc refining Process）法は1981年NKK福山製鉄所で開発された．図5·22[4]に示すようポーラス・プラグによるガス撹拌の代りに浸漬ランスによるガス撹拌と，精錬剤のパウダーインジェクションが可能になっている．

(b) PLF法

PLF（Plasma-LF）法の原理図を図5·23[25]に示す．本法はLF法における加熱用黒鉛電極をプラズマトーチに代えたものであり，電極からのCのピックアップがないので，極低炭素鋼の高清浄変化に有効である．1993年新日鉄広畑製鉄所で実用化された．

(c) 多機能LF法

LF法のスラグ精錬，加熱溶解などの自由度の優れた機能から，さらに多機能を付加させることが考えられた．図5·24[24]のように，真空容器中に取鍋を入れ，Arバブリングによる撹拌，3相アーク電極による加熱，

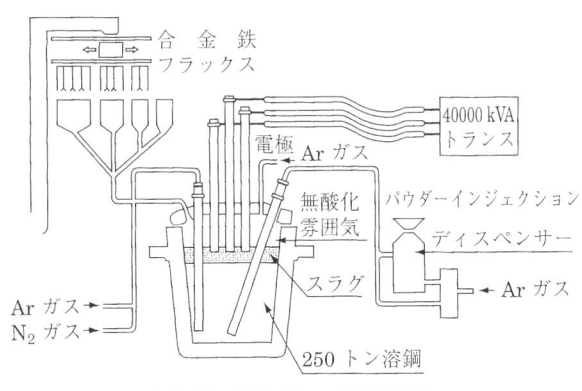

図5·22　NK-APの設備概略図

182   5. 炉 外 精 錬 法

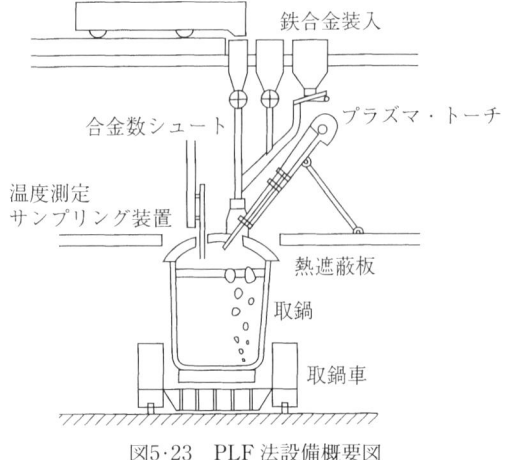

図5・23　PLF 法設備概要図

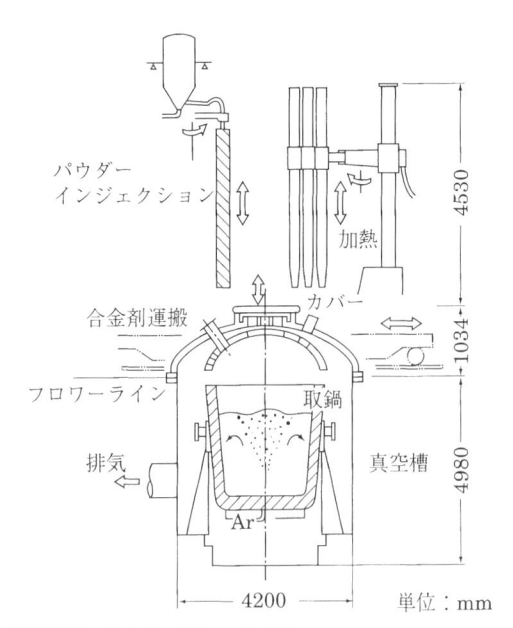

真空設備：300 kg／時 at 66.7 Pa
パウダーインジェクション：100 kg フラックス／min

図5・24　多機能 LF 法（LFV 法）

精錬剤粉インジェクション,合金元素の添加などの設備を設けた,多機能LF法も提案された.このように,取鍋(浴面)脱ガス法とLFを組み合せた方法をLFVと言っている.

また電炉やBOF(塩基性純酸素転炉)と各種炉外精錬法を直列に組み合せることも提案され実行されている.例えばEAF-LF-RH-CCの組み合せと,BOF-LF-RH-CCの組み合せなどである.これらの方法では最早,電気炉鋼と転炉鋼の材質的な相違はなく,BOFで高級特殊鋼,高合金鋼の精錬も可能となった.

5·3·5 簡易取鍋精錬法

これまで述べた重装備の取鍋精錬法に比較して,極めて簡単な装置で品質の向上を図る簡易取鍋精錬法も多種類考案されている.その代表的なものを図5·25に示した.

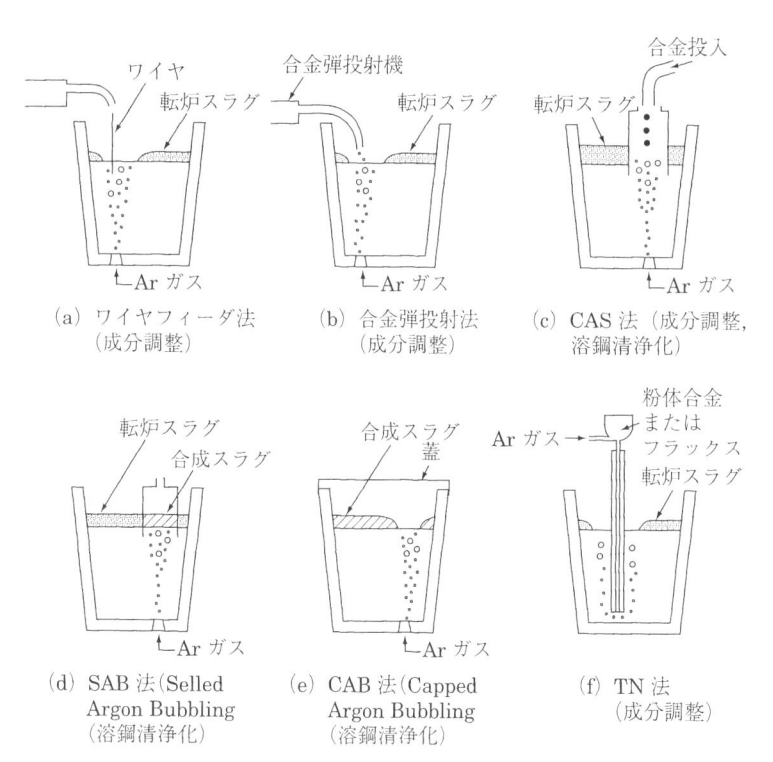

(a) ワイヤフィーダ法 (成分調整)
(b) 合金弾投射法 (成分調整)
(c) CAS法 (成分調整,溶鋼清浄化)
(d) SAB法 (Selled Argon Bubbling) (溶鋼清浄化)
(e) CAB法 (Capped Argon Bubbling) (溶鋼清浄化)
(f) TN法 (成分調整)

図5·25 実用化されている種々の簡易取鍋精錬法の概念図

(1) ワイヤフィーダ法，合金弾投射法，CAS法

図5·25，(a) ワイヤフィーダ法[26]，(b) 合金弾投射法[27]，(c) CAS法[28]などは，いずれもArバブリングにより撹拌している溶鋼中に，化学的に活性なAl, Ca, Remなどの特殊元素を効率よく，かつ精度高く添加する方法である．ワイヤフィーダ法はリールに巻いたAl線を高速で取鍋中溶鋼の深部に送入する．合金弾投入法では弾状の合金を溶鋼中に高速発射する．Ca添加のような場合には合金粉末を弾状キャプセルに充填して発射する．これをSCAT法と言っている．CAS法では取鍋スラグを排除した密閉槽中にArバブリングをしながら，密閉槽中裸湯面より合金を添加する．いずれの方法も，合金歩留が向上し，かつ組成のバラツキが減少する．

(2) SAB法，CAB法

図5·25の(d) SAB[29]法と(e) CAB[29]法は，取鍋中溶鋼表面を合成スラグで置換し，上部空間を不活性ガス雰囲気として，鍋底よりArバブリングにより撹拌して非金属介在物を分離し，溶鋼の清浄化を図る方法である．図5·25(a)〜(e)の方法ではスラグ中の(%FeO)量が重要な意味をもっている．

(3) TN法

図5·25(e)のTN[30]法ではCa, CaC$_2$または特殊フラックス粉末を運搬ガスによって溶鋼中にインジェクションすることにより，脱硫，脱酸および，介在物の形態制御を行う方法である．1970年頃Thyssen-Niederein社で実用化に成功した．

5·3·6　高純度鋼の製造プロセス

これまで各種炉外製錬法の不純物除去機能について述べてきたが，実用鋼では要求される特性も多岐にわたり，多種類の不純物を十分に低減せしめる必要がある．そのため要求される鋼の特性に応じて，粗製精錬炉と各種炉外精錬法を組み合せて，確実に各種不純物を除去して行う方法が実施されている．表5·3[31]に高炉—転炉法における各種高純度鋼吹錬の組み合せ方法を一例として示した．また電気炉法の一例を図5·26[3]に示した．後者ではスクラップ予熱(SPH)→炉底出鋼式(EBT) 3相アーク炉での酸化製錬の後，真空スラグ吸引除去装置(VSC)にて十分除滓し，さらにLF→RH→CCへと組み合せている．このような方法が一般化し始めた，1960年代以後の不純物低下到達純度を表5·4[32]に示す．

表5・3 高純度鋼精錬におけるプロセスの組み合わせ例

元素	プロセス組み合わせ	含有量	生品
[C]	LD−上底吹転炉 → RH	[C] ≤ 20 ppm	深絞り用鋼板
[P]	溶銑処理 → LD−上底吹転炉 → RH	[P] ≤ 70 ppm	合金鋼, 高圧溶器
[P]	溶銑処理 → LD−上底吹転炉 → LF → RH	[P] ≤ 50 ppm	耐水素誘起割れ鋼
[P]	溶銑処理 → LD−上底吹転炉 (鋼の脱リン) → LF → RH	[P] ≤ 30 ppm	9%ニッケル鋼
[S]	LD−上底吹転炉 → RH	[S] ≤ 30 ppm	ラインパイプ
[S]	LD−上底吹転炉 → LF → RH	[S] ≤ 10 ppm	耐水素誘起割れ鋼
[N]	LD−上底吹転炉 → RH	[N] ≤ 20 ppm	連続焼鈍用鋼板
[O]	溶銑処理 → LD−上底吹転炉 → RH	[O] ≤ 15 ppm	モールドベイスメタル
[H]	溶銑処理 → LD−上底吹転炉 → RH	[H] ≤ 1.5 ppm	溶材用鋼板
介在物制御	溶銑処理 → LD−上底吹転炉 → LF	清浄度	タイヤコート

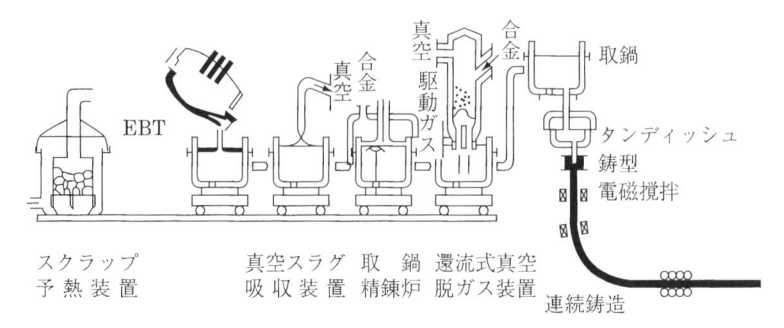

図5・26 電気炉法における高純度鋼精錬例

表5・4 不純物元素の到達純度の概数(ppm)

元素	1960	1970	1980	1990	2000*	改善された技術
C	200	80	30	10	(4)	真空脱ガス，復C防止
N	40	30	20	10	(6)	真空脱ガス，吸N防止
O	40	30	10	7	(2)	アーク加熱取鍋精錬，真空脱ガス，再酸化防止
P	200	100	40	10	(3)	溶銑脱P，アーク加熱取鍋精錬，真空吸引除滓
S	200	40	10	4	(0.6)	溶銑脱S，溶鋼脱S
H	3	2	1	0.8	(0.5)	真空脱ガス

* 対数関数式による推定値

5・3・7 ステンレス鋼の吹錬

(1) ステンレス鋼の精錬原理

ステンレス鋼はFe-Cr-Ni-C系溶融粗合金を原料とし，Crの酸化損失をできるだけ少ない条件で十分低炭素まで脱炭して精錬する．Fe-[Cr]-[C]-[O]系の平衡関係は[%Cr]=3〜30の範囲では表4・1より次のように計算できる．

$$Cr_2O_3(S) = 2[Cr] + 3[O] \tag{5・3}$$

$$\log K(=a_{Cr}^2 \cdot a_O^3) = -36200/T + 16.1 \tag{5・4}$$

$$[C] + [O] = CO(g) \tag{5・5}$$

$$\log K(=P_{CO}/a_C \cdot a_O) = 1160/T + 2.003 \tag{5・6}$$

上記2式の組み合せより，溶鉄中[Cr]と[C]の関係は次式のようになる．

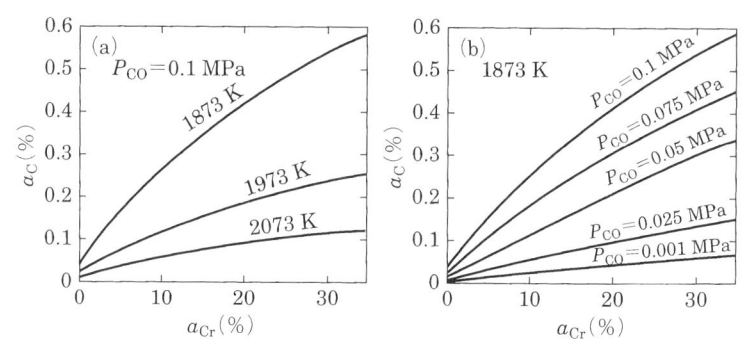

図5·27 ステンレス鋼吹錬におけるクロムと炭素の関係

$$Cr_2O_3(S) + 3[C] = 2[Cr] + 3CO(g) \tag{5·7}$$
$$\log K (= a_{Cr}^2 \cdot P_{CO}^3 / a_C^3) = -32720/T + 22.11 \cdots [\%Cr] > 7 \tag{5·8}$$

式(5·8)より $P_{CO} = 0.1$ MPa(1 atm)の下で温度をパラメータとしてa_{Cr}とa_Cの関係を図5·27(a)に、また $T = 1873$ K 一定の下でP_{CO}をパラメータとしてa_{Cr}とa_Cの関係を図5·27(b)に示す。これより Cr 損失を少なくして十分脱炭するには、(a)高温溶解すること、(b)P_{CO}分圧を低下せしめること、などが必要であることが分かる。従って、炉内P_{CO}分圧を制御できる取鍋精錬法が開発される以前は、マグ・クロ系耐火物の内張をした電気炉を使用し、可能な範囲で高温にして脱炭し、ステンレス鋼を精錬していた。その後、P_{CO}を制御できる種々の取鍋精錬法[33]が開発され、次に述べるような取鍋精錬法が主要な方法となった。

1) 減圧する方法：VOD 法，RH-OB 法
2) 希釈ガス吹込法：AOD 法，CLU 法，K-BOP
3) 両者の組み合せ法：AOD-VCR 法，VODC 法

これらの取鍋精錬法に装入される粗溶融 Fe-Cr-Ni-C 原料は転炉または電気炉で溶製される。転炉を使用する場合は、溶銑を主原料とし、これを溶銑予備処理(脱 Si, S, P)後に転炉へ移し、Cr 源としては Cr 鉱石，高炭素鉄-クロム合金，Ni 源には Ni 鉱石と Ni 合金を投入して、粗精錬の後に取鍋精錬に移る。電気炉を使用する工場では、ステンレス鋼くず、上質くず鉄を主原料として、Cr 源には Cr 鉱石，Cr 合金，Ni 源には Ni 鉱石，Ni 合金，高 Ni くずなどを配合して溶解・粗精錬の後に、次の取鍋精錬に入る。

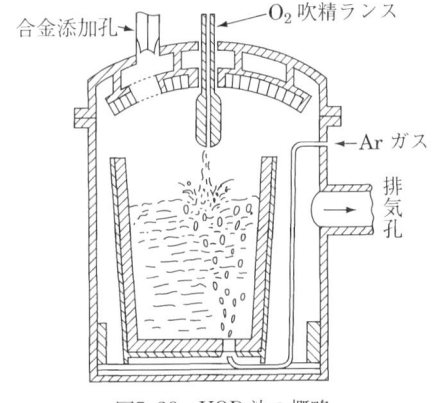

図5·28　VOD法の概略

(2) VOD法

VOD(Vacuum Oxygen Decarburization)法は1967年 Edelstahlwerk Witten 社で開発された減圧脱炭によるステンレス精錬法である．Witten 法とも呼ばれ，転炉と組み合せた時をLD-Vac法，電気炉と組み合せた場合を Elo-Vac 法と言っている．

本法の原理図を図5·28[34]に示す．LVD法(取鍋脱ガス法)と類似しているが(図5·14参照)，真空槽上蓋に昇降可能なO_2吹精ランスを設けて酸化脱炭する．取鍋底部のポーラスプラグより Ar を吹込み溶鋼を撹拌する．

操業法の概要は，まず電気炉または転炉でFe-Ni-Cr-C合金を[%C]=0.4～0.5まで脱炭し，完全に除滓してから取鍋に受鋼し，取鍋を真空槽中に移して Ar バブリングをしながら減圧を開始する．真空槽内圧力はCOボイリングの状況により1.33～13.3 kPaの範囲で調整する．溶鋼中[%C]は真空度，排ガス連続分析により判定する．脱炭終了後も Ar 撹拌を続け，脱酸剤，合金類を添加して1回の吹錬を終わる．

VOD法は減圧処理をするのでC, N, Hなどが特に低い鋼を吹錬できる．炭素濃度に応じた真空度の制御により，[Cr]の酸化を完全に抑制した脱炭が可能である．VOD法と次に述べるAOD法は，現在では世界における主要なステンレス鋼吹錬法である．次にVODの類似法と改良法を2, 3述べると次のようである．

(a) MVOD法

MVOD(Modify-VOD)[4]法はVAD法(Vacuum Arc Degassing)の上蓋にO_2吹精用水冷ランスを設備し，真空脱炭を行うようにした方法である．アメリカRepublic Steel社により開発されたが，VOD法と同様な作業になるのでMVOD法と呼ばれている

(b) ss-VOD法

ss-VOD(strongly stirred-VOD)[35]法は，吹錬の第1期では通常のVOD操業を行い，[％C]＜0.01の第2期では高真空度にしてArによる強い撹拌により脱炭と脱窒を促進する方法である．

(c) VOD-PB法

VOD-PB(VOD-Powder top Blowing)[36]法は，上吹きO_2吹精ランスより石灰または鉄鉱石の粉体を吹き込み，脱硫，脱炭，脱窒を強化した方法であり，1990年頃住金鹿島製鉄所で開発された．

(3) AOD法

AOD(Argon Oxygen Decarburization)法[37]は1968年Union Carbide社で開発された．Ar希釈によりP_{CO}分圧を下げて脱炭するステンレス精錬

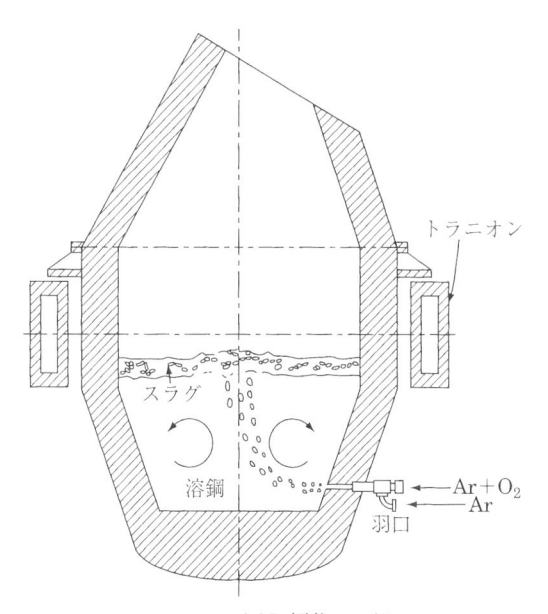

図5・29　AOD炉体の一例

法である.本法の原理図を図5·29[37]に示す.本法の反応容器は転炉型であり,O_2, Ar ガスを吹き込む羽口は炉底近くの側壁に設置されている.羽口は二重構造で外管は羽口冷却用として Ar のみを流し,内管は(O_2 + Ar)混合ガスを流す.

操業法は,まず電気炉でスクラップ,高炭素フェロクロム,Ni 合金などを配合して,[%C]=1~2, 1873 K まで溶解・粗精錬し,取鍋に受鋼して AOD 炉に移し,AOD の操業に入る.前述の VOD 法と異なり溶落炭素含有量に制約はない.図5·30に AOD 操業の一例を示す.脱炭期は3期に分け炭素量の減少とともに P_{CO} 分圧を下げるため,送風中 O_2/Ar を下げて行く.場合によっては N_2 ガスも混合する.仕上期では Ar 吹き込みだけとし,Fe-Si を添加して Cr などの有価金属を還元回収する.Ar 吹き込みによる激しい撹拌により,Cr の歩留は大略100%となる.ついで脱硫剤を添加して脱硫して1回の操業を終わる.

本法を VOD 法と比較した特徴は,(1)多量のガス吹き込みが可能であり,高炭素域からの脱炭が容易であり,生産性が高い.(2)熱効率が高く,

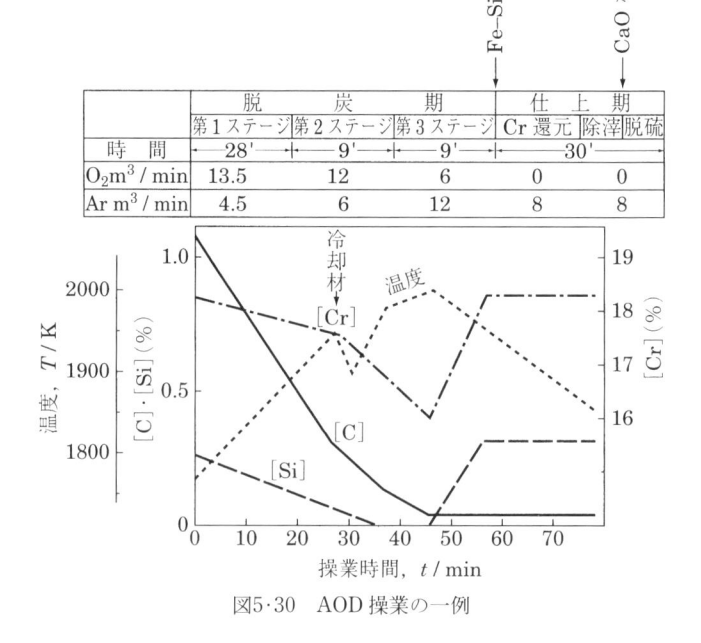

時間	脱炭期			仕上期	
	第1ステージ	第2ステージ	第3ステージ	Cr還元	除滓脱硫
時間	28'	9'	9'	30'	
O_2 m³/min	13.5	12	6	0	0
Ar m³/min	4.5	6	12	8	8

図5·30 AOD 操業の一例

多量の冷却材(スクラップ)を使用できる．(3)脱炭期におけるCrの酸化はVOD法より多く，還元剤使用量が多い．(4)極低硫鋼を吹錬できる．(5)出鋼時に炉壁に付着したスクラップの溶解による炭素量上昇，大気中のN_2吸収などのため，極低炭素，極低窒鋼の吹錬は難しい，などである．

また最近の試みとして，熱付与および脱炭時間の短縮のため酸素上吹きをする，LPGなどを強制燃焼させる，低炭素域でP_{CO}分圧を下げるためアルゴン上吹きをする方法などが行われている．

(a) CLU法

CLU(Creuset—Loire社，Uddeholm社共同開発)法はAOD法と同一原理であるが，高価なArの代りに水蒸気を使用する方法であり，1973年頃実用化された．その原理図を**図5・31**[38]に示す．図5・31に示すように炉底羽口からO_2+H_2O混合ガスを吹き込む．水蒸気は$H_2O(g)+[C]=CO(g)+H_2(g)$に分解し，H_2ガスが希釈ガスとなる．本反応は吸熱反応であり，炉耐火物損失には有利であるが，Cr酸化損失はAODに劣ると言われている．

(b) AOD–VCRとVODC

AOD–VCR(AOD–Vacuum Converter Refiner)[39]は希釈ガス脱炭法と減圧脱炭法を組み合せた方法(1993年，大同特殊鋼)であり，その原理図

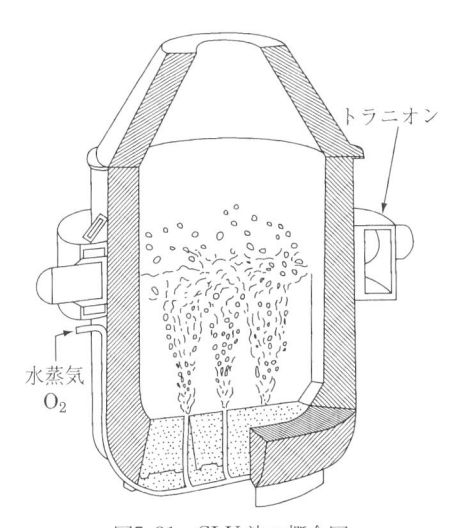

図5・31　CLU法の概念図

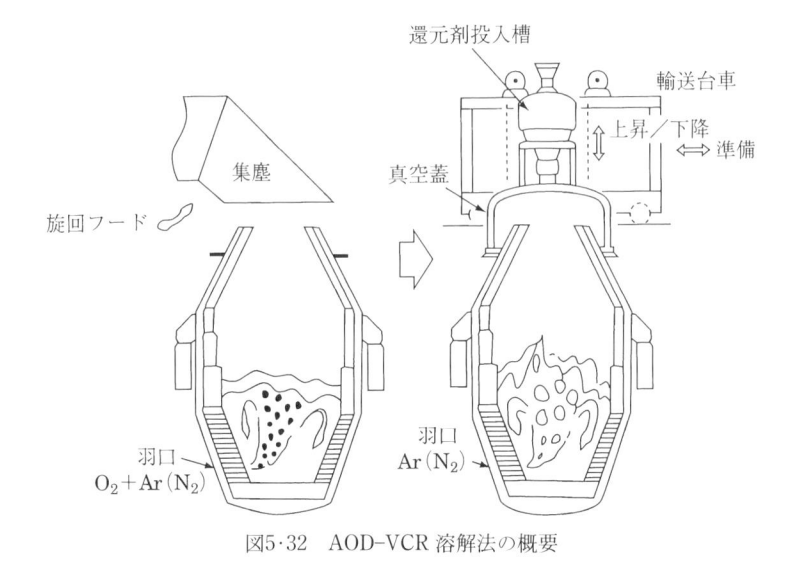

図5·32 AOD-VCR 溶解法の概要

を図5·32に示す.1炉に対してガス集塵フードと真空用蓋があり,酸素供給律速の高炭素域では多量の O_2 を吹き込み,炭素移動律速の低炭素範囲では真空下で多量のガスを吹き込み脱炭,脱窒を行う.本法では極低炭素,極低窒鋼を吹錬でき,クロムの酸化損失が少なく,使用アルゴン量も低減する.

VODC[40](VOD-Converter process)は1977年頃ドイツ TEW で開発された方法である.AOD-VCR と同様,真空用上蓋を設備した転炉型の炉よりなる.高炭素域では $Ar-O_2$ 希釈ガス脱炭を行い,低炭素域では減圧脱炭を行う組み合せ方法である.

5·4 取鍋精錬の化学

5·4·1 脱水素速度

溶鉄への水素溶解度は先にも述べたように Sieverts の法則にしたがい,1873 K で次式で示される

$$1/2 H_2(g) = [H] \tag{5·9}$$

$$[\%H] = 0.0025 P_{H_2}^{1/2} \quad 1873 \text{ K} \tag{5·10}$$

それ故 13.3〜66.6 Pa(0.1〜0.5 Torr)まで減圧にすれば,平衡論的には

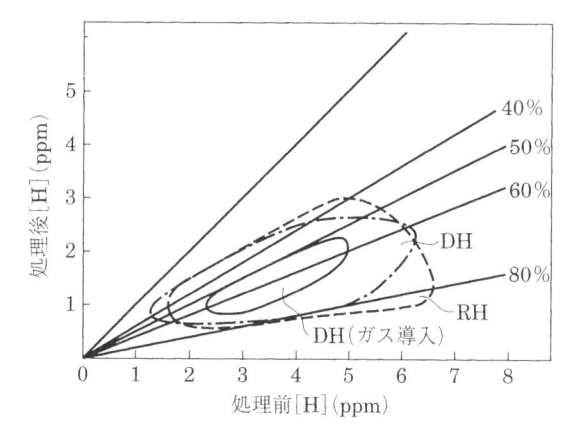

図5·33 真空処理前,処理後の鋼中[H]
DH, RH 脱ガス時の水素の挙動

$0.3 \sim 0.6$ ppm[H]まで低下する.

また水素の放出速度は,溶鉄中水素量の一次反応で示され,溶鉄側の物質移動律速であり次式で示される[41].

$$-d[\%H]/dt = (A/V)K_H[\%H]$$

ここで,V:溶鋼体積(cm^3),A:ガス-メタル界面積(cm^2)

K_H:溶鉄中水素の物質移動係数(cm/s).

したがって脱水素反応を促進するには,撹拌することおよび,ガス-メタル界面積(A/V)を大きくすることが重要である.実測によるとDH法やRH法の容量係数($k_H = (A/V)K_H$)は$(0.5 \sim 2.0) \times 10^{-3}$ s^{-1}[47]でかなり大きい値である.また現場的には,次式で示す雰囲気,添加物の水分や溶融スラグ中溶解水素より溶鋼中に侵入してくる水素が重要である.

$$H_2O(g) = 2[H] + [O] \quad (水蒸気の分解) \quad (5\cdot11)$$
$$2(OH^-) = (O^{2-}) + 2[H] + [O] \quad (スラグよりの溶解)[49] \quad (5\cdot12)$$

図5·33[42]にDHおよびRH法の脱水素実測値を示した.水素は40〜80%が脱ガスされることが分かる.

5·4·2 脱窒素速度

溶鉄への窒素溶解度もSievertsの法則に従う.

$$1/2N_2(g) = [N] \quad (5\cdot13)$$
$$[\%N] = 0.046 P_{N_2}^{1/2} \quad 1873\,K \quad (5\cdot14)$$

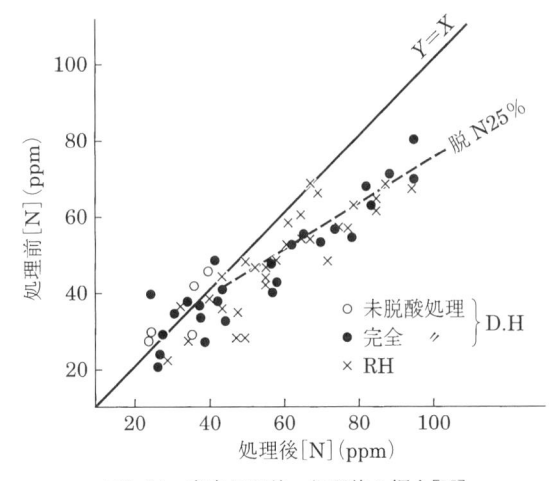

図5·34 真空処理前,処理後の鋼中[N]

それ故 13.3〜66.6 Pa(0.1〜0.5 Torr)まで減圧すれば,平衡窒素溶解度は 5〜12 ppm[N]となり,水素の場合よりかなり高い値である.

また速度論的研究によると吸窒反応は溶鉄中窒素量の一次反応であるが,脱窒素反応は二次反応で,窒素の溶解と放出では律速段階が異なると言われている[43][44]. また,表面活性元素である酸素や硫黄は,ごく小量の溶解で窒素の溶解放出反応を著しく妨害する[43][45]ことが知られている.

$$-d[\%N]/dt = (A/V)K'_N[\%N]^2 \quad (脱窒反応速度) \tag{5·15}$$

ここで,V:溶鉄体積(cm^3),A:ガス-メタル界面積(cm^2)

K'_N:見かけの反応速度定数(cm/s·%)

$$K'_N = 3.15 f_N^2 \left\{ \frac{1}{1+300a_O+130a_S} \right\} \tag{5·16}[45]$$

ここで,f_N:溶鉄中窒素の活量係数,(合金元素の影響)

a_O, a_S:溶鉄中の酸素と硫黄の活量,(表面活性元素の影響)

以上の結果より,水素に比較して脱窒素は難しく,また常に周囲の空気より溶鉄中に侵入して来る可能性がある. 脱窒素を促進するには単なる撹拌のみでは不十分である. ガス-メタル界面積(A/V)を大きくすることが必要で,Q–BOP, K–BOP のようなガスの底吹き込みや,脱炭によるボイリング作用が有効(図3·55参照)である. また一般の上底吹転炉でも溶鉄

中初期[N]量が大体同じであれば，脱炭量の多いほど吹き止め[N]量は低くなる．脱窒素の実績を示すと図5·34のようで，DH法やRH法では[N]≦40 ppmでは脱窒は困難とされていたが，Ar吹き込み量を2〜4倍以上に増加したRH法や，READ法では[N]≦40 ppm以下でも脱窒反応は進行している．またスラグによる脱窒も提案されたが，それには極めて低い酸素ポテンシャル($[a_O]$<1 ppm)が必要であり，実質的に不可能に近い．[49]

5·4·3 脱炭反応速度

溶鉄の脱炭反応は次式で示される．

$$[C]+[O]=CO(g) \tag{5·17}$$

$$[\%C][\%O]=0.0024 \cdot P_{CO} \quad 1873\,K \tag{5·18}$$

したがって減圧下でP_{CO}を低下せしめると，図5·35[47]のように[%C][%O]=m'の値が小さくなり，減圧下またはAr希釈などにより極低炭素の吹錬が可能になる．

脱炭速度については台型モデルがある．低炭素域では脱炭速度の律速過程は，界面液側の炭素の物質移動律速であり，次式で示される．

$$-d[\%C]/dt=(A/V)K_C([\%C]-[\%C]_e) \tag{5·19}$$

ここで，V：溶鋼体積(cm³)，A：ガス－メタル界面積(cm²)
K_C：液側物質移動係数(cm/s)，$[\%C]_e$平衡炭素濃度(%)，$[\%C]_e=0.0024\cdot P_{CO}/[\%O]$

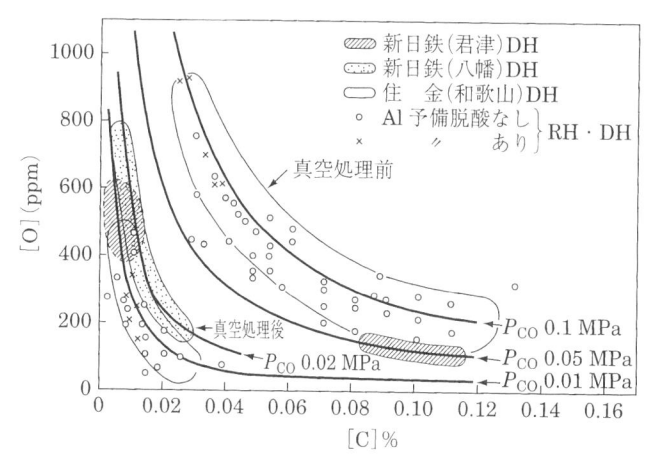

図5·35　真空処理前・処理後の[C]・[O]の関係

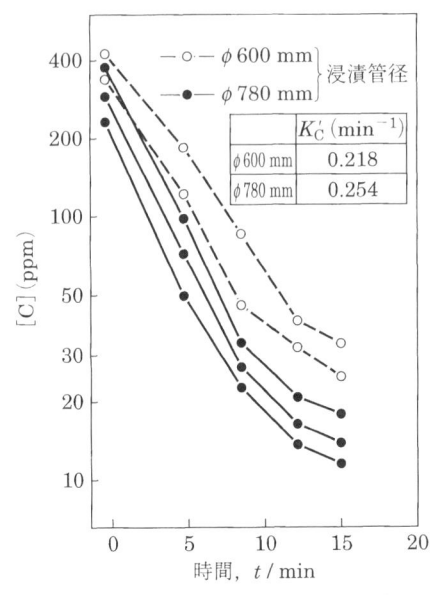

図5・36 RH法における浸漬管径による脱炭速度の向上

したがって，極低炭素鋼を得るには，撹拌と界面積(A/V)の増加が必要であり，Q-BOP, K-BOP, RH 法ではガス(CO, Ar)による溶鉄撹拌の増大などが計られている．**図5・36**[(48)]はその一例である．すなわち，浸漬管経の増大により溶鉄の還流量が大きくなり，溶鉄の撹拌が促進されたため脱炭が促進されたのである．

5・4・4 脱硫反応速度

スラグを作る取鍋精錬では，スラグ-メタル間反応により脱硫が進行する．CaOを含むフラックスのサルファイド・キャパシティを**図5・37**[(49)]に示す．サルファイド・キャパシティよりスラグ-メタル間の硫黄の分配比は次のように求められる

$$\log C_S = \log (\%S) + 1/2 \log P_{O_2} - 1/2 \log P_{S_2} \tag{5・20}$$

$$[O] = 1/2 O_2(g) \tag{5・21}$$

$$\log P_{O_2}^{1/2}/a_{O(\%)} = -5835/T - 0.354 \tag{5・22}$$

$$[S] = 1/2 S_2(g) \tag{5・23}$$

$$\log P_{S_2}^{1/2}/a_{S(\%)} = -6535/T + 0.964 \tag{5・24}$$

$$\log\{(\%S)/a_{S(\%)}\} = \log C_S - \log a_{O(\%)} - 700/T + 1.318 \tag{5・25}$$

5.4 取鍋精錬の化学

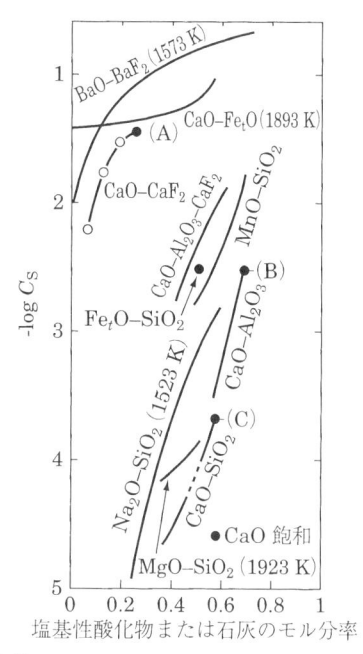

図5・37 CaO基フラックスのサルファイド・キャパシティ，1773 K

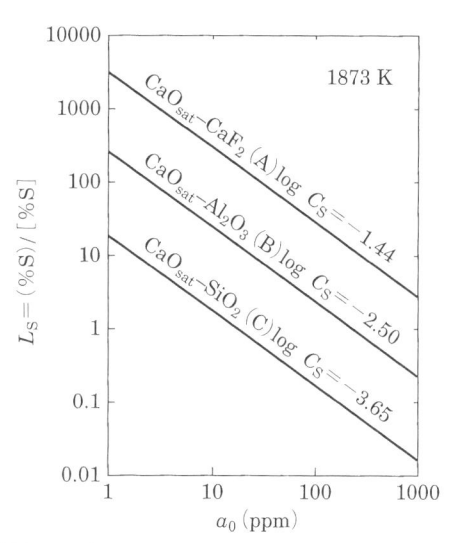

図5・38 硫黄分配比に及ぼすサルファイド・キャパシティと溶鉄中酸素活量の関係，1873 K（(A)，(B)，(C)は図5・37のA，B，C点である）

上式より，CaO_{sat}–CaF_2(A), CaO_{sat}–Al_2O_3(B), CaO_{sat}–SiO_2(C) 2元系の硫黄の分配比 $L_S=$(%S)/[%S]とメタル中酸素の活量を示せば図5·38[49]のようである．十分に高い硫黄分配比を得るためには，サルファイド・キャパシティの大きいこと，メタルを十分に脱酸することが必要である．特に脱酸は重要である．例えばCaO_{sat}–CaF_2(A) 2元系フラックスで$[a_O]$<5 ppm では硫黄の分配比は1000以上の高値となる．すなわち脱酸する事により急速に脱硫が進行する．これが炉外精錬で低硫鋼を精錬できる理由である．

また，スラグーメタル間の脱硫反応速度はメタル中硫黄の一次反応で示され，液側の物質移動律速と考えられており，次式で示される．

$$-d[\%S]/dt=(A/V)K_S\{[\%S]-(\%S)/L_S\} \qquad (5·26)$$
$$=k_S\{[\%S]-(\%S)/L_S\}$$

K_S：溶鉄側硫黄の物質移動係数(cm/s)
k_S：容量係数$(A/V)K_S$$(s^{-1})$

十分脱酸の進んでいる状況では図5·38に見られるように，L_Sは大きい値となり，近似的に(%S)/L_S≒0としてよい．

5·4·5 介在物の形態制御

(1) 介在物の形態制御の原理

取鍋精錬の発展により鋼中非金属介在物(酸化物・硫化物)の量は著しく低くなったが，これを完全には除去できない．それ故，残存介在物の形態をできるだけ無害な形にし，細く均一に分布させると同時に，地鉄中の[S]や[O]を極力低下せしめて，鋼材の性質の改善を図る．これが介在物の形態制御であり，micro-alloying とも言われている．

介在物の形態はA型(マンガンシリケートやMnSのように球状に析出し，熱間加工により圧延方向に延びるもの)，B型(結晶粒界に共晶状に析出するもの)，C型(Al_2O_3に代表されるように不連続に塊状に析出し，熱間圧延で変形しないもの)に分類される．

例えば線材などではC型介在物は線引加工時における断線の原因になるためきらわれる．また薄板材などではA型介在物は圧延方向に延び，鋼板に異方性がでるなどの問題がある．これを作り分けることが介在物の形態制御である．これらは複合脱酸の問題であり，複合脱酸における生成物について相図を作ることにより説明できる．しかし，形態制御に使用される元素はCa, Mg, Ti, Zr, Rem, 希土類元素など，[O]や[S]と非常に強

5·4 取鍋精錬の化学

い化学親和力をもつ元素で,現在においても基礎データは十分な信頼度がなく,実測によって添加量を決める場合が多い.

(2) 酸化物の形態制御の例

Si-Mn の複合脱酸における 1873 K,0.1 MPa(1 気圧)における Si-Mn-O 系の濃度と生成物の相図を図 4·3 に示した.同図で固体 SiO_2 飽和マンガンシリケート析出線より上部では $SiO_2(S)$ を生成し,溶融マンガンシリケートの範囲では溶融 MnO-SiO_2 を析出し,MnO-(FeO) 飽和マンガンシリケート線より [%Mn] の高い範囲では $MnO(S)$(FeO を固溶する)を析出する.従って脱酸剤の添加量によりこの介在物の形態を制御できる.

Si-Mn-Al 系複合脱酸における.1823 K と 1723 K,0.1 MPa,[%Mn]+[%Si]=1 における生成物の相図を**図5·39**[50]に示す.本相図では[%Si],[%Mn]量に比較して Al 量が極端に低い($\log$[%Al]=-4.0~-3.5)ことである.したがって Si-Mn-Al 系複合脱酸では $Al_2O_3(S)$ またはアルミネート介在物(S)を消すことは極めて難しいことが分かる.

$Al_2O_S(S)$ はクラスターを作ることから,$Al_2O_3(S)$ を消す方法として金属 Ca がワイヤーフィーダー法で添加される.すなわち $CaO \cdot Al_2O_3(l)$ を

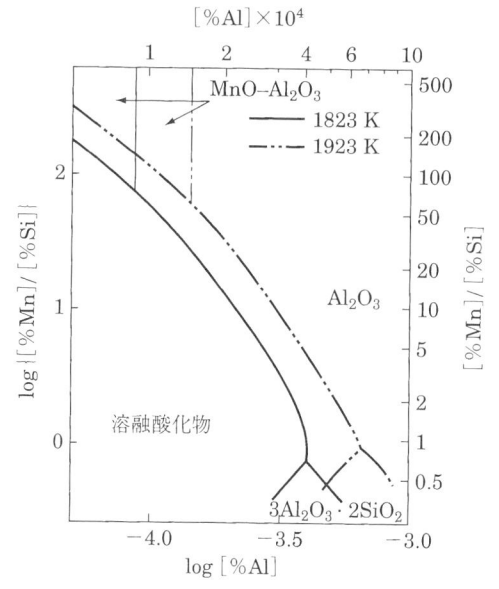

図5·39 溶鉄の Mn,Si および Al による脱酸生成物,[%Mn]+[%Si]=1

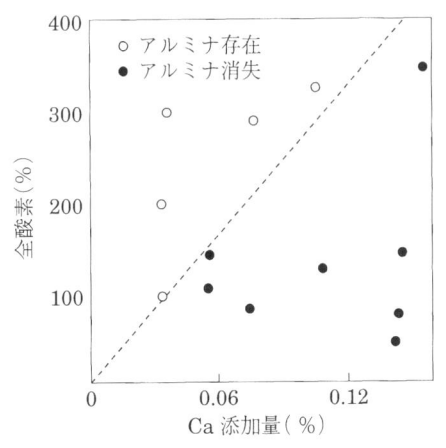

図5・40 Ca添加によるアルミナの変化

生成する.
$$4Al_2O_3(S) + 3[Ca] = 3CaO \cdot Al_2O_3(l) + 2[Al] \quad (5 \cdot 27)$$
$(Al_2O_3)(S)$の消失する添加$[Ca\%]$の実測例を示せば図5・40[51]のようである.

(3) 硫化物の形態制御

鋼材中に最も一般的に見られる硫化物系介在物はMnSである.MnSは熱間圧延で展延されるA型介在物である.これをC型介在物に変える方法として,[S]と強い化学親和力をもち,生成硫化物の軟化点の高い元素を添加することが必要である.

そのような添加元素として希土類元素(Rem),Ca,Ti,Zrなどがある.
$$(MnS)(A型介在物) + [J] = [Mn] + (JS)(S,C型介在物) \quad (5 \cdot 28)$$

すなわち,上記反応が十分右方に進行するに必要な最小量を添加する.実測値を示すと図5・41[52]のようで,Rem/S=3.0〜6.0の範囲では大部分がC型介在物になっている.同様な測定により次の結果[53]が得られている.

$$\left. \begin{array}{l} Rem/S \geqq 3 \\ Ca/S \geqq 0.5 \\ Ti/S \geqq 10 \\ Zr/S \geqq 6 \end{array} \right\} 1873\,K\ C型介在物安定範囲(実績値)$$

5・4 取鍋精錬の化学

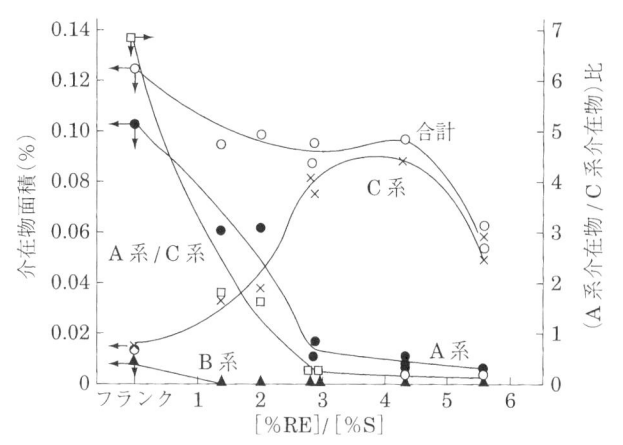

図5・41 鋼板中の介在物の形態と[%RE]/[%S]比の関係

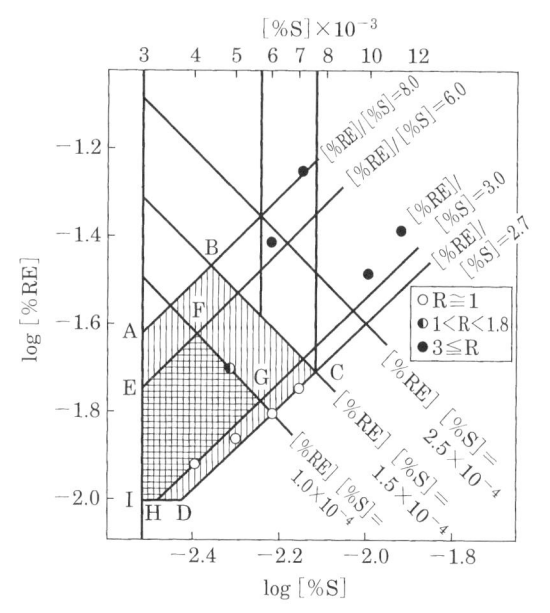

図5・42 硫化物の均一形態制御に対する適正RE領域(斜線部分)

また生成硫化物を細く均一に分布させることも重要である．均一分布には，凝固過程の偏析，溶鋼の流動状態が重要である．しかし，単純には生成硫化物量を低下せしめること，すなわち十分に脱硫して溶鋼中[S]含有量を十分に低下してから，脱硫添加剤を添加することである．できるだけ偏析をさけて均一分布をさせるための硫化物量は実績値によると次のようである

$$[\text{Rem}][\%S] \leq (10\sim15)\times10^{-5}$$
$$[\%\text{Ca}][\%S]^{0.28} \leq 1.0\times10^{-3}$$

したがって，Rem による硫化物系介在の形態制御の最適範囲は実績値によれば図5·42[53]のようになる．

最後に高清浄度鋼の製造に関する動機，事例および除去すべき元素をまとめると表5·5のようである．

表5·5　高清浄度鋼の精錬背景

動　機	事　例	低減不純物
要求特性値の苛酷化	高張力ラインパイプ用鋼 耐ラメラテァ鋼 Cr-Mo鋼，低温用鋼	C, S, N S P, S
鉄鋼製造プロセス，技術の変革と進歩	連続焼鈍プロセス 加工熱処理技術	C, N C, S
製造性の改善	連続鋳造での表面きず抑制 省エネルギープロセスでの鋳片の無手入れ化 UST 欠陥の絶無	S, N, O S, N, O H, S, O

参　考　文　献

(1) 西山記念講座：日本鉄鋼協会編，No 54. 55, (1978); No. 72, 73(1981), No 90, 91(1983); No. 143, 144(1992).
(2) 取鍋精錬特集号：鉄と鋼，**63**(1977), 1945; **69**(1983), 1721; **72**(1985), 371.
(3) 最近のアーク炉製鋼法の進歩(第3版)，日本鉄鋼協会編，(1993), Oct.
(4) 取鍋精錬法；鉄鋼技術の流れ：梶岡博幸，(1997)，地人書館
(5) 鉄鋼製錬，現代の金属学，製錬編 I：日本金属学会，(1979), p. 222.
(6) 丸川雄浄：第100, 101回西山記念講座，日本鉄鋼協会，(1984), p. 133.
(7) 梅沢一誠：第100, 101回西山記念講座，日本鉄鋼協会，(1984), p. 101.

参 考 文 献

(8) 萬谷志郎, 日野光兀, 長林　烈, 寺山統一：鉄と鋼, **75**(1989), 66.
(9) 中村　泰, 原島和海, 福田義盛：鉄と鋼, **67**(1981), 2138.
(10) 北村信也, 水上義正, 金子敏行, 山本利樹, 迫村良一, 相田英二, 小野山修平：鉄と鋼, **76**(1990), 1802.
(11) 竹村洋三, 吉田基樹, 調　和郎, 古崎　宣, 高橋正章：鉄と鋼, **73**(1987), S277.
(12) 田畑芳明, 寺田　修, 長谷川輝之, 菊地良輝, 河井良彦, 村木靖徳：鉄と鋼, **76**(1990), 1916.
(13) T. Fuwa, S. Mizoguchi and K. Harashima: Annual Meeting of ISS-AIME, Chicago, April(1984).
(14) 大久保靜夫, 都築誠毅, 恵藤文二, 桑原達朗, 小野沢昌夫：鉄と鋼, **59**(1973), S400.
(15) 川崎製鉄・千葉：第101回製鋼部会資料(1989).
(16) 新日鐵・広畑：第110回製鋼部会資料(1993).
(17) 桐生幸雄, 八百井英雄, 麻生誠二：鉄と鋼, **72**(1986), S 156.
(18) T. Shima: Proc. 6th International Iron and Steel Cong. Vol 3. Nagoya, ISIJ, (1990), 1.
(19) 製銑製鋼法：日本鉄鋼協会編, (1976), 322, 岸田寿夫, 地人書館.
(20) 西岡武三郎, 江本寛治：鉄と鋼, **60**(1974), 1661.
(21) Elect. Fur. Steelmaking Conf. Proc., AIME, (1968), p. 26.
(22) 第16回製鋼部会：日新・呉, (1976-9).
(23) 矢島忠和：日本金属学会会報, **30**(1991), 101；電気製鋼, **58**(1987), 14.
(24) 野村　保：電気炉製鋼, **60**(1989), 195.
(25) 福田和久, 関　豊, 笠原　始, 星島洋介, 永浜　洋, 磯野貴広：CAMP, ISIJ, **6**(1993), 269；磯野貴広, 大貫一雄, 梅沢一誠, 延本　明, 亀井浩一, 平岡　祥：CAMP, ISIJ, **6**(1993), 270.
(26) 根本秀太郎, 川和高穂, 佐藤秀樹, 坂本英一：鉄と鋼, **58**(1972), 387.
(27) 玉本　茂, 佐々木寛太郎, 梨　和甫, 杉田　宏, 森　明義：鉄と鋼, **63**(1977), 2110.
(28) 原口　博, 大河和男, 森　久, 薄木宗雄：鉄と鋼, **61**(1975), S135.
(29) 田中　功, 庄司武志, 阿部泰久, 有馬慶治, 西村光彦：製鉄研究, **291**(1977), 49.
(30) H. Gruner *et al.*: Stahl ü. Eisen, **96**(1976), 960.
(31) 西山記念講座第143, 144回, 日本鉄鋼協会, (1992), p. 163.
(32) 雀部　実：西山記念技術講座第143, 144回, 日本鉄鋼協会, (1992), p. 1.
(33) 西山記念技術講座第151, 152回：日本鉄鋼協会, (1994), p. 74.
(34) 中野良知：特殊鋼, **70**(1984), 33.
(35) 真目　薫, 松尾　亨, 森重光之, 亀川憲一, 山口秀良：材料とプロセス, **1**(1988), 1185.
(36) 真目　薫：住友金属, **46**, No. 5(1994), 18.
(37) 沢村榮男：鉄と鋼, **63**(1977), 1953.

(38) 製銑製鋼法：日本鉄鋼協会編，新版鉄鋼技術講座第1巻，(1976), 334，岸田寿夫，地人書館．
(39) M. Shinkai, K. Mori, S. Kumura, H. Sakuma and M. Tsuno: Jap. & Germ. Seminar, Sendai, (1993).
(40) H. Baver and H. J. Flescher: The 3rd VOD Conf. ISIJ., Tokyo, (1977).
(41) 萬谷志郎，森 健造，田辺幸男：鉄と鋼，**66**(1980), 1494.
(42) 松永 久，王寺睦満，富永忠男，田中英夫：製鉄研究，**291**(1977), 74
(43) M. Inouye and T. Choh: Trans. ISIJ, **8**(1968), 134.
(44) S. Ban-ya, T. Shinohara, H. Tozaki and T. Fuwa：鉄と鋼，**60**(1974), 1443.
(45) S. Ban-ya, F. Ishii, Y. Iguchi and T. Nagasaka: Met. Trans., **19B**(1988), 233.
(46) 鉄鋼便覧Ⅱ，製銑製鋼：日本鉄鋼協会編，(1981), p. 679.
(47) 松永 久：西山記念技術講座第54, 55回，日本鉄鋼協会，(1978), Sep., 19, p. 60.
(48) 大西保之，伊賀一幸，小林 功，志俵教之：鉄と鋼，**70**(1984), S 976.
(49) S. Ban-ya, M. Hino and T. Nagasaka: Proceedings of Ultra High Purity Base Metals, UHPM-94, (1994), 86.（日本金属学会）
(50) 藤沢敏治，坂尾 弘：鉄と鋼，**64**(1978), S18.
(51) C. Gatellier & M. Olette: SCANINJECT, (1977), p. 8.
(52) A. Ejima, T. Emi, K. Suzuki, Y. Habu & K. Sanbongi: 5th Japan-USSR Symp., (1975), Sp. Report, No22, ISIJ.
(53) 桜谷敏和，江見俊彦，垣生泰谷，江島彬夫，三本木貢治：鉄と鋼，**62**(1976), 1653.
(54) A. Aoki, S. Kitamura and K. Miyamoto: Iron & Steelmaker, Iron & Steel Society of AIME, **26**(1999) No. 7, 17.

6. 特殊な製鉄法

本章では「特殊な製鉄法」として高炉によらざる製鉄法と高級特殊鋼の特殊溶解法について述べる．

6·1 高炉によらざる製鉄法

6·1·1 直接製鉄法の概要

高炉を使用せず，鉱石より直接的に鉄または鋼を生産する方法を直接製鉄法または直接還元法と言う．

高炉は15世紀に発明されてから約600年間近代製鉄法の中心的設備であった．その間，高炉に替る多くの製鉄法が提案され研究されてきたが，高炉の持つ高い生産性と熱効率を打破できなかった[1]．しかし，高炉は高い強度のコークスと塊成鉱を原料とするため，高炉を中心とし，コークス炉，焼結機を含めた大規模設備を必要とし，操業の弾力性に欠けている．このことより一般炭，天然ガス，粉鉱石を使用して，弾力性のある操業の可能な製鉄法の必要性が提案され研究[1]-[4]されてきた．また，最近では鉱石を 1673～1873 K の高温に上げ，溶銑を効率よく製造する溶融還元法が注目されている．これまで提案され試験されてきた方法は極めて多く100を越すと言われているが，その主要な方法を使用する炉型により分類すると次のようである．

(1) 固定層炉(レトルト炉)：Höganäs 法，HyL 法，Madaras 法．

(2) シャフト炉：Wiberg 法，Midrex 法，Purofer 法，Armco 法，新日鉄法，H-D，Kinglor-Metor，Echeverria，Finisider，ICEM，Carbotherm．

(3) 流動層炉：FINMET，Circored，Iron Carbide，HIB，FIOR，H-Iron，Novalfer，金材技研法，A. D. Little，Nu-Iron，CO-C-Eisen，Stelling．

(4) ロータリキルン法：SL/RN，Krupp 海綿鉄，ACCAR，川鉄法，Krupp-Renn，Ugine，Kalling-Avesta．

(5) 溶融還元法：DIOS，川鉄法，Himelt，AISI COREX，PLASMAMLT，COIN，CIG，SC，MIP，ELRED，INRED，Basset 法，Sturzelberg

法,Dred 法,Jet Smelting 法,Eketorp-Vallack 法.
 (6) その他:FASTMET, D-LM, Elkem, Strategic Udy 法.

原料鉱石は場合により粉鉱や塊成鉱(塊鉱,ペレット)を使用するが,固体状態の還元鉄を生産する場合には脈石成分を分離できないので,多くの場合鉄分65%以上の高品位鉱を使用し,金属化率90%以上の還元鉄を製造する.

還元剤は地方的事情により,石炭,天然ガス,LPG,コークス炉ガス,原油,ナフサ,灯軽油,重油,残査油などをそのまま,または水蒸気改質,CO_2 改質,部分酸化法により $CO+H_2$ に改質し,還元温度に加熱して使用する.

また最近は製鉄所内製鉄ダスト処理法としてもロータリキルン法が利用されている.

最近の世界における粗鋼生産量は年間で7億トン強であるが,1995年における直接製鉄法による生産量は,全世界で約3000万トンで,Midrex(65%), HyL(27%), Corex(3%), SL/RN(3%), Fior(1%)であり,漸増の傾向にある.

6・1・2 レトルト法

固定層法においては,還元中装入物が静止しているから,方法はバッチ方式になる.レトルト法は操業法が単純で,炉体の維持が容易であるが,エネルギー消費量が高く,還元率が不均一になりやすい.

 (1) Höganäs 法

今世紀の初期にスウェーデンで開始され,現在でも少量生産が行われている最も古い直接製鉄法[5]である.図6・1に示すように,高品位鉱石を粉コークスおよび石灰石と共に耐火れんがの容器に装入し,トンネルキルンで約1473 K にて3〜4日間還元する.成品は製鋼用原料とする外,更に精製して純度を上げ,溶断用鉄粉や粉末冶金用還元鉄粉として使用されている.

 (2) HyL 法

本法はメキシコ Monterrey の Hojalata y Lamina 社が1957年頃開発したことより HyL 法[6][7]と呼ばれている.図6・2に HyL 法工程図を,図6・3に HyL 法反応器詳細図を示す.

本法は図6・2に示すように4つの反応器と一つの天然ガス改質炉よりなっている.1回の操業は(1)還元工程(I), (2)還元工程(II), (3)冷却工程, (4)排

6·1 高炉によらざる製鉄法

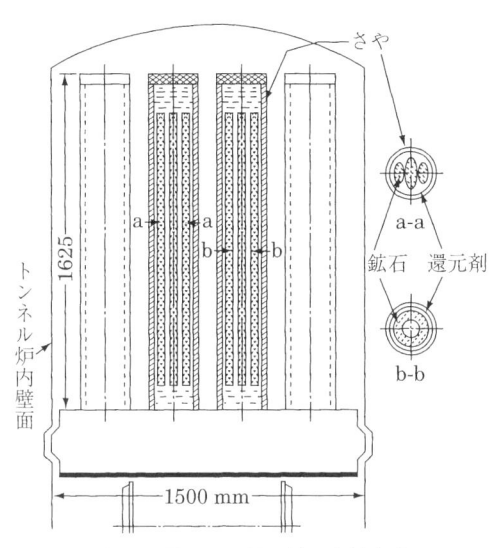

図6·1 Höganäs法の鉱石充填方式

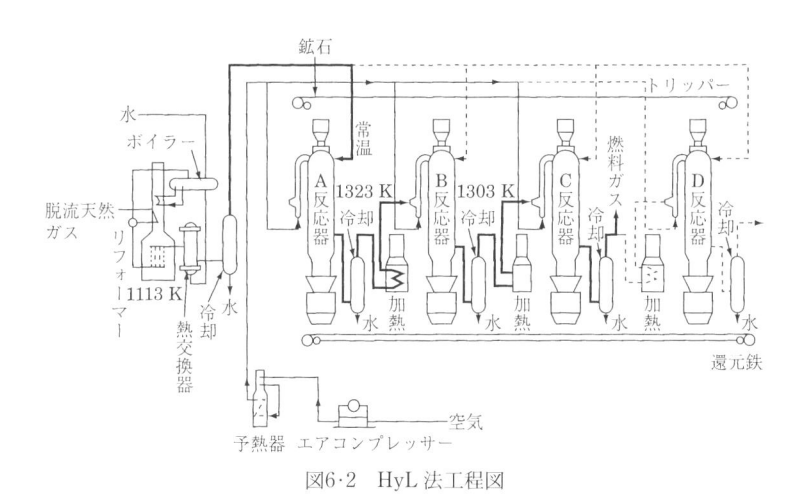

図6·2 HyL法工程図

出・装入工程の4工程を1サイクルとするバッチ方式である．各工程は大略3時間毎にガス流路を替えて連続操業する．

還元ガスは天然ガス改質炉によって得られる．すなわち，活性炭で脱硫

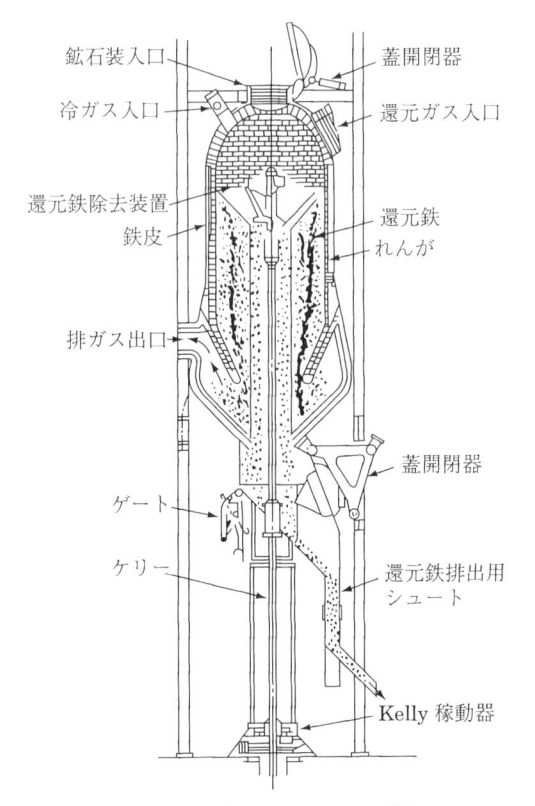

図6・3 HyL法のリアクターの詳細図

した天然ガスを700 Kに加熱して過熱水蒸気と共に改質炉に送り，1110 Kにて70%H_2以上，CO 10%以上の還元ガスを得，これを常温まで冷却して水分を除去した後，冷却工程にあるA反応器上部より送入する．

A反応器では還元鉄が冷却されると同時に，未還元の酸化鉄の還元も一部進行する．A反応器排出ガスは冷却して水分を除去した後，1300～1320 Kに加熱してB反応器上部より送入する．

B反応器では主としてFeO→Feへの還元が進行する．B反応器下部よりの排出ガスは冷却して水分を除いた後，再び1300～1320 Kに加熱してC反応器の上部より送入する．

C反応器内では主としてFe_2O_3→FeOまでの還元が進行する．C反応器

の排出ガスは冷却して水分を除いた後に加熱用燃料として使用し，再循環はしない．

その間，D反応器では冷却した還元鉄を取り出し，再び新しい鉱石を装入して次の工程に入る．

HyL法では還元鉄の金属化率の平均値は85％程度である．還元率は一次還元40％，最終還元80％，冷却工程後85％となっている．

還元容器の詳細図は図6・3のようで，耐火物を内張りした円筒状の炉で原料の装入口，還元鉄排出口，還元ガスの入口と出口がある．また還元鉄が互いにくっついて排出不能になった時に掻き出すケリー（Kelley drive machine）などが装置されている．

本法は天然ガスの豊富な地方における製鉄法として適しており，メキシコ，ブラジル，インドネシヤ，ベネズエラなどで稼動しており，現在Midrex法に次ぐ直接製鉄法となっている．

6・1・3 シャフト炉法

堅形炉の炉頂より塊成鉱（塊鉱，ペレット）を装入し，炉の下部より高温の還元性ガスを吹き込む．生成した還元鉄は下部の冷却帯で冷却してシャフト炉底部より排出される．還元温度は装入物が融着しない範囲で高いことが望まれる．還元ガスの反応率は30〜40％程度で，炉頂排ガス中に多量の未反応 H_2, CO を含むため，炉頂ガスを循環して再利用する場合が多い．この還元ガス製造法やガス循環法などに，各シャフト炉法の特徴がある．

(1) Wiberg法

鉄鉱石をシャフト炉で $H_2 : CO = 1 : 3$ 程度の高温ガスで還元する方法である．スウェーデンのDr. Wibergの発明になり，1932年スウェーデンのSöderfors[1][8]で工業化されたことよりWiberg-Söderfors法とも呼ばれる．

本法の作業系統図を**図6・4**に示す．本法は還元炉，脱硫塔およびガス再生炉よりなっている．

還元炉の炉頂より装入された塊鉱は，炉の上部で排ガスの一部を燃焼することにより1270 Kに加熱され，還元帯で還元され，赤熱状態のまま容器に排出してから冷却する．還元後の排出ガスの約2/3はシャフト炉中段より高温のまま取り出し，ガス再生炉に送って循環される．再生炉はコークスを充填し，電気通電により加熱し還元炉排ガス中 CO_2 と H_2O を CO

210   6. 特殊な製鉄法

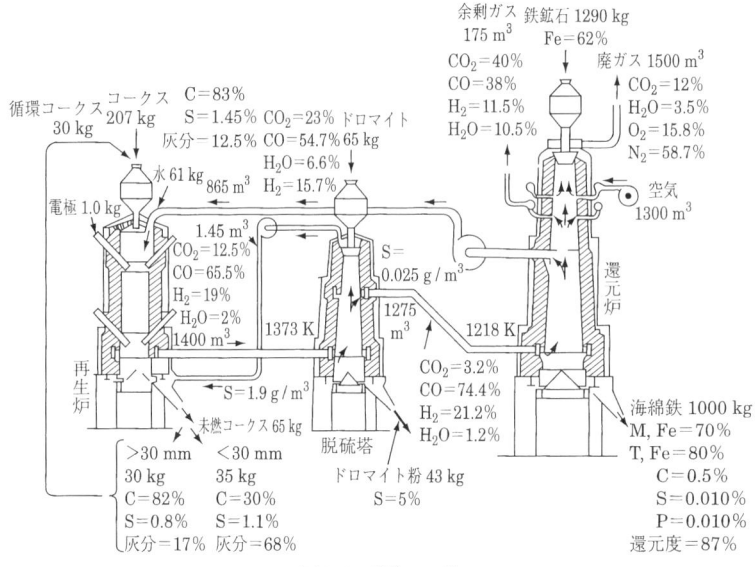

図6·4 Wiberg法

やH$_2$に還元し1370Kにて脱硫塔に送る．脱硫塔にはドロマイトを充塡して還元性ガスを脱硫し，1220Kで還元炉下部より送り込む．本法では循環ガス中のH$_2$％が次第に減少してくるので，水蒸気を添加して還元ガス中H$_2$％を20〜25％に保つようにする．

本法は1000K程度でガスを循環する送風機に制約があり大型化が難しい．我が国では，日立金属・安来工場でWiberg法を改良したWiberg-安来法(35トン/日)が1964年より稼動している．

(2) Midrex法

本法はアメリカMidland-Ross社により開発されたシャフト炉による海綿鉄製造法[2][9]である．1969年頃から実用化され，世界の新鉄源生産量の2/3を占める主要な方法となっている．

本法の作業系統図を図6·5に示す．原料には，ペレット・塊鉱石が用いられ，粉化が少なく，鉄分品位が高く，硫黄などの不純物が少ないことが望まれる．製品の金属化率は92〜95％である．還元ガスはシャフト炉排ガス2に対し天然ガス1の割合で混合し，ガス改質炉に導き1270〜1370Kで水蒸気添加改質される．ガス組成は40〜60％H$_2$，24〜36％CO，3〜

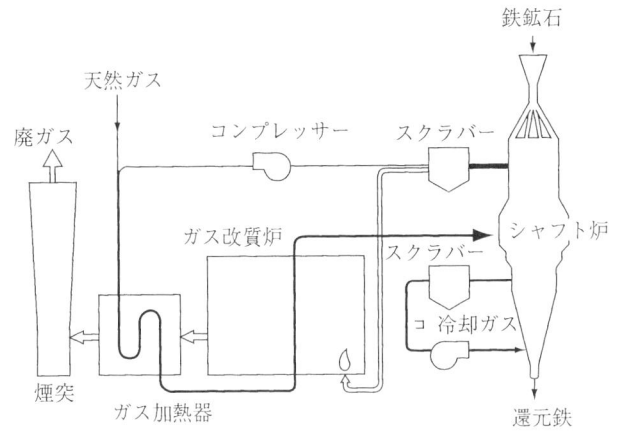

図6·5 Midrex プロセスフロー

$6\%CH_4$, $0.5\sim3\%CO_2$, $12\sim17\%N_2$ である．これを 1070～1170 K にてシャフト炉に供給する．炉頂排ガスの60～70％は循環再利用されている．

Armco 法（アメリカ），Purofer 法（ドイツ）などは，還元ガスの製造法や循環法に相違はあるが，Midrex 法に類似のシャフト炉法による海綿鉄製造法である．最近では還元鉄の再酸化防止のための不活性化処理法が開発され，還元鉄の海上輸送が可能である．

6·1·4 流動層法

容器内に粉粒体を充填し下方より流体を流すと，流量が少ない間は粒子層は静止状態を保っており，固定層の状態にある．更に流速が増加して圧力損失が粒子層の重さに釣合うようになると粒子層全体が液体のように流れやすくなる．この現象を流動化と言う．流動層になる最小の流速である流動化開始流速よりも，流速を増加すると，粒子の運動はますます活溌となり，液体が沸騰しているように混合しながら運動し，粒子層の高さは1.2～1.6倍に膨張する．このような流動層は層内の温度が均一で，粉粒体の連続大量処理が可能であることより工業的な気・固操作に広く利用されている．このことより粉鉱石の還元に流動層を利用する多くの研究が行われてきた．

しかし，還元温度が低いと，還元ガスの利用率が低く，還元鉄が再酸化されやすい．また還元温度を高くすると還元鉄粒子の凝集や，焼結するな

どの問題がある．

(1) FIOR法

本法[2][4][10][11]は粉状鉄鉱石を天然ガスを用い，気泡流動層でガス還元して，ブリケット状還元鉄を作る方法である．Fluidized Iron Ore Reduction の頭文字より取られた名称で，Esso-Little 法と Nu-Iron 法などを改良し，Exxon Research and Engineering 社により1962年頃より研究開発されてきた

本法のフローシートを図6·6に示した．0.05〜13 mm の粉鉱石を乾燥炉で乾燥し，予熱用流動層にて970〜1100 K 程度に加熱し，直列に還元ガスを流した3塔の流動層で還元する．還元ガスは天然ガスを水蒸気改質して脱炭酸した後，循環ガスと混合して使用する．生成した還元鉄はブリケット状にして冷却して出荷する．製品の金属化率は90〜92%である．

(2) Iron Carbide

本法[12][13]は粉状鉱石と天然ガスを用い，気泡流動法にて還元し，粉状の炭化鉄 Fe_3C を製造する方法である．炭化鉄は還元鉄に比較して大気中で安定で再酸化され難く，熱源となる炭素を5%程度含み，溶解性に優れている．そのため貯蔵・運搬が容易で，電気炉製鋼法の溶解原料として優れている．

本法の作業系統図を図6·7に示す．原料のヘマタイト（0.1〜1 mm）は

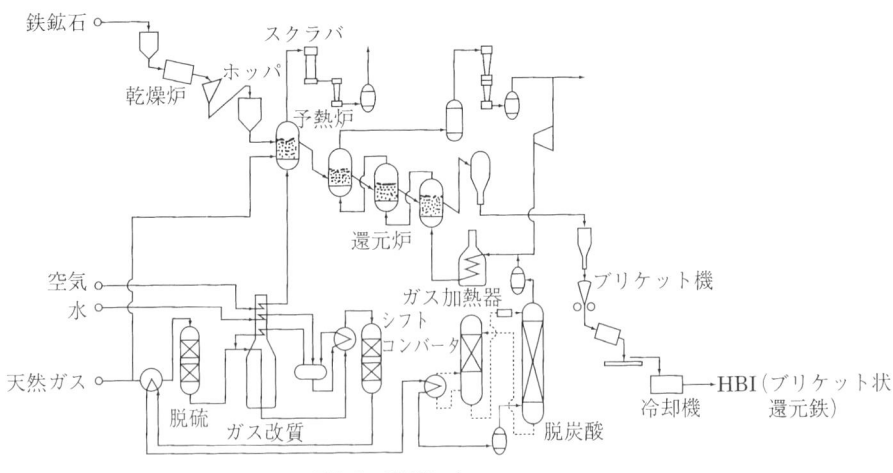

図6·6　FIOR プロセスフロー

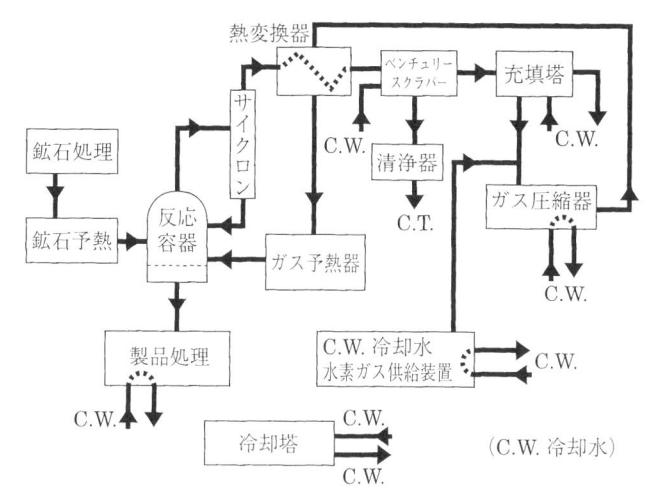

図6·7 Iron Carbide 製造法の原理図

970 K に加熱して反応容器(流動層)に給鉱する．反応ガスは CH_4-H_2 を主成分とするガス($60\%CH_4$, $34\%H_2$, $1\%CO$, $1\%H_2O$)を 843 K, 300 kPa で供給し，8〜12時間で Iron Carbide を製造する．排ガスは循環することにより窒素が富化して来るので一部は除く．他は水分と硫黄を除き更に除塵して，水素を補給し循環する．炭化鉄生成の総括反応は次式で示される．

$$3Fe_2O_3 + 5H_2 + 2CH_4 \longrightarrow 2Fe_3C + 9H_2O \qquad (6·1)$$

生成炭化鉄の組成は，Fe_3C として90%Fe，酸化鉄として8%Fe，金属鉄として2%Fe，90%全鉄，6.2%C，2%脈石となっている．

本法は 873 K 前後の低温で反応させるため，反応時間が長い，流動層反応容器が大きい，ガスの循環量処理量も多いなどの問題点がある．

現在 Nucor の Trinidara & Tabago で30万トン/年のプラントが稼動している．

6·1·5 ロータリキルン法

ロータリキルン法は傾斜した管状回転炉を使用して鉄鉱石を還元する方法である．塊鉱，ペレット，粉鉱石などを石炭および石灰と共に炉の高い方より装入し，回転により混合しながら還元する．鉱石は低品位鉱から高品位鉱まで利用でき，還元剤としては石炭の外に加熱用に重油，微粉炭な

ども使用される．鉱石と還元剤の選択に多様性と柔軟性があり，操作や設備も比較的簡単である．還元温度が873～1373 K では SL/RN[1] や Krupp-Sponge 法[1] のように海綿鉄が得られ，1473～1573 K では Krupp-Renn 法[1] のように生成海綿鉄が凝集して軟いルッペ(粒鉄)となり，脈石成分は半流動状態で排出される．更に高温では Basset 法[1] のように溶銑が得られる．

また最近では製鉄所内で発生するダスト処理にロータリキルン法が広く利用されている．

(1) クルップレン法(Krupp-Renn Verfahren)

本法[1][14]は1931年頃から，F. Johansen により Krupp Grusen 工場で開発され，高炉では使用できない高珪酸質・低品位鉱の活用法を目標としていた．炉の径は 3.0～5.6 m，炉長 50～150 m の炉で 200～1500 トン/日能力の炉が試験された．図6·8に Krupp-Renn 法の概略を示した．原料である鉄鉱石と粉炭を回転炉の高い方より装入し，反対側より微粉炭や液体燃料を燃焼して加熱する．鉱石は予熱帯，還元帯を経て，ルッペ帯(1473～1573 K)では海綿鉄が凝集して粒鉄となって半流動状のスラグと共に排出される．これを冷却・破砕して磁力選別して鉄分を回収する．同種の回転炉は含チタン鉄鉱石，含ニッケル鉱石の製錬にも利用されている．

(2) SL/RN 法

本法[15][16]は SL(Stelco(カナダ)-Lurgi(ドイツ))法と，RN(Republic Steel(アメリカ)-National Lead(アメリカ))法を組み合せた，ロータリキルンによる海綿鉄製造法である．1975年まで数プラントが稼働している．

原料は低品位から高品位の生ペレット，焼成ペレット，および塊鉱石，

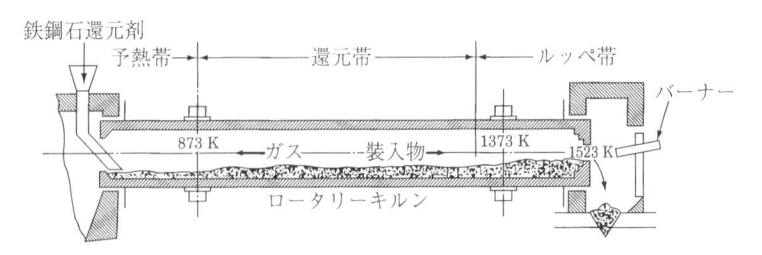

図6·8 Krupp-Renn 法

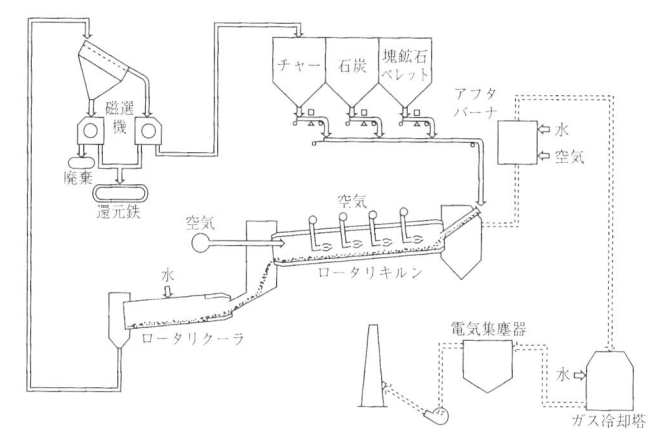

図6·9　SL/RN法のフローシート
(塊鉱，ペレット用)

還元剤としては無焼炭，コークス，瀝青炭などが使用され，原料鉱石，還元剤などの品質制約の少ないことが特徴である．その作業系統図を図6·9に示した．原料と還元剤はキルン内で回転により攪拌され1323〜1473 Kまで加熱して還元する．還元された混合物は373 K以下に冷却してから，篩分けと磁選によって，還元鉄，残留石炭，石炭灰分と脱硫剤に分離する．製品の金属化率は90〜96％である．

(3)　ダストの処理

製鉄所内では高炉ダスト，転炉ダストなど大量のダスト類が発生する．これらのダスト類は一般に，(1)鉄分が低い，(2)極微粉鉱である，(3)亜鉛やアルカリの酸化物を含む，などより処理が難しい．これらのダスト類を集中連続処理して環境の改善と公害防止を計るため，原料に対する制限の広いロータリキルン法が多く使用されている．川鉄法(川鉄千葉製鉄所・水島製鉄所)，SL/RN法(NKK福山製鉄所)，光峰法(新日鉄室蘭製鉄所)，SPM法(Sumitomo Prereduction Method)(住金鹿島製鉄所)などが稼動している．

6·1·6　溶融還元法

鉄鉱石を1673〜1873 Kに加熱・還元して溶銑またはセミスチールを作る溶融還元法は，原料および還元剤の制限が少なく，還元剤の利用効率が高い，また還元速度が大きく，理論的には必要エネルギーも最小ですむこ

とより1930年代より研究[3]されてきた．最近では石炭と酸素を利用し，予備還元炉と鉄浴式溶融還元炉を組み合せた溶融還元法(Smelting Reduction Process)が高炉に代る方法として注目され，研究されている．

(1) COREX法

COREX法[4][17][18]はKR法とも呼ばれ1976年ドイツのKORF Engineering社で研究開発された．

本法の作業系統図を図6・10に示す．本法は原料である塊成鉱を予備還元するシャフト炉と石炭ガス化溶解炉(Melter gasifier)よりなっている．石炭ガス化溶解炉は予備還元鉄と一般炭を上部より装入し，下部より酸素を吹き込んで石炭を燃焼し，還元鉄を溶解すると共に大量の高温還元性ガスを発生させる流動層方式の溶解炉である．原料塊成鉱は予備還元するシャフト炉で1123～1173 Kにて金属化率90～95％まで還元され，高温のまま石炭ガス化溶解炉に送られ溶解されて溶銑の形で出銑される．石炭ガス化溶解炉で発生した還元性ガスの大部分は冷却ガスを混合し，1123～

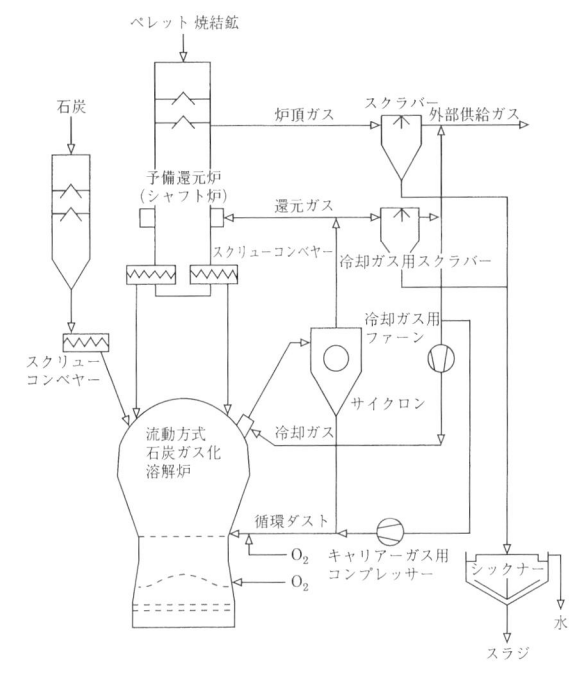

図6・10 COREX法のプロセスフロー

1173 K でシャフト炉下部より送入する.

本法における溶銑1トン当りの原単位の一例によると, 石炭1トン, O_2 550 m^3, 電力25 kW, 工業用水 1.5 m^{3}で, 12.6〜16.7 GJ/トン・溶銑の余剰ガスを発生する. この余剰ガスの有効利用が経済的に重要である. 本法は南ア ISCOR プレトリア製鉄所で1987年より30万トン/年, 韓国浦項製鉄所では1995年より60万トン/年のプラントが操業している.

(2) DIOS 法

DIOS(Direct Iron Ore Smelting reduction process)法[4][19]-[21]は1988年より日本鉄鋼連盟が中心となり共同研究を進め, 1993年からNKK・京浜にて1日当り500トンの試験操業が行われた. 本法の原理図を図6・11に示す. 本法は粉鉱石と石炭を用い, 予備還元流動層(気泡流動層)と鉄浴式溶融還元炉よりなる溶銑製造法である.

粉鉱石は乾燥・予熱の後に予備還元流動層に送り20〜30%予備還元した後に溶融還元炉に装入する. 石炭は事前乾燥して転炉型の鉄浴式溶融還元炉に装入し, 上吹き酸素により燃焼してガス化する. 溶融還元炉では発生熱量を多くするため二次燃焼率(炉内燃焼率)を高める. その熱量により還元鉄を溶解し, 発生ガスを改質して予備還元流動層で使用する.

要素研究から鉄浴炉の二次燃焼率は50%以上, その着熱効率は90%に達し, 一般炭の使用も可能であると言う.

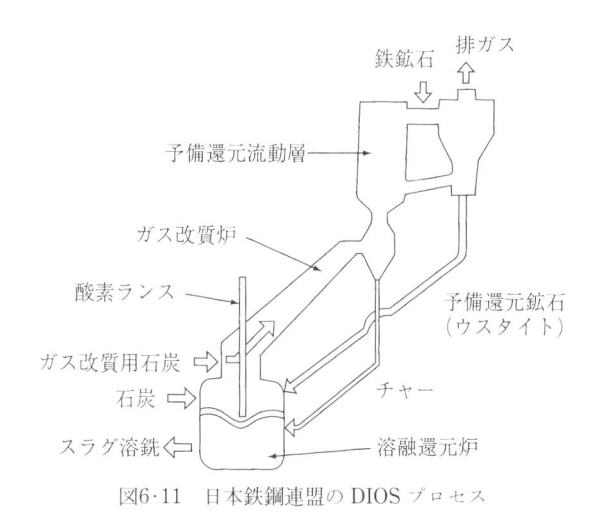

図6・11 日本鉄鋼連盟の DIOS プロセス

218   6. 特殊な製鉄法

(3) AlSI 法

本法[22]は1991年頃よりアメリカで研究されている鉄浴型溶融還元法で，その概略を図6·12に示す．鉄原料としてはペレットまたは粉鉱石を使用し，予備還元して，転炉型溶融還元炉に装入し，石炭および上吹酸素法

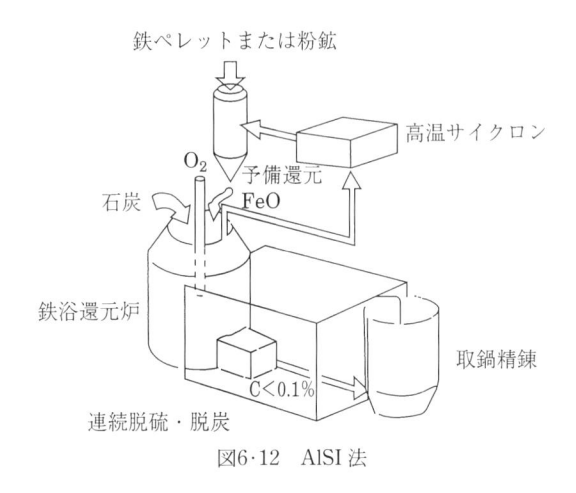

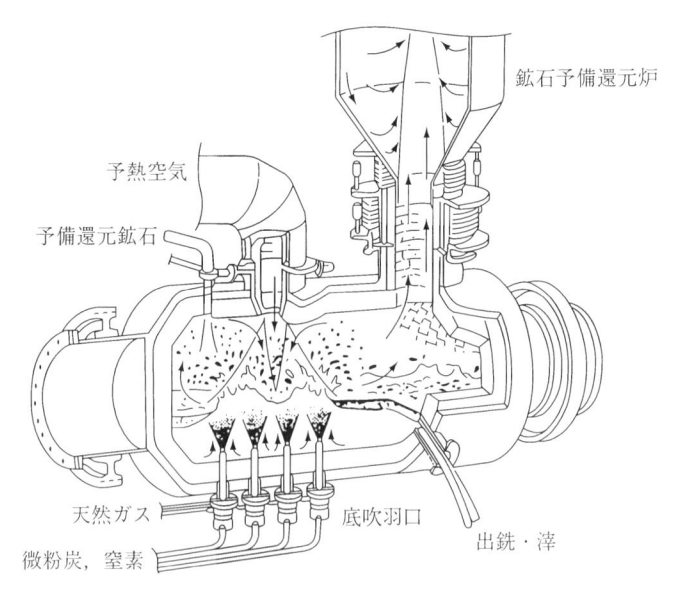

図6·12　AlSI 法

図6·13　Hismelt 溶融還元炉

により，還元鉄を溶解・還元して[%C]≦0.1 のセミスチールを溶解する．更に取鍋精錬することも計画している．5トン/時の縦型炉試験では二次燃焼率40%以上，着熱効率90%の成果が得られている．

(4) Hismelt 法

本法[23]は豪州にて1991年頃より試みられている粉鉱石と一般炭を原料として溶銑を製造する溶融還元法である（図6·13参照）．本法は鉄浴上部より1473 K の予熱空気を吹き込む．鉱石は予備還元鉱石を上方より，石炭は微粉炭を炉底羽口より吹き込み，予備還元鉄の還元・溶解を行い，還元性ガスを発生する．3トン/時の試験炉では，二次燃焼45%以上，着熱効率85%石炭原単位は 800 kg/トン程度の結果を得ており，豪州 Kwinana に年間10万トンのプラントを1993年頃完成を計画しているという．

6·1·7 将来の製鉄法

最近における溶融還元法の成功結果より，日本鉄鋼協会共同研究会調査部会が1990年に鉄鋼業に携っている技術者に2020年頃の銑鋼プロセスを予測するアンケート調査をした．その結果[24]は図6·14のようである．銑鉄製造比率は高炉70〜80%，溶融還元炉20〜30%を想定し，溶融還元炉

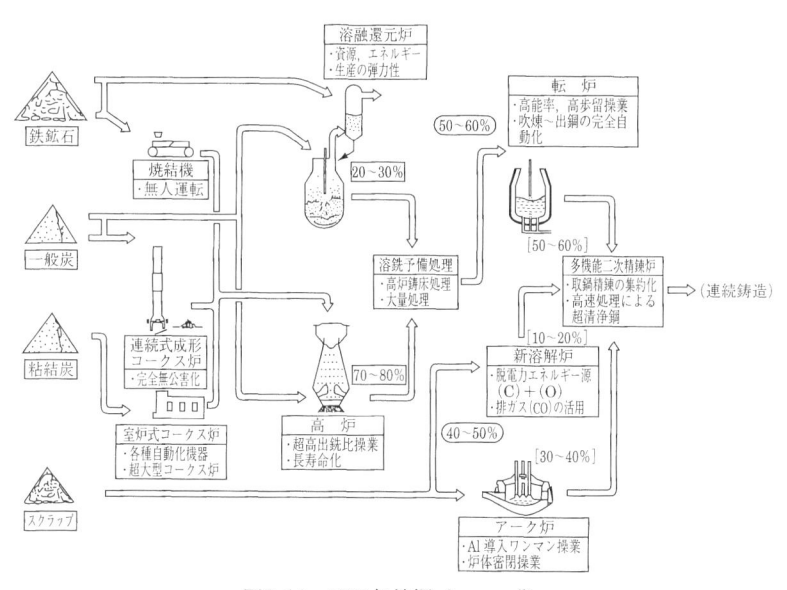

図6·14 2020年鉄鋼プロセス像

は生産の弾力性をカバーする方法として位置づけられている．また転炉法と電気炉法の比率では転炉50〜60％，電気炉(ミニ・ミル)30〜40％となっている．いずれの場合でも炉外精錬法の重要性が強調されている．

6・2 特殊溶解法

6・2・1 特殊溶解法の概要

特殊溶解法[25]-[28]とは，一般に大量生産される転炉，アーク炉および高周波誘導溶解炉など以外の方法で，特に品質規格の厳しい製品や，空気中溶解には適さない活性金属を大量に含む合金類の溶解をする方法であり，最近著しい発展を見せている二次精錬法を除いた特殊な溶解法を言う．特殊溶解法は，まず原料金属を配合して母材を溶解する特殊一次溶解法と，特殊一次溶解で溶製された母材を再溶解して水冷モールド中で積層凝固させる二次溶解(または再溶解)法とに分類される．それらをまとめると次のようである．

特殊一次溶解法
　　真空誘導溶解法(VIM)
　　プラズマ・アーク一次溶解法(PAM)
　　プラズマ誘導溶解法(PIF)
　　電子ビーム溶解法(EBM)
二次溶解法(再溶解法)
　　真空アーク再溶解法(VAR)
　　プラズマ・アーク再溶解法(PAR)
　　電子ビーム再溶解法(EBR)
　　エレクトロスラグ再溶解法(ESR)

一般に一次溶解の目標は，合金元素の調整，有害元素の除去，脱酸，ガス成分の低減などであり，二次溶解ではモールド中で上方より積層凝固させることにより，結晶方位の改善，偏析の低減，非金属介在物の減少などが計られる．

本法で溶製される材料は電子管材料，電磁気材料，低炭素不銹鋼，高温耐熱合金，歯科用合金など，高品質が要求される鋼，合金などである．

6・2・2 真空溶解法

真空溶解法[27][28]は一次溶解として真空誘導溶解法(VIM: Vacuum Induction Melting)と，二次溶解法として消耗電極式真空アーク溶解法

(VAR: consumable electrode Vacuum Arc Remelting)がある.
(1) 真空誘導溶解法

真空誘導溶解法[27][28]は1920年代より実施されてきたが，1950年代に到りジェット・エンジン部品に使用される超耐熱鋼や合金の製造に応用されて急速に発展した．

溶解容量は500 kg～25×10^3 kgであるが，アメリカには60×10^3 kg炉がある．その概念図は図6・15[25]のようで，真空溶解炉の外に誘導電流発生装置と真空排気装置をもっている．炉には連続的に溶解できるものとバッチ方式のものがあり，工業用大型のものは，原料装入室，鋳型室と溶解室を分離し，バルブで接続して連続的に溶解を行う．真空排気系は中型炉までは油廻転ポンプ，油拡散ポンプを使用し10^{-2}～10^{-3} Pa(10^{-4}～10^{-5} mmHg)まで，大型炉はスチームエジクターによって10^{-2} Pa(10^{-4} mmHg)まで排気し，10^{-1} Pa(10^{-3} mmHg)程度で精錬する．真空下では耐火物と溶湯の反応が促進されるので耐火物の選別が重要であり，小型炉ではマグネシヤるつぼ，中型炉ではマグネシヤ，ジルコニア，スピネル($MgO-Al_2O_3$)系耐火物，大型炉ではムライトを結合剤にしたコランダムれんがが使用される．

真空下での溶解では，脱ガス反応すなわち，水素，窒素，酸素の除去，

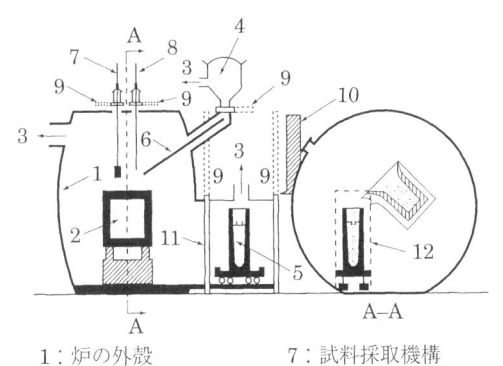

1：炉の外殻　　　　　7：試料採取機構
2：るつぼ　　　　　　8：熱電対
3：排気口　　　　　　9：ロックバルブ
4：原料装入室　　　 10：操作盤
5：鋳型　　　　　　 11：鋳型室遮蔽バルブ
6：原料添加トイ　　 12：鋳型室遮蔽バルブ

図6・15　真空誘導溶解炉

蒸気圧の高い Zn, Sn, Sb, Pb などの蒸発があり，また Ti, Nb, Al などの活性金属を正確に添加できる．酸素は[C]-[O]反応により除去され，極低炭素鋼を吹錬できる．**表6・1**[29]に溶鉄中不純物の計算した蒸気圧を示した．

本法では，ガス成分の減少，熱間加工性の改善に効果があり，酸化物系介在物の減少により，疲れ特性，衝撃値，クリープ強さが改善される．また耐食性，磁気特性なども向上する．しかし，普通造塊であり，組織的に偏析などの問題を残している．

(2) 真空アーク再溶解炉

消耗電極式真空アーク再溶解炉[27][28](VAR)は，高真空下で水冷銅モールド中で被溶解材(消耗電極)をアーク溶解し，ついでそのまま積層凝固させる．順次少量ずつ溶解して凝固するので，真空精錬，介在物の浮上分離，凝固組成の改善によって品質が向上する．元来は Ti のような高融点，活性金属の溶解用として開発されたが1960年頃から鉄鋼材料への利用が進み，日本では神戸製鋼所で 10^3 kg〜25×10^3 kg 容量の炉が稼動している．

その概略は**図6・16**[25]のようである．給水設備，真空排気系，電極駆動

表6・1 溶質元素の 2000 K での蒸気圧

元素	2000 K での推定活量係数	2000 K での蒸気圧計算値	
		1 原子%	0.01 原子%
As	(0.5)	3.6 MPa	3.6×10^{-2} MPa
Pb	1000	8.9×10^{-1}	8.9×10^{-3}
Bi	(>100)	$>1.4 \times 10^{-1}$	1.4×10^{-3}
Mn	1.4	1.9×10^{-3}	1.9×10^{-5}
Sb	(0.6)	7.0×10^{-4}	7.0×10^{-6}
Cu	9.5	4.0×10^{-5}	4.0×10^{-7}
Cr	2.5	2.7×10^{-6}	2.7×10^{-8}
Sn	(0.3)	1.2×10^{-6}	12×10^{-8}
Al	0.03	3.0×10^{-7}	3.0×10^{-9}
Co	1	1.6×10^{-7}	1.6×10^{-9}
Ni	0.6	1.1×10^{-7}	1.1×10^{-9}
Ti	(0.05)	6.0×10^{-10}	6.0×10^{-12}
Si	0.01	3.0×10^{-10}	3.0×10^{-12}
V	0.05	1.2×10^{-10}	1.2×10^{-12}
Mo	(1)	3.0×10^{-13}	3.0×10^{-15}
W	(1)	2.8×10^{-18}	2.8×10^{-20}

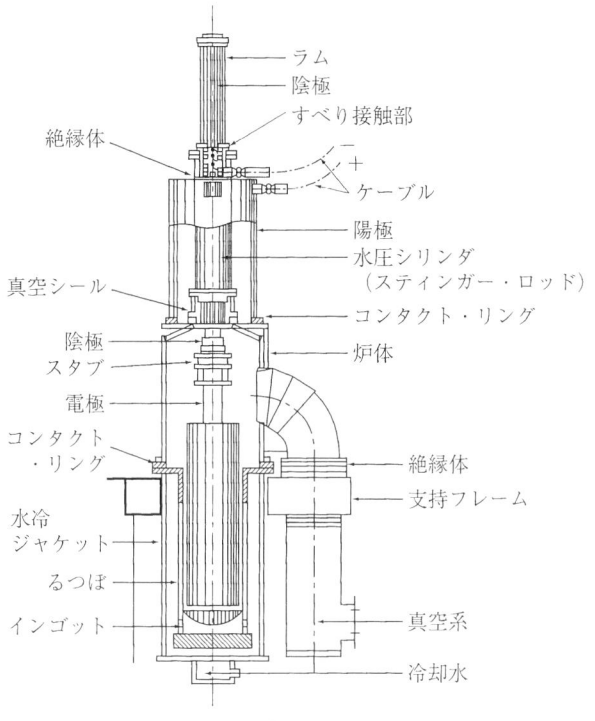

図6·16 真空アーク再溶解炉

系などよりなっている．直流電流を使用しており電極が負でモールドが正となっている．真空排気系は油回転ポンプ，メカニカルブースタ，油拡散ポンプで，到達真空度は約 10^{-3} Pa (10^{-5} mmHg)，溶解中は $10^{-1} \sim 10^{-2}$ Pa ($10^{-3} \sim 10^{-4}$ mmHg) で保持される．溶解速度は鋼種によるが，与えられた電流に対して $0.45 \sim 0.65$ kg/kA·mm 程度である．

　真空精錬により水素，窒素，酸素などが低下するが，窒素と結合しやすい元素を含む鋼では脱窒素効率はあまり大きくない．また介在物の減少と微細化が起きる．その結果として靭性の改善，衝撃値の向上，遷移温度の低下，縦横方向性の減少，疲労強度とクリープ強度の向上が見られる．航空機用構造材料，ガスタービン材，原子炉用部品，高級軸受鋼などに用いられる．

6·2·3 プラズマ・アーク溶解法

(1) プラズマ・トーチ

プラズマとはガス分子，電子，陽イオンからなる高温混合気体のことで，純粋なプラズマ状態は核融合プラズマのように，10^6 K 以上の超高温で，すべての分子，原子がイオンと電子に完全に電離している．金属の溶解の熱源として使用しているプラズマは電離度数％以下で 10^4 K 程度の温度領域にある不完全プラズマである．低温プラズマは製鋼用アーク炉でも発生しているが，その温度は未だ低い．このアーク柱の外側を強制冷却

(a) オープン・アーク電極　(b) 非移送形　(c) 移送形

図6·17　プラズマ・トーチの形式

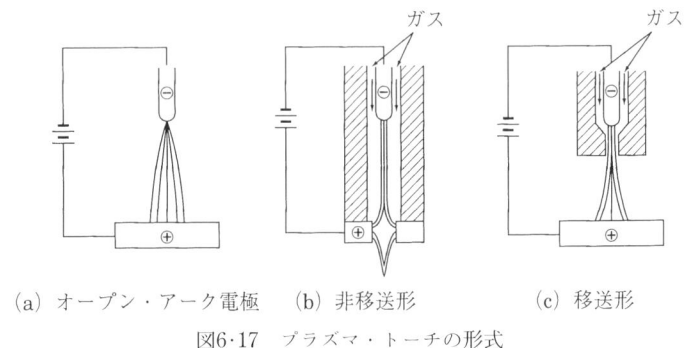

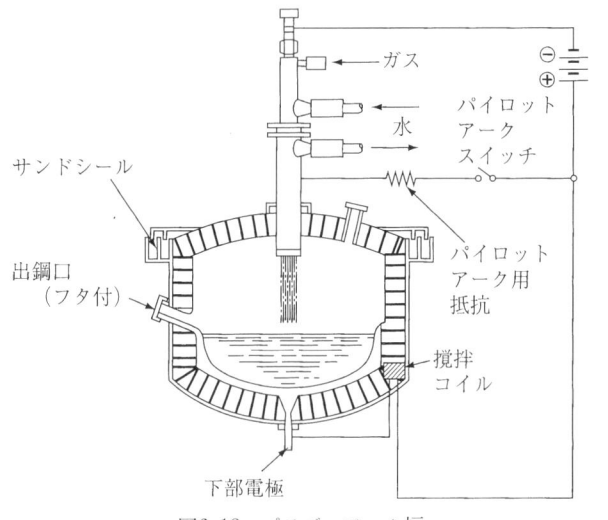

図6·18　プラズマアーク炉

すると断面積が減少して電流密度が大きくなり高温になる(熱ピンチ効果). 更に, アーク電流の大きい場合, それが作る磁場によって, 磁気的な収縮力が働き, アーク柱の断面積が減少して, 同じく電流密度が大きくなって高温になる(磁気ピンチ効果). このようにガスを冷却媒体とするプラズマ・ジェットは, 殆どすべてのガス体を利用できるので, 金属の溶解, 溶接, 溶断や高温化学反応にも利用できる.

プラズマ・トーチの形式を図6·17[30]に示した. (a)のオープンアーク電極, (b)非移送形, (c)移送形に分類される. 金属の溶解では金属を直接対極とする方が熱効率が高いことより, 主として移送形トーチが使用され, 非移送形は被加熱体の導電性に関係なく利用できるので溶接や溶射などに利用されている. 一般にアークの安定性から正極の直流アークが使用されて来たが, 交流アーク方式も開発されている.

(2) プラズマ・アーク一次溶解法

プラズマ・アーク一次溶解法[30](PAM, Plasma Arc Melting)の原理図を図6·18[30]に示す. 製鋼用アーク炉の炉体に, 黒鉛電極の代りに直流プラズマ・トーチを設置した. Ar のプラズマ・アークを熱源としており, 真空溶解炉と同じ目標で使用されている. 現在ドイツでは 10^4 kg 容量で

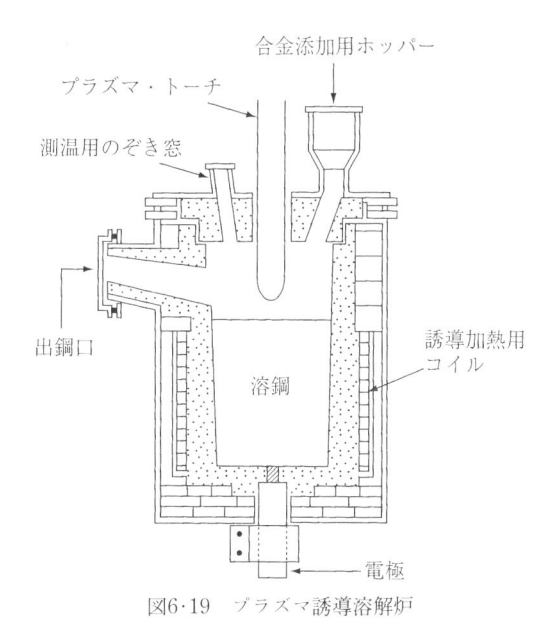

図6·19 プラズマ誘導溶解炉

ステンレス鋼を製造している.

(3) プラズマ誘導溶解炉

プラズマ誘導溶解炉[31]（PIF, Plasma Induction Furnace）は一次溶解炉であり図6・19[31]に示す．本法は大同特殊鋼で開発された方法であり，密閉形誘導炉にプラズマ・トーチを挿入し，誘導撹拌と保温，さらにプラズマ・アークによる高温精錬を目標としている．直流プラズマ・トーチは水冷銅製で，その中心の水冷 Th-W 陰極と湯面の間に高温のアルゴン・プラズマ・アークを飛ばす移送形である．現在1チャージ当り2トンの炉が稼動しており，スラグ処理，脱酸などを行い，真空誘導溶解炉より経済性と作業性の点で優れている．

(4) プラズマ・アーク再溶解法

プラズマ・アーク再溶解法[30]（PAR, Plasma Arc Remelting）はプラズマ・アークを熱源とする二次溶解法である．図6・20[30]にロシア・パトン研究所で開発された，最大インゴット容量 5×10^3 kg，電気出力 18×10^5 W の PAR を示す．二次溶解では容器は耐火物ではなく水冷モールドであり，6本のプラズマ・トーチを有する．本法によると清浄な軸受鋼を

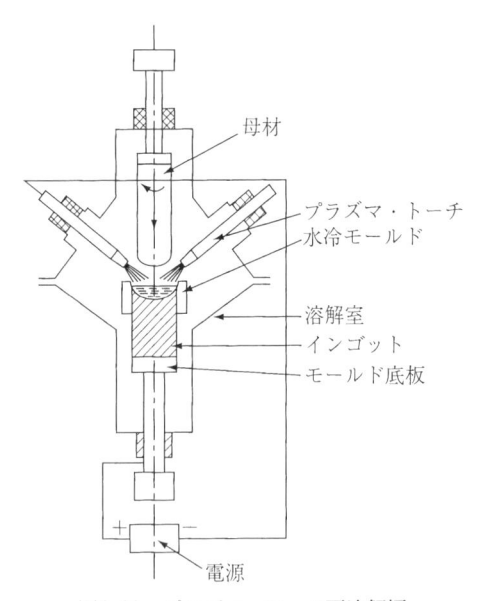

図6・20 プラズマ・アーク再溶解炉

製造でき，($Ar+N_2$)混合ガスを利用すると N を過飽和させたステンレス鋼を製造できる．また常圧ガス雰囲気の溶解のため，金属の蒸圧による成分変動が少ないといわれている．

6・2・4 電子ビーム溶解法

(1) 電子ビーム溶解

電子ビーム溶解法[27][28][30](EBM: Electron Beam bombardment Melting)は，高真空空間に設置した電子銃から，高電圧ビームを発射し，その衝撃により固体金属を加熱溶解する方法であり，高真空下で高温が得られることが特徴である．本来 Nb, Ta などの特殊金属や超耐熱合金の溶解に利用されていたが最近ではステンレス鋼にも利用される大容量のものも開発されている．

電子ビームの発生装置は電子銃と言われ，$10^{-2}\sim 10^{-3}$ Pa($10^{-4}\sim 10^{-5}$ mmHg)の真空室内で W や Ta の陰極を加熱して熱電子を放射させ，陰極と加速陽極の作る電界中で加速され，陽極オリフィスで集束しエネルギー密度を高める．この電子ビームは電子レンズによって集束したり，方向を変えることができる．

電子ビーム溶解法の概念図を図6・21[27]に示す．被溶解材を水冷ボートに入れ水平方向から装入して，数本の電子銃により加熱溶解する(図6・21(a) EBM(一次溶解))，上部垂直方向より溶解母材を入れ，その先端に電子ビームをあて，水冷銅鋳型中に溶解滴下して鋳造する滴下溶融法(EBR, Electron Beam Remelting, 二次溶解)や，被溶解材を真空誘導炉ないし電子ビームにより水冷銅ハース内で溶融加熱し，水冷銅鋳型内に連続鋳造する溢流溶解法(EB, 図6・21(c)参照)などがある．溢流溶解法では，(1)固体スクラップや溶湯を含む各種溶解原料を使用できる．(2)水冷銅ハース上で $10^{-2}\sim 10^{-3}$ Pa($10^{-4}\sim 10^{-5}$ mmHg)程度の高真空精錬ができる．(3)成分調整が可能で，蒸気圧の高い元素はハース出口で添加できる．(4)スラブを含む種々の形状の鋼塊を製造できる，などの利点がある．

6・2・5 エレクトロスラグ再溶解法

エレクトロスラグ再溶解法[26]-[28][32][33](ESR: Electro Slag Remelting)は，アーク炉や VIF などで溶解した消耗電極を水冷鋳型内の溶融スラグ中に浸漬し，通電により発生したジュール熱によって再溶解し，水冷鋳型内に積層凝固させる再溶解法である．その原理図を図6・22[25][26]に示した．VAR に類似しているが，(1) VAR では直流を，ESR は交流を主として使

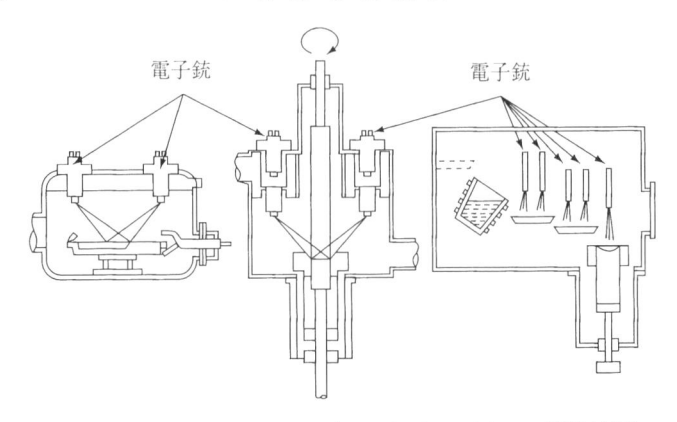

(a) EBM(ボート溶解)　(b) EBR(滴下溶解)　(c) EB(溢流溶解)
図6・21　電子ビーム溶解概念図

用する．(2) VAR は真空中で，ESR は溶融スラグ中で溶解する．(3) ESR は電極寸法に大きな制限がなく，鋼塊形状も自由である．

本法は真空排気設備を必要としないので，電源，電極昇降装置，水冷モールド，給水設備，制御設備が主要な設備である．電源および電極配置の一例を図6・23[32][33]に示した．交流が一般に使用され，スラブや大きなモールドでは複数の電極が使用されている．使用されるスラグは表6・2[32][33]のようにホタル石(CaF_2)を主成分としアルミナ(Al_2O_3)，石灰(CaO)を適宜配合したものである．ESR においては VAR と同様に品質が溶解速度に大きく左右される．経験的には次のようである．

$$W = 0.5D \sim 1.2D \quad (W: \mathrm{kg/h}, \, D: るつぼ径\,\mathrm{mm})$$

ESR 材の品質的特徴は VAR と殆ど同一である．

すなわち，(1)積層凝固であるための組織が緻密で偏析が少ない．(2)非汚染状態で溶解が行われ，スラグによる脱硫効果があり，介在物の少ない清浄鋼が得られる．(3)機械的が改善され，特に靭性の向上，方向性の減少，疲労強度の向上，などが見られる．さらに VAR に比較して，(4)スラグで覆われているので鋳肌がなめらかで，皮削が少なく，工程が簡単である．(5)鋼塊の大きさや形状に制約がなく，広幅スラグや中空鋼塊など好きな形状が得られる．(6)可動鋳型使用や，電極交換などにより電極の制約がなく，また連続溶解も可能である．

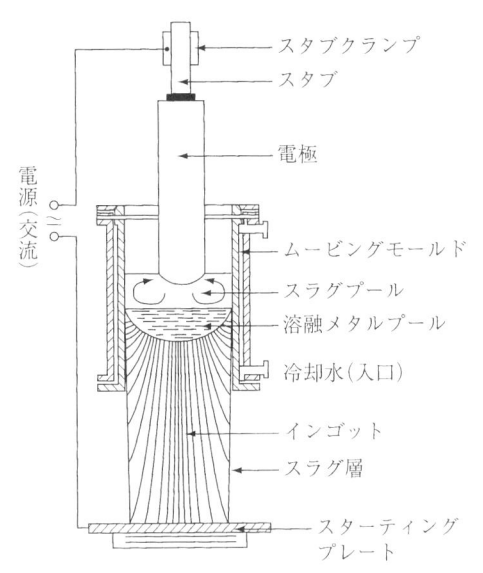

図6·22 エレクトロスラグ再溶解法の原理

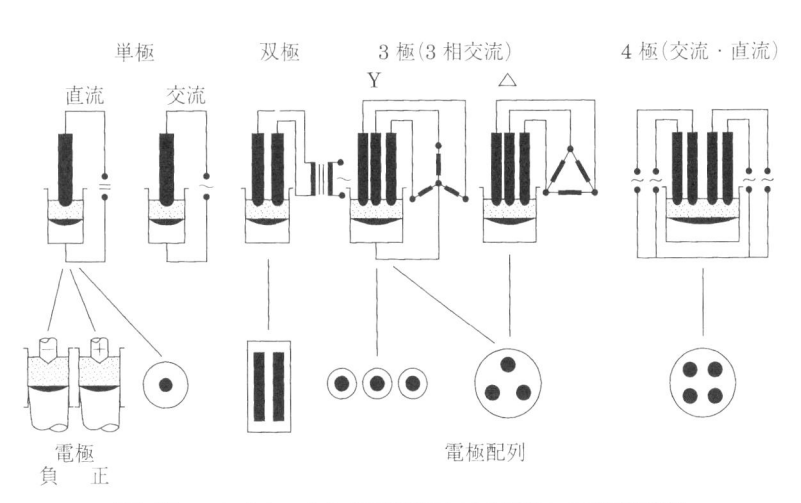

図6·23 エレクトロスラグ再溶解における電源および電極配置

表6·2 エレクトロスラグ再溶解法に使用されるフラックス組成の一例

フラックスの記号	計算組成(体積%)							
	CaF_2	Al_2O_3	CaO	MgO	BaO	TiO_2	ZrO_2	NaF
ANF-1P	100							
ANF-5	80							20
ANF-6	70	30						
ANF-7	80		20					
ANF-8	60	20	20					
ANF-9	80			20				
ANF-19	80						20	
ANF-20	80				20			
ANF-21	50	25		8		25		
AN-29		55	45					
AN-291	18	40	25	17				
AN-292		60	35	5				

備考　$SiO_2 \leq 2.0\%$; $FeO \leq 0.5\%$; $S \leq 0.05\%$; $P \leq 0.02\%$　(不純物成分の許容限度)

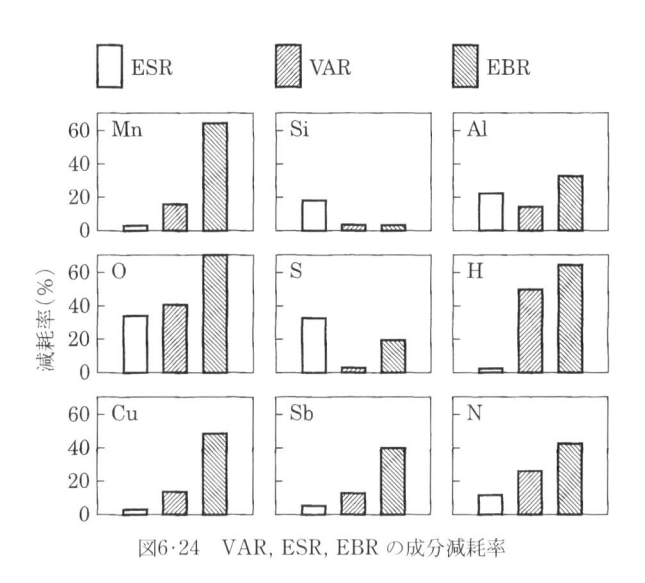

図6·24　VAR, ESR, EBR の成分減耗率

図6·24[34]に ESR, VAR, EBR, などの再溶解における各種溶解元素の成分減耗率を示した．また使用フラックスの研究例として新日鉄で開発された Ca-CaF_2 融体フラックスを使用する MSR[35] (Metal bearing Solution Refining) では，ステンレス鋼の再溶解で O, S, N, P, As などを同時に

著しく低いレベルまで低減できる．

参 考 文 献

（1） デュラー著「鉄の製錬」：(浅口，金森訳)，丸善，(1955)．
（2） 鉄鋼便覧Ⅱ製銑製鋼，丸善，(1979), p. 329.
（3） 西田礼次郎：第116・117回西山記念技術講座，最近の製鉄技術の進歩，日本鉄鋼協会，(1987), p. 279.
（4） 新鉄源の最近の動向，日本鉄鋼協会，(1996)．
（5） E. Sieurin: Stahl ü Eisen, **31**(1911), 1391.
（6） P. E. Cavanaph: J. Metals, **10**(1958), 805.
（7） F. W. Stanat: J. Metals, **11**(1959), 315.
（8） E. Ameen: Stahl ü Eisen, **63**(1943), 700.
（9） J. H. Sturgeon: Iron Steel Eng., **45**(1968), 197.
（10） H. A. Kulberg: I & SM, **3**(1976), 35.
（11） D. C. Violetta: Rev. Met., (1975), 741, 721.
（12） F. M. Stephens: (Hazen Research, Inc.,) United States Patent, Re 32247 (Sep 16, 1986).
（13） R. Carraway: I & SM, **23**(1996), 27.
（14） 遠藤勝治郎，松下幸雄：鉄と鋼，**46**(1960), 64.
（15） R. S. McCaffery and C. H. Lorig: Trans. Met. Soc. AIME, **100**(1923), 64, 135.
（16） D. A. Bold: Iron & Steel Intern., **50**(1977), 145.
（17） H. G. Braun and W. Mathews: Iron and Steel Engieer., August, (1984), 41.
（18） Stahl ü Eisen: **20**(1980), 1207.
（19） T. Inatani: Ironmaking Conference Proc. Iron and Steel Soc. AIME, **50**(1991), 651.
（20） 鉄鋼界(日本鉄鋼連盟溶融還元実施委員会)，(1991), 3, p. 56.
（21） K. Shiohara: The 2nd EIC Proc. Institute of Metals, (1991), p. 310.
（22） E. Aukrust *et al*.: Ironmaking Conference Proc., Iron & Steel Soc. AIME, **50**(1991), 659.
（23） J. V. Keogh *et al*.: Ironmaking Conference Proc., Iron & Steel Soc. AIME, **50**(1991), 635.
（24） 鉄鋼業の変身(日本鉄鋼協会共同研究調査部会)，(1990), p. 7.
（25） 河合重徳：鉄と鋼，**63**(1977), 1975.
（26） 製銑製鋼法：日本鉄鋼協会編，地人書館，(1976), p. 338.
（27） 岸田民也：第72・73回西山記念講座，日本鉄鋼協会編，(1981)．
（28） 笹山新一：第143・144回西山記念講座，日本鉄鋼協会編，(1992), p. 211.
（29） A. G. Quarrall: BISI 7597, Aug(1969), (Met. ABM, **25**(1969), May, 327.)
（30） 椙山太郎，小野清雄：鉄と鋼，**63**(1977), 2010.
（31） 藤原達雄，杉浦三朗：鉄と鋼，**63**(1977), 2236.

(32) 成田貴一:鉄と鋼, **63**(1977), 1996.
(33) 沢 繁樹:第27・28回西山記念技術講座, (1974), p. 51.
(34) M. Wahlster und H. Spitzer: Stahl ü Eisen, **92**(1972), 966.
(35) 徳光直樹, 原島和海, 中村 泰:鉄と鋼, **63**(1977), 2172.

付1　物質のモル比熱

$$C_p = a + bT + cT^{-2} + dT^2 \ (\mathrm{J \cdot mol^{-1} \cdot K^{-1}})$$

物　質	a	$b \times 10^3$	$c \times 10^{-5}$	$d \times 10^6$	適用温度範囲/K
Ag(s)	21.3	8.54	1.51	—	298–m.p.
Ag(l)	30.5	—	—	—	m.p.–1600
Al(s)	20.7	12.4	—	—	298–m.p.
Al(l)	31.8	—	—	—	m.p.–2400
Al$_2$O$_3$(s)	106.6	17.8	−28.5	—	298–1800
AlN(s)	34.4	16.9	−8.37	—	298–1500
C(黒鉛)	0.109	38.94	−1.48	−17.38	298–1100
CO(g)	28.4	4.1	−0.46	—	298–2500
CO$_2$(g)	44.14	9.04	−8.54	—	298–2500
Ca(α)	25.37	−7.263	—	23.7	298– 720
Ca(l)	29.3	—	—	—	m.p.–1757
CaO(s)	49.62	4.52	−6.95	—	298–1177
CaS(s)	45.2	7.74	—	—	298–2000
Cr(s)	24.4	9.87	−3.7	—	298–m.p.
Cr(l)	39.3	—	—	—	m.p.
Cr$_2$O$_3$(s)	119.4	9.20	−15.6	—	350–1800
Cu(s)	22.6	6.28	—	—	298–m.p.
Cu(l)	31.4	—	—	—	m.p.–1600
Cu$_2$O(s)	62.34	23.8	—	—	298–1200
CuO(s)	38.8	20.1	—	—	298–1250
Cu$_2$S(α)	81.59	—	—	—	298– 376
Cu$_2$S(β)	97.28	—	—	—	376– 623
Fe(α, δ)	37.12	6.167	—	—	298–1809
Fe(γ)	24.5	8.45	—	—	1187–1674
Fe(l)	41.8	—	—	—	m.p.–1873
FeO(s)	51.80	6.78	−1.59	—	298–1200
Fe$_3$O$_4$(α)	91.55	202	—	—	298– 900
Fe$_3$O$_4$(β)	200.8	—	—	—	900–1800
Fe$_2$O$_3$(α)	98.28	77.8	−14.9	—	298– 950
Fe$_2$O$_3$(β)	151.0	—	—	—	950–1050
Fe$_2$O$_3$(γ)	132.6	7.36	—	—	1050–1750
FeS(α)	21.7	110.5	—	—	298– 411
FeS(β)	72.80	—	—	—	411– 598
H$_2$(g)	27.3	3.3	0.50	—	298–3000
H$_2$O(g)	30.0	10.7	0.33	—	298–2500
H$_2$S(g)	32.7	12.4	−1.9	—	298–2000
Mg(s)	22.3	10.3	−0.431	—	298–m.p.
Mg(l)	32.6	—	—	—	m.p.–1150
MgCl$_2$(s)	79.08	5.94	−8.62	—	298–m.p.
MgCl$_2$(l)	92.47	—	—	—	m.p.–1500
MgO(s)	48.99	3.14	−11.7	—	298–3098

付1 物質のモル比熱

物質	a	$b \times 10^3$	$c \times 10^{-5}$	$d \times 10^6$	適用温度範囲/K
Mn(α)	23.8	14.1	-1.57	—	298– 990
Mn(β)	34.9	2.8	—	—	990–1360
Mn(γ)	25.2	14.9	-1.85	—	298–1410
Mn(δ)	46.44	—	—	—	1410–1517
Mn(l)	46.0	—	—	—	m.p.–b.pt
MnO(s)	46.48	8.12	-3.7	—	298–1800
MnS(s)	47.70	7.53	—	—	298–1803
Mo(s)	5.18	1.66	—	—	—
Mo(l)	41.8	—	—	—	—
N$_2$(g)	27.9	4.27	—	—	298–2500
Ni(α)	17.0	29.5	—	—	298– 633
Ni(l)	38.5	—	—	—	m.p.–2000
NiO(α)	-20.9	157.2	16.3	—	298– 525
NiO(β)	58.07	—	—	—	525– 565
NiS(s)	38.9	26.8	—	—	298– 670
O$_2$(g)	30.0	4.2	-1.7	—	298–3000
Pb(s)	23.6	9.75	—	—	298–m.p.
Pb(l)	32.4	-3.10	—	—	m.p.–1200
PbS(s)	44.60	16.4	—	—	298– 900
S$_2$(g)	36.5	0.67	-3.8	—	298–3000
Si(s)	23.9	2.5	-4.1	—	298–m.p.
Si(l)	25.6	—	—	—	m.p.–1873
SiO$_2$ (α-クリストバライト)	17.9	88.12	—	—	298– 523
SiO$_2$ (β-クリストバライト)	72.76	1.30	-41.4	—	523–1995
Sn(白)	21.6	18.2	—	—	298–m.p.
Sn(l)	34.7	-9.2	—	—	510– 810
V(s)	20.5	10.8	0.8	—	298–m.p.
V$_2$O$_3$(s)	122.8	19.9	-22.7	—	298–1800
Zn(s)	22.4	10.0	—	—	298–m.p.
Zn(l)	31.4	—	—	—	m.p.–1200
ZnO(s)	48.99	5.10	-9.12	—	298–1600

付2 物質の標準生成熱, 標準エントロピー, 融点, 沸点

物　質	$\Delta H°_{298\,K}/\mathrm{kJ\cdot mol^{-1}}$	$S°_{298\,K}/\mathrm{J\cdot mol^{-1}\cdot K^{-1}}$	m.p./K	b.p./K
Ag(s)	0	42.68 ±0.21	1234	2473
Al(s)	0	28.33 ±0.21	933	2793
Al(g)	+329.3 ± 2.1	164.4 ±0.4	—	—
Al$_2$O$_3$(s)	−1677.4 ± 6.3	51.0 ±0.4	2323	
AlN(s)	−318.4 ± 2.1	20.17 ±0.1	—	
C(黒鉛)	0	5.740±0.021	—	
CO(g)	−110.54± 0.21	197.57 ±0.04		
CO$_2$(g)	−393.50± 0.13	213.68 ±0.04		
Ca(s)	0	41.63 ±0.4	1112	1757
Ca(g)	+178.24± 1.7	154.77 ± —		
CaO(s)	−634.3 ± 1.7	39.7 ±0.8		
CaS(s)	−476.1 ±10.0	56.5 ±1.3		
Cr(s)	0	23.64 ±0.21	2130	2945
Cr(g)	+397.5 ± 4.2	174.18 ± —		
Cr$_2$O$_3$(s)	−1129.7 ±10	81.2 ±0.8		
Cu(s)	0	33.14 ±0.21	1356	2833
Cu(g)	+336.8 ± 1.3	166.27 ±0.08		
Cu$_2$O(s)	−167.4 ± 2.9	93.09 ±0.4		
CuO(s)	−155.2 ± 3.3	42.7 ±0.21		
Cu$_2$S(s)	−79.5 ± 1.3	120.9 ±2.1		
Fe(S)	0	27.28 ±0.13	1809	3133
Fe(g)	+415.5 ± 1.3	180.37 ± —		
FeCl$_2$(s)	−342.3 ± 0.8	117.99 ±2.1		
Fe$_{0.95}$O(s)	−264.4 ± 1.3	58.79 ±0.8	1651	
Fe$_3$O$_4$(s)	−1116.7 ± 4.2	151.46 ±2.5	1870	
Fe$_2$O$_3$(s)	−821.3 ± 3.3	87.4 ±0.4	1867	
FeS(s)	−100.4 ± 2.5	60.29 ±0.21	1468	
H$_2$(g)	0	130.58 ±0.08		
H$_2$O(g)	−241.81± —	188.72 ± —		
H$_2$S(g)	−20.5 ± 0.4	205.64 ±0.4		
Mg(s)	0	32.68 ±0.08	922	1363
Mg(g)	+146.4 ± 1.3	148.53 ± —		
MgCl$_2$(s)	−641.4 ± 0.8	89.62 ±0.8	987	1691
MgO(s)	−601.24± 0.8	26.94 ±0.4		
MgS(s)	−351.5 ± 3.3	50.33 ±0.8		
Mn(s)	0	32.01 ±0.08	1517	
Mn(g)	+283.26± 4.2	173.59 ± —		
MnO(s)	−384.9 ± 2.1	59.8 ±0.04		
MnS(s)	−213.4 ± 2.1	80.3 ±0.8	1803	
Mo(s)	0	28.66 ±0.21	2893	4873
Mo(g)	+658.1 ± 5.4	181.84 ± —		

物　質	$\Delta H°_{298\,\mathrm{K}}/\mathrm{kJ\cdot mol^{-1}}$	$S°_{298\,\mathrm{K}}/\mathrm{J\cdot mol^{-1}\cdot K^{-1}}$	m.p./K	b.p./K
$MoO_2(s)$	$-587.9\ \pm 1.7$	$50.00\ \pm 1.3$	—	—
$MoS_2(s)$	-275.31 ± 5.9	$62.59\ \pm 1.05$	—	—
$N_2(g)$	0	$191.50\ \pm 0.08$	—	—
$Ni(s)$	0	29.87 ± 0.21	1726	3183
$Ni(g)$	$+430.1\ \pm 2.1$	$182.09\pm\ —$	—	—
$NiO(s)$	$-240.6\ \pm 2.1$	$38.1\ \ \pm 0.4$	2228	—
$NiS(s)$	-94.14 ± 3.8	$52.93\ \pm 0.8$	—	—
$O_2(g)$	0	$205.0\ \ \pm 0.04$	—	—
$Pb(s)$	0	$65.06\ \pm 0.4$	600	2023
$Pb(g)$	$+61.17\pm 1.3$	$175.27\ \pm\ —$	—	—
$PbO(赤)$	$-219.41\ \pm 0.8$	$66.32\ \pm 0.8$	1159	—
$PbS(s)$	$-98.3\ \pm 2.5$	$91.34\ \pm 1.7$	1386	—
$S(斜方)$	0	$31.88\ \pm 0.21$	—	—
$S_2(g)$	$+128.66\pm 0.4$	$228.03\ \pm\ —$	—	—
$SO_2(g)$	-296.81 ± 0.21	$248.11\ \pm\ —$	—	—
$Si(S)$	0	$18.8\ \ \pm 0.21$	1685	3553
$Si(g)$	$+455.6\ \pm 5.0$	$167.86\ \pm\ —$	—	—
$SiO_2(s)$	-910.44 ± 3.3	$41.46\ \pm 0.21$	1995	—
$Sn(白)$	0	$51.21\ \pm 0.4$	505	2878
$Sn(g)$	$+301.2\ \pm 2.1$	$168.36\ \pm\ —$	—	—
$SnO_2(s)$	$-580.7\ \pm 2.1$	$52.3\ \ \pm 1.3$	—	—
$V(s)$	0	28.95 ± 0.4	2175	3623
$V(g)$	$+515.5\ \pm 7.9$	$182.17\ \pm 0.8$	—	—
$V_2O_3(s)$	$-1218.8\ \pm 6.3$	$98.07\ \pm 1.3$	—	—
$Zn(s)$	0	$41.63\ \pm 0.21$	693	1180
$Zn(g)$	$+130.42\pm\ —$	$160.87\ \pm\ —$	—	—
$ZnO(s)$	$-350.6\ \pm 0.4$	$43.64\ \pm 0.4$	—	—

付3 化合物の標準生成自由エネルギー

化合物の生成反応前後の標準定圧熱容量変化 ΔC_p° を絶対温度の関数として次式で表わすと,

$$\Delta C_p = \Delta a + \Delta b T + \Delta c T^{-2} \tag{1}$$

化合物の標準生成ギブス自由エネルギー ΔG° の温度式は式(2)のようになる.

$$\Delta G_T^\circ = \Delta H_0^\circ + xT \log T + yT^2 + zT^{-1} + IT \tag{2}$$

ΔC_p° の温度係数が小さい場合や温度範囲が限定される場合,式(2)の近似式として,式(3)ないしは式(4)が成立する.

$$\Delta G_T^\circ = A + BT \log T + CT \tag{3}$$

$$\Delta G_T^\circ = A + CT \tag{4}$$

金属製錬で対象とされる化合物の ΔG_T° に関して,式(3)ないしは式(4)の A, B, C の値およびその適用温度領域を付2に示す.表中のs, l, gはそれぞれ固相,液相,気相を,また,''は固溶体を表している.

硫酸塩[1], Cu_2S および $CuFeS_2$[2], $2CaO \cdot Fe_2O_3$, $CaSiO_3$, Ca_2SiO_4, Fe_2SiO_4 および $FeAl_2O_4$[3], Co_9S_8, FeS_2 および Na_2S[4], 'FeO'[5], BaS[6]以外の化合物については,Knackeらによる熱力学テーブル(O. Knacke, O. Kubaschewski and K. Hesselmann: Thermochemical Properties of Inorganic Substances, 2nd ed., Springer-Verlag, Verlag Stahleisen, 1991)に基づいて温度関数表が作製されている.ΔG° の値を確かめたい場合には原典を参照すること.

(1) H. H. Kellogg: Trans. AIME, **230**(1964), 1622.
(2) E. G. King, A. D. Mah and L. B. Pankratz: *INCRA Monograph II*, The Metallurgy of Copper, Thermodynamic Properties of Copper and its Inorganic Compounds, INCRA, (1973).
(3) E. T. Turkdogan: *BOF Steelmaking*, Vol. 2, Chap. 4, Physical Chemistry of Oxygen Steelmaking, Thermochemistry and Thermodynamics, Iron and Steel Soc., AIME, (1975).
(4) F. D. Richardson and J. H. E. Jeffes: J. Iron and Steel Inst., **171**(1952), 165.
(5) J. P. Coughlin: Bureau of Mines, Bulletin 542, Washington, (1954).
(6) I. Barin, O. Knacke and O. Kubaschewski: *Thermochemical Properties of Inorganic Substances*, Supplement, Springer-Verlag, Verlag Stahleisen, (1977).

付3 標準自由エネルギー変化

$$\Delta G°/\mathrm{J} = A + BT \log T + CT = -19.15 T \log K$$

反 応 式	$\Delta G°/\mathrm{J} = A + BT \log T + CT$			温度範囲 (K)
	A	B	C	
$2\mathrm{Ag(s)} + \mathrm{Cl_2(g)} = 2\mathrm{AgCl(s)}$	-246230		97.61	298–730
$2\mathrm{Ag(s)} + \mathrm{Cl_2(g)} = 2\mathrm{AgCl(l)}$	-206180		44.02	730–1235
$2\mathrm{Ag_2O(s)} + 4\mathrm{NO_2(g)} + \mathrm{O_2(g)}$ $= 4\mathrm{AgNO_3(s)}$	-564440		830.29	298–460
$4\mathrm{Ag(s)} + \mathrm{O_2(g)} = 2\mathrm{Ag_2O(s)}$	-61530		134.05	298–460
$4\mathrm{Ag(s)} + \mathrm{S_2(g)} = 2\mathrm{Ag_2S(s)}$	-170160		68.91	451–1115
$4\mathrm{Ag(s)} + \mathrm{S_2(g)} = 2\mathrm{Ag_2S(l)}$	-151080		51.80	1115–1235
$4\mathrm{Ag(l)} + \mathrm{S_2(g)} = 2\mathrm{Ag_2S(l)}$	-192810		85.61	1235–1500
$2\mathrm{Ag(s)} + \mathrm{SO_2(g)} + \mathrm{O_2(g)}$ $= \mathrm{Ag_2SO_4(l)}$	-404340	-127.57	679.65	930–1234
$2\mathrm{Al(s)} + \mathrm{Cl_2(g)} = 2\mathrm{AlCl(g)}$	-109190		-162.10	298–933
$2\mathrm{Al(l)} + \mathrm{Cl_2(g)} = 2\mathrm{AlCl(g)}$	-146220		-123.17	933–2000
$2/3\mathrm{Al(s)} + \mathrm{Cl_2(g)} = 2/3\mathrm{AlCl_3(g)}$	-390490		34.03	298–933
$2/3\mathrm{Al(l)} + \mathrm{Cl_2(g)} = 2/3\mathrm{AlCl_3(g)}$	-400070		44.17	933–2000
$2/3\mathrm{Al(s)} + \mathrm{F_2(g)} = 2/3\mathrm{AlF_3(s)}$	-1003480		170.35	298–933
$2/3\mathrm{Al(l)} + \mathrm{F_2(g)} = 2/3\mathrm{AlF_3(s)}$	-1004480		171.43	933–1548
$2/3\mathrm{Al(l)} + \mathrm{F_2(g)} = 2/3\mathrm{AlF_3(g)}$	-819700		52.09	1548–2000
$2\mathrm{Al(s)} + \mathrm{N_2(g)} = 2\mathrm{AlN(s)}$	-637980		211.32	298–933
$2\mathrm{Al(l)} + \mathrm{N_2(g)} = 2\mathrm{AlN(s)}$	-659280		234.15	933–2500
$4\mathrm{Al(l)} + \mathrm{O_2(g)} = 2\mathrm{Al_2O(g)}$	-371820		-90.57	933–2000
$4/3\mathrm{Al(s)} + \mathrm{O_2(g)} = 2/3\mathrm{Al_2O_3(s)}$	-1116200		207.31	298–933
$4/3\mathrm{Al(l)} + \mathrm{O_2(g)} = 2/3\mathrm{Al_2O_3(s)}$	-1126890		218.81	933–2327
$1/3\mathrm{Al_2O_3(s)} + \mathrm{SO_3(g)}$ $= 1/3\mathrm{Al_2(SO_4)_3(s)}$	-197020	-38.70	307.57	600–1100
$9/2\mathrm{Al_2O_3(s)} + \mathrm{B_2O_3(s)}$ $= 1/2(9\mathrm{Al_2O_3 \cdot 2B_2O_3(s)})$	-63730		-39.06	298–723
$2\mathrm{Al_2O_3(s)} + \mathrm{B_2O_3(s)}$ $= 2\mathrm{Al_2O_3 \cdot B_2O_3(s)}$	-68190		1.58	298–723
$2\mathrm{Al_2O_3(s)} + \mathrm{B_2O_3(l)}$ $= 2\mathrm{Al_2O_3 \cdot B_2O_3(s)}$	-99080		44.19	723–1308
$4\mathrm{Al(s)} + 3\mathrm{C(s)} = \mathrm{Al_4C_3(s)}$	-209730		42.60	298–933
$4\mathrm{Al(l)} + 3\mathrm{C(s)} = \mathrm{Al_4C_3(s)}$	-258690		94.86	933–1800
$2\mathrm{Al(s)} + \mathrm{As_2(g)} = 2\mathrm{AlAs(s)}$	-422480		173.80	298–933
$2\mathrm{Al(l)} + \mathrm{As_2(g)} = 2\mathrm{AlAs(s)}$	-442580		195.43	933–2013
$2\mathrm{Al(s)} + \mathrm{P_2(g)} = 2\mathrm{AlP(s)}$	-473340		180.71	298–933
$2\mathrm{Al(l)} + \mathrm{P_2(g)} = 2\mathrm{AlP(s)}$	-499130		208.24	933–1800
$2\mathrm{Al(s)} + \mathrm{Sb_2(g)} = 2\mathrm{AlSb(s)}$	-284410		228.31	298–933
$2\mathrm{Al(l)} + \mathrm{Sb_2(g)} = 2\mathrm{AlSb(s)}$	-305320		250.72	933–1333
$2\mathrm{Al(l)} + \mathrm{Sb_2(g)} = 2\mathrm{AlSb(l)}$	-228650		193.24	1333–1800
$2\mathrm{As(s)} = \mathrm{As_2(g)}$	187530		-160.33	298–875
$2/3\mathrm{As(s)} + \mathrm{Cl_2(g)} = 2/3\mathrm{AsCl_3(g)}$	-173760		28.74	403–875
$4/3\mathrm{As(s)} + \mathrm{O_2(g)} = 2/3\mathrm{As_2O_3(s)}$	-436110		175.38	298–582
$4/3\mathrm{As(s)} + \mathrm{O_2(g)} = 2/3\mathrm{As_2O_3(l)}$	-424410		155.28	582–670

付3　標準自由エネルギー変化　　　239

反　応　式	$\Delta G°/\mathrm{J} = A + BT\log T + CT$			温度範囲 (K)
	A	B	C	
$4/3\mathrm{As(s)} + \mathrm{O_2(g)} = 1/3\mathrm{As_4O_6(g)}$	-396130		112.76	670–875
$4/5\mathrm{As(s)} + \mathrm{O_2(g)} = 2/5\mathrm{As_2O_5(s)}$	-369850		191.26	298–875
$2\mathrm{As(s)} + \mathrm{S_2(g)} = 2\mathrm{AsS(s)}$	-269790		169.22	298–580
$2\mathrm{As(s)} + \mathrm{S_2(g)} = 2\mathrm{AsS(l)}$	-248270		131.99	580–844
$4/3\mathrm{As(s)} + \mathrm{S_2(g)} = 2/3\mathrm{As_2S_3(s)}$	-239150		163.27	298–585
$4/3\mathrm{As(s)} + \mathrm{S_2(g)} = 2/3\mathrm{As_2S_3(l)}$	-211370		115.61	585–875
$2\mathrm{B(s)} + \mathrm{N_2(g)} = 2\mathrm{BN(s)}$	-500950		165.42	298–2000
$4/3\mathrm{B(s)} + \mathrm{O_2(g)} = 2/3\mathrm{B_2O_3(l)}$	-823170		143.45	723–2329
$4\mathrm{B(s)} + \mathrm{C(s)} = \mathrm{B_4C(s)}$	-64280		5.03	298–2000
$\mathrm{Ba(s)} + \mathrm{Cl_2(g)} = \mathrm{BaCl_2(s)}$	-856430		156.51	298–1002
$\mathrm{Ba(l)} + \mathrm{Cl_2(g)} = \mathrm{BaCl_2(s)}$	-859780		159.93	1002–1235
$\mathrm{Ba(l)} + \mathrm{Cl_2(g)} = \mathrm{BaCl_2(l)}$	-816240		124.61	1235–2000
$2\mathrm{Ba(s)} + \mathrm{O_2(g)} = 2\mathrm{BaO(s)}$	-1097760		188.52	298–1002
$2\mathrm{Ba(l)} + \mathrm{O_2(g)} = 2\mathrm{BaO(s)}$	-1114860		205.67	1002–2286
$2\mathrm{Ba(s)} + \mathrm{S_2(g)} = 2\mathrm{BaS(s)}$	-1050730		201.67	298–1001
$2\mathrm{Ba(l)} + \mathrm{S_2(g)} = 2\mathrm{BaS(s)}$	-1077630		228.03	1001–2000
$\mathrm{BaO(s)} + \mathrm{CO_2(g)} = \mathrm{BaCO_3(g)}$	-289440	-131.01	597.21	298–1646
$\mathrm{BaO(s)} + \mathrm{H_2O(g)} = \mathrm{Ba(OH)_2(s)}$	-153200		143.32	298–681
$\mathrm{BaO(s)} + \mathrm{H_2O(g)} = \mathrm{Ba(OH)_2(l)}$	-118050		91.18	681–1305
$\mathrm{BaO(s)} + \mathrm{SO_3(g)} = \mathrm{BaSO_4(s)}$	-530420	-14.94	238.55	298–1623
$2\mathrm{Be(s)} + \mathrm{O_2(g)} = 2\mathrm{BeO(s)}$	-1220000		203.57	298–1560
$2\mathrm{Be(l)} + \mathrm{O_2(g)} = 2\mathrm{BeO(s)}$	-1237290		207.82	1560–2742
$2/3\mathrm{Bi(l)} + \mathrm{Cl_2(l)} = 2/3\mathrm{BiCl_3(l)}$	-235150		106.28	545–712
$2/3\mathrm{Bi(l)} + \mathrm{Cl_2(g)} = 2/3\mathrm{BiCl_3(g)}$	-185540		36.54	712–1835
$4/3\mathrm{Bi(l)} + \mathrm{O_2(g)} = 2/3\mathrm{Bi_2O_3(s)}$	-390740		193.99	545–1098
$4/3\mathrm{Bi(l)} + \mathrm{O_2(g)} = 2/3\mathrm{Bi_2O_3(l)}$	-314130		123.10	1098–1835
$4/3\mathrm{Bi(l)} + \mathrm{S_2(g)} = 2/3\mathrm{Bi_2S_3(s)}$	-272840		186.24	545–1048
$1/3\mathrm{Bi_2O_3(s)} + \mathrm{SO_3(g)} = 1/3\mathrm{Bi_2(SO_4)_3}$	-261120		207.46	298–1098
$1/2\mathrm{C(s)} + \mathrm{Cl_2(g)} = 1/2\mathrm{CCl_4(g)}$	-53120	-11.70	105.33	349–800
$1/2\mathrm{C(s)} + \mathrm{H_2(g)} = 1/2\mathrm{CH_4(g)}$	-34560	25.63	-32.68	298–1200
$2\mathrm{C(s)} + \mathrm{O_2(g)} = 2\mathrm{CO(g)}$	-221840		-178.01	298–3000
$\mathrm{C(s)} + \mathrm{O_2(g)} = \mathrm{CO_2(g)}$	-393500		-2.99	298–3000
$2\mathrm{CO(g)} + \mathrm{O_2(g)} = 2\mathrm{CO_2(g)}$	-565160		172.03	298–3000
$\mathrm{C(s)} + \mathrm{S_2(g)} = \mathrm{CS_2(g)}$	-10530		-7.22	319–2000
$2\mathrm{CO(g)} + \mathrm{S_2(g)} = 2\mathrm{COS(g)}$	-182480		156.98	298–2000
$\mathrm{Ca(s)} + \mathrm{Cl_2(g)} = \mathrm{CaCl_2(s)}$	-799110		162.27	298–1045
$\mathrm{Ca(l)} + \mathrm{Cl_2(g)} = \mathrm{CaCl_2(l)}$	-758550		115.42	1115–1774
$\mathrm{Ca(s)} + \mathrm{F_2(g)} = \mathrm{CaF_2(\alpha)}$	-1232310	-22.91	242.41	298–1115
$\mathrm{Ca(l)} + \mathrm{F_2(g)} = \mathrm{CaF_2(\alpha)}$	-1236520	-28.90	264.44	1115–1424

付3 標準自由エネルギー変化

反応式	$\Delta G°/\text{J} = A + BT\log T + CT$			温度範囲 (K)
	A	B	C	
$\text{Ca(l)} + \text{F}_2(\text{g}) = \text{CaF}_2(\beta)$	-1206100		152.04	1424–1690
$2\text{Ca(s)} + \text{O}_2(\text{g}) = 2\text{CaO(s)}$	-1267840		206.40	298–1115
$2\text{Ca(l)} + \text{O}_2(\text{g}) = 2\text{CaO(s)}$	-1285360		222.20	1115–1774
$2\text{Ca(g)} + \text{O}_2(\text{g}) = 2\text{CaO(s)}$	-1576180		386.12	1774–3200
$\text{CaO(s)} + \text{CO}_2(\text{g}) = \text{CaCO}_3(\text{s})$	-175930		150.69	298–1127
$\text{CaO(s)} + \text{H}_2\text{O(g)} = \text{Ca(OH)}_2(\text{s})$	-106740		135.64	298–793
$1/2\text{CaO(s)} + \text{Al}_2\text{O}_3(\text{s}) = 1/2(\text{CaO}\cdot2\text{Al}_2\text{O}_3)(\text{s})$	-8290		-14.83	298–2038
$3\text{CaO(s)} + \text{Al}_2\text{O}_3(\text{s}) = 3\text{CaO}\cdot\text{Al}_2\text{O}_3(\text{s})$	-11890		-33.32	298–1808
$\text{CaO(s)} + \text{Al}_2\text{O}_3(\text{s}) = \text{CaO}\cdot\text{Al}_2\text{O}_3(\text{s})$	-18260		-18.07	298–1873
$2\text{CaO(s)} + \text{Fe}_2\text{O}_3(\text{s}) = 2\text{CaO}\cdot\text{Fe}_2\text{O}_3(\text{s})$	-38490		-9.75	873–1708
$\text{CaO(s)} + \text{Fe}_2\text{O}_3(\text{s}) = \text{CaO}\cdot\text{Fe}_2\text{O}_3(\text{s})$	-37610		1.98	950–1489
$\text{CaO(s)} + \text{SiO}_2(\text{s}) = \text{CaSiO}_3(\alpha)$	-89120		0.50	298–1483
$\text{CaO(s)} + \text{SiO}_2(\text{s}) = \text{CaSiO}_3(\beta)$	-83260		-3.43	1483–1816
$2\text{CaO(s)} + \text{SiO}_2(\text{s}) = \text{Ca}_2\text{SiO}_4(\text{s})$	-126360		-5.02	298–1673
$\text{CaO(s)} + \text{SO}_3(\text{g}) = \text{CaSO}_4(\text{s})$	-477600	-174.10	776.59	1100–1638
$2\text{Ca(s)} + \text{S}_2(\text{g}) = 2\text{CaS(s)}$	-1073150		192.57	673–1115
$2\text{Ca(l)} + \text{S}_2(\text{g}) = 2\text{CaS(s)}$	-1091530		209.08	1115–1774
$1/2\text{Ca(s)} + \text{C(s)} = 1/2\text{CaC}_2(\text{s})$	-27160		-15.40	298–1115
$1/2\text{Ca(l)} + \text{C(s)} = 1/2\text{CaC}_2(\text{s})$	-30670		-12.35	1115–1774
$\text{Cd(l)} + \text{Cl}_2(\text{g}) = \text{CdCl}_2(\text{s})$	-391380		156.53	594–842
$\text{Cd(l)} + \text{Cl}_2(\text{g}) = \text{CdCl}_2(\text{l})$	-346710		103.52	842–1039
$\text{Cd(g)} + \text{Cl}_2(\text{g}) = \text{CdCl}_2(\text{g})$	-436640		190.11	1039–1236
$2\text{Cd(l)} + \text{O}_2(\text{g}) = 2\text{CdO(s)}$	-524250		210.00	594–1039
$2\text{Cd(g)} + \text{O}_2(\text{g}) = 2\text{CdO(s)}$	-712290		391.10	1039–1755
$2\text{Cd(l)} + \text{S}_2(\text{g}) = 2\text{CdS(s)}$	-444450		191.97	594–1039
$2\text{Cd(g)} + \text{S}_2(\text{g}) = 2\text{CdS(s)}$	-634710		375.09	1039–1633
$3\text{CdO(s)} + \text{SO}_3(\text{g}) = \text{CdSO}_4\cdot2\text{CdO(s)}$	-497690		359.66	1100–1273
$1/2(\text{CdSO}_4\cdot2\text{CdO(s)}) + \text{SO}_3(\text{g}) = 3/2\text{CdSO}_4(\text{s})$	-161920		92.05	1100–1273
$2/3\text{Ce(s)} + \text{Br}_2(\text{g}) = 2/3\text{CeBr}_3(\text{s})$	-597840		143.29	298–1005
$2/3\text{Ce(l)} + \text{Br}_2(\text{g}) = 2/3\text{CeBr}_3(\text{l})$	-560060		106.31	1071–1730
$2/3\text{Ce(s)} + \text{Cl}_2(\text{g}) = 2/3\text{CeCl}_3(\text{s})$	-697970		157.56	298–1071
$2/3\text{Ce(l)} + \text{Cl}_2(\text{g}) = 2/3\text{CeCl}_3(\text{l})$	-651550		113.64	1080–1997
$2/3\text{Ce(s)} + \text{F}_2(\text{g}) = 2/3\text{CeF}_3(\text{s})$	-1122680		163.35	298–1071
$2/3\text{Ce(l)} + \text{F}_2(\text{g}) = 2/3\text{CeF}_3(\text{s})$	-1113640		154.86	1071–1710
$2/3\text{Ce(l)} + \text{F}_2(\text{g}) = 2/3\text{CeF}_3(\text{l})$	-1046090		115.30	1710–2000
$2/3\text{Ce(s)} + \text{I}_2(\text{g}) = 2/3\text{CeI}_3(\text{s})$	-491520		144.76	298–1033
$2/3\text{Ce(l)} + \text{I}_2(\text{g}) = 2/3\text{CeI}_3(\text{l})$	-456020		109.98	1071–1780

付3 標準自由エネルギー変化　　　　　　　　　　241

反　応　式	$\Delta G°/\text{J} = A + BT\log T + CT$			温度範囲 (K)
	A	B	C	
$4/3\text{Ce(s)} + \text{O}_2(\text{g}) = 2/3\text{Ce}_2\text{O}_3(\text{s})$	-1195540		187.47	298–1071
$4/3\text{Ce(l)} + \text{O}_2(\text{g}) = 2/3\text{Ce}_2\text{O}_3(\text{s})$	-1194340		186.26	1071–2450
$\text{Ce(s)} + \text{O}_2(\text{g}) = \text{CeO}_2(\text{s})$	-1087910		205.87	298–1071
$\text{Ce(l)} + \text{O}_2(\text{g}) = \text{CeO}_2(\text{s})$	-1085520		203.68	1071–2500
$4/3\text{Ce(s)} + \text{S}_2(\text{g}) = 2/3\text{Ce}_2\text{S}_3(\text{s})$	-917200		190.65	298–1071
$4/3\text{Ce(l)} + \text{S}_2(\text{g}) = 2/3\text{Ce}_2\text{S}_3(\text{s})$	-921690		194.80	1071–2163
$\text{Ce(s)} + \text{S}_2(\text{g}) = \text{CeS}_2(\text{s})$	-745030		192.55	298–1071
$\text{Co(s)} + \text{Cl}_2(\text{g}) = \text{CoCl}_2(\text{s})$	-318120	-43.58	270.38	298–994
$\text{Co(s)} + \text{Cl}_2(\text{g}) = \text{CoCl}_2(\text{l})$	-273430	-39.72	214.12	994–1354
$\text{Co(s)} + \text{Cl}_2(\text{g}) = \text{CoCl}_2(\text{g})$	-166040	-84.55	275.20	1354–1768
$2\text{Co(s)} + \text{O}_2(\text{g}) = 2\text{CoO(s)}$	-468200		140.98	298–1768
$3/2\text{Co(s)} + \text{O}_2(\text{g}) = 1/2\text{Co}_3\text{O}_4(\text{s})$	-458360		193.73	298–1226
$\text{CoO(s)} + \text{SO}_3(\text{g}) = \text{CoSO}_4(\text{s})$	-289660	-115.60	573.96	890–1250
$9/4\text{Co(s)} + \text{S}_2(\text{g}) = 1/4\text{Co}_9\text{S}_8(\text{s})$	-331540		166.57	298–1048
$3/2\text{Co(s)} + \text{S}_2(\text{g}) = 1/2\text{Co}_3\text{S}_4(\text{s})$	-305600		172.34	298–953
$\text{Co(s)} + \text{S}_2(\text{g}) = \text{CoS}_2(\text{s})$	-279780		182.67	298–1100
$\text{Cr(s)} + \text{Cl}_2(\text{g}) = \text{CrCl}_2(\text{s})$	-390150		119.56	298–1088
$\text{Cr(s)} + \text{Cl}_2(\text{g}) = \text{CrCl}_2(\text{l})$	-333910		67.19	1088–1576
$2/3\text{Cr(s)} + \text{Cl}_2(\text{g}) = 2/3\text{CrCl}_3(\text{s})$	-365400		143.64	298–1088
$4/3\text{Cr(s)} + \text{O}_2(\text{g}) = 2/3\text{Cr}_2\text{O}_3(\text{s})$	-754900		170.00	298–2000
$\text{Cu(s)} + \text{Cl}_2(\text{g}) = \text{CuCl}_2(\text{s})$	-222920	-36.19	253.93	298–862
$2\text{Cu(s)} + \text{Cl}_2(\text{g}) = 2\text{CuCl(l)}$	-225340		39.22	709–1357
$2\text{Cu(s)} + \text{Cl}_2(\text{g}) = 2\text{CuCl(g)}$	175230		-169.12	298–1357
$2\text{Cu(s)} + \text{Cl}_2(\text{g}) = 2/3\text{Cu}_3\text{Cl}_3(\text{g})$	-176800		5.03	298–1357
$4\text{Cu(s)} + \text{O}_2(\text{g}) = 2\text{Cu}_2\text{O(s)}$	-338300		146.63	298–1357
$4\text{Cu(l)} + \text{O}_2(\text{g}) = 2\text{Cu}_2\text{O(s)}$	-380110		177.35	1357–1517
$4\text{Cu(l)} + \text{O}_2(\text{g}) = 2\text{Cu}_2\text{O(l)}$	-243390		87.34	1517–2000
$2\text{Cu(s)} + \text{O}_2(\text{g}) = 2\text{CuO(s)}$	-306220		173.30	298–1357
$4\text{Cu(s)} + \text{S}_2(\text{g}) = 2\text{Cu}_2\text{S(s)}$	-262400		61.00	298–1357
$4\text{Cu(l)} + \text{S}_2(\text{g}) = 2\text{Cu}_2\text{S(s)}$	-235480		41.26	1357–1400
$4\text{Cu(l)} + \text{S}_2(\text{g}) = 2\text{Cu}_2\text{S(l)}$	-282000		74.52	1400–1600
$2\text{Cu(s)} + \text{S}_2(\text{g}) = 2\text{CuS(s)}$	-234070		154.88	298–774
$\text{Cu}_2\text{O(s)} + \text{Fe}_2\text{O}_3(\text{s}) = 2\text{CuFeO}_2(\text{s})$	-42710		16.38	1091–1470
$\text{CuO(s)} + \text{Fe}_2\text{O}_3(\text{s}) = \text{CuFe}_2\text{O}_4(\text{s})$	19400	3.50	-37.52	700–1400
$2\text{CuO(s)} + \text{SO}_3(\text{g}) = \text{CuO}\cdot\text{CuSO}_4(\text{s})$	-217690	-21.59	240.96	800–1200
$\text{CuO}\cdot\text{CuSO}_4(\text{s}) + \text{SO}_3(\text{g}) = 2\text{CuSO}_4(\text{s})$	-216650	-21.59	253.55	700–1100
$2\text{Cu}_2\text{S(s)} + 4\text{FeS(s)} + \text{S}_2(\text{g}) = 4\text{CuFeS}_2(\text{s})$	-436560	-248.80	1055.84	298–830
$2/3\text{Dy(s)} + \text{Cl}_2(\text{g}) = 2/3\text{DyCl}_3(\text{s})$	-662900		163.58	298–924
$2/3\text{Dy(s)} + \text{Cl}_2(\text{g}) = 2/3\text{DyCl}_3(\text{l})$	-616300		113.77	924–1682
$2/3\text{Dy(l)} + \text{Cl}_2(\text{g}) = 2/3\text{DyCl}_3(\text{l})$	-600670		104.15	1682–1810

反　応　式	$\Delta G°/J = A + BT\log T + CT$			温度範囲 (K)
	A	B	C	
$2/3\mathrm{Dy(s)} + \mathrm{F_2(g)} = 2/3\mathrm{DyF_3(s)}$	-1123600		158.74	298-1430
$2/3\mathrm{Dy(s)} + \mathrm{F_2(g)} = 2/3\mathrm{DyF_3(l)}$	-1071880		122.53	1430-1682
$2/3\mathrm{Dy(l)} + \mathrm{F_2(g)} = 2/3\mathrm{DyF_3(l)}$	-1072850		123.10	1682-2000
$4/3\mathrm{Dy(s)} + \mathrm{O_2(g)} = 2/3\mathrm{Dy_2O_3(s)}$	-1235650		190.14	298-1682
$4/3\mathrm{Dy(l)} + \mathrm{O_2(g)} = 2/3\mathrm{Dy_2O_3(s)}$	-1243600		194.38	1682-2000
$2/3\mathrm{Er(s)} + \mathrm{Cl_2(g)} = 2/3\mathrm{ErCl_3(s)}$	-660030		158.66	298-1049
$2/3\mathrm{Er(s)} + \mathrm{Cl_2(g)} = 2/3\mathrm{ErCl_3(l)}$	-613830		114.64	1049-1795
$2/3\mathrm{Er(s)} + \mathrm{F_2(g)} = 2/3\mathrm{ErF_3(s)}$	-1121210		160.29	298-1419
$2/3\mathrm{Er(s)} + \mathrm{F_2(g)} = 2/3\mathrm{ErF_3(l)}$	-1060170		116.87	1419-1795
$2/3\mathrm{Er(l)} + \mathrm{F_2(g)} = 2/3\mathrm{ErF_3(l)}$	-1070410		122.59	1795-2000
$\mathrm{Eu(s)} + \mathrm{Br_2(g)} = \mathrm{EuBr_2(s)}$	-746730		173.66	298-956
$\mathrm{Eu(l)} + \mathrm{Br_2(g)} = \mathrm{EuBr_2(l)}$	-702690		130.06	1090-1797
$2/3\mathrm{Eu(s)} + \mathrm{Br_2(g)} = 2/3\mathrm{EuBr_3(s)}$	-530580		167.36	298-663
$2/3\mathrm{Eu(s)} + \mathrm{Cl_2(g)} = 2/3\mathrm{EuCl_3(s)}$	-620450		167.17	298-897
$2/3\mathrm{Eu(s)} + \mathrm{Cl_2(g)} = 2/3\mathrm{EuCl_3(l)}$	-570530		110.98	897-1090
$2/3\mathrm{Eu(l)} + \mathrm{Cl_2(g)} = 2/3\mathrm{EuCl_3(l)}$	-574210		114.44	1090-1300
$2/3\mathrm{Eu(s)} + \mathrm{F_2(g)} = 2/3\mathrm{EuF_3(s)}$	-1051880		169.37	298-1090
$2/3\mathrm{Eu(l)} + \mathrm{F_2(g)} = 2/3\mathrm{EuF_3(s)}$	-1029330		148.03	1090-1650
$4/3\mathrm{Eu(s)} + \mathrm{O_2(g)} = 2/3\mathrm{Eu_2O_3(s)}$	-1102730		200.05	298-1090
$4/3\mathrm{Eu(l)} + \mathrm{O_2(g)} = 2/3\mathrm{Eu_2O_3(s)}$	-1098910		195.86	1090-1350
$1/5\mathrm{Fe(s)} + \mathrm{CO(g)} = 1/5\mathrm{Fe(CO)_5(g)}$	-34240		112.63	298-800
$\mathrm{Fe(s)} + \mathrm{Cl_2(g)} = \mathrm{FeCl_2(s)}$	-338480		121.93	298-950
$\mathrm{Fe(s)} + \mathrm{Cl_2(g)} = \mathrm{FeCl_2(l)}$	-287640		68.33	950-1293
$\mathrm{Fe(s)} + \mathrm{Cl_2(g)} = \mathrm{FeCl_2(g)}$	-160330		-29.43	1293-1809
$2/3\mathrm{Fe(s)} + \mathrm{Cl_2(g)} = 2/3\mathrm{FeCl_3(s)}$	-264830		138.28	298-577
$2/3\mathrm{Fe(s)} + \mathrm{Cl_2(g)} = 1/3\mathrm{Fe_2Cl_6(g)}$	-221730		61.73	604-1809
$2\mathrm{Fe(s)} + \mathrm{O_2(g)} = 2'\mathrm{FeO'(s)}$	-528860		129.46	298-1650
$2\mathrm{Fe(s)} + \mathrm{O_2(g)} = 2'\mathrm{FeO'(l)}$	-477560		97.06	1650-1809
$3/2\mathrm{Fe(s)} + \mathrm{O_2(g)} = 1/2\mathrm{Fe_3O_4(s)}$	-543240		149.00	880-1809
$4/3\mathrm{Fe(s)} + \mathrm{O_2(g)} = 2/3\mathrm{Fe_2O_3(s)}$	-541430		166.92	298-1809
$2'\mathrm{FeO'(s)} + \mathrm{SiO_2(s)} = \mathrm{Fe_2SiO_4(s)}$	-33260		15.27	298-1490
$2'\mathrm{FeO'(l)} + \mathrm{SiO_2(s)} = \mathrm{Fe_2SiO_4(l)}$	24480		-21.59	1500-1700
$'\mathrm{FeO'(s)} + \mathrm{Al_2O_3(s)} = \mathrm{FeAl_2O_4(s)}$	-33140		6.11	298-1644
$\mathrm{FeO(s)} + \mathrm{SO_3(g)} = \mathrm{FeSO_4(s)}$	-266060	-31.00	290.03	298-944
$1/3\mathrm{Fe_2O_3(s)} + \mathrm{SO_3(g)} = 1/3\mathrm{Fe_2(SO_4)_3(s)}$	-203300	-34.10	297.19	700-1000
$2\mathrm{Fe(s)} + \mathrm{S_2(g)} = 2\mathrm{FeS(s)}$	-312470		118.41	598-1461
$2\mathrm{Fe(s)} + \mathrm{S_2(g)} = 2\mathrm{FeS(l)}$	-240670		69.16	1461-1809
$2\mathrm{Fe(l)} + \mathrm{S_2(g)} = 2\mathrm{FeS(l)}$	-265370		82.82	1809-2000
$2'\mathrm{FeS'(s)} + \mathrm{S_2(g)} = 2'\mathrm{FeS_2'(s)}$	-362750		376.56	600-1100
$3\mathrm{Fe(s)} + \mathrm{C(s)} = \mathrm{Fe_3C(s)}$	13780		-12.31	1000-1410

付3 標準自由エネルギー変化

反 応 式	$\Delta G°/\mathrm{J} = A + BT\log T + CT$			温度範囲 (K)
	A	B	C	
$4/3\mathrm{Ga}(l) + \mathrm{O}_2(g) = 2/3\mathrm{Ga}_2\mathrm{O}_3(s)$	-729080		218.56	303–1998
$2\mathrm{Ga}(l) + \mathrm{As}_2(g) = 2\mathrm{GaAs}(s)$	-346080		223.11	303–1511
$2\mathrm{Ga}(l) + \mathrm{P}_2(g) = 2\mathrm{GaP}(s)$	-356680		225.45	303–1740
$2\mathrm{Ga}(l) + \mathrm{Sb}_2(g) = 2\mathrm{GaSb}(s)$	-327070		213.15	303–985
$2/3\mathrm{Gd}(s) + \mathrm{Br}_2(g) = 2/3\mathrm{GdBr}_3(s)$	-581180		156.41	298–1058
$2/3\mathrm{Gd}(s) + \mathrm{Br}_2(g) = 2/3\mathrm{GdBr}_3(l)$	-535620		113.28	1058–1585
$2/3\mathrm{Gd}(s) + \mathrm{Cl}_2(g) = 2/3\mathrm{GdCl}_3(s)$	-670060		160.14	298–875
$2/3\mathrm{Gd}(s) + \mathrm{Cl}_2(g) = 2/3\mathrm{GdCl}_3(l)$	-627730		111.57	875–1585
$2/3\mathrm{Gd}(l) + \mathrm{Cl}_2(g) = 2/3\mathrm{GdCl}_3(l)$	-614390		102.78	1585–1919
$2/3\mathrm{Gd}(s) + \mathrm{F}_2(g) = 2/3\mathrm{GdF}_3(s)$	-1127520		159.16	298–1505
$2/3\mathrm{Gd}(l) + \mathrm{F}_2(g) = 2/3\mathrm{GdF}_3(l)$	-1079840		126.53	1585–2000
$2/3\mathrm{Gd}(s) + \mathrm{I}_2(g) = 2/3\mathrm{GdI}_3(s)$	-454290		144.43	298–1204
$2/3\mathrm{Gd}(s) + \mathrm{I}_2(g) = 2/3\mathrm{GdI}_3(l)$	-399080		98.43	1204–1585
$4/3\mathrm{Gd}(s) + \mathrm{O}_2(g) = 2/3\mathrm{Gd}_2\mathrm{O}_3(s)$	-1214540		187.64	298–1550
$\mathrm{Ge}(s) + \mathrm{O}_2(g) = \mathrm{GeO}_2(s)$	-554000		173.01	298–1210
$\mathrm{Ge}(l) + \mathrm{O}_2(g) = \mathrm{GeO}_2(s)$	-575460		190.43	1210–1409
$\mathrm{Ge}(l) + \mathrm{O}_2(g) = \mathrm{GeO}_2(l)$	-556160		176.86	1409–1993
$\mathrm{H}_2(g) + \mathrm{Cl}_2(g) = 2\mathrm{HCl}(g)$	-188270		-12.10	298–2000
$\mathrm{H}_2(g) + \mathrm{F}_2(g) = 2\mathrm{HF}(g)$	-548600		-6.72	298–2000
$2\mathrm{H}_2(g) + \mathrm{O}_2(g) = 2\mathrm{H}_2\mathrm{O}(g)$	-493070		109.88	298–3000
$2\mathrm{H}_2(g) + \mathrm{S}_2(g) = 2\mathrm{H}_2\mathrm{S}(g)$	-177760		96.75	298–2000
$2\mathrm{Hg}(l) + \mathrm{Cl}_2(g) = 2\mathrm{HgCl}(g)$	161180		-141.69	298–629
$2\mathrm{Hg}(g) + \mathrm{Cl}_2(g) = 2\mathrm{HgCl}(g)$	36770		56.40	629–2000
$2\mathrm{Hg}(l) + \mathrm{O}_2(g) = 2\mathrm{HgO}(s)$	-180930		213.99	298–629
$2\mathrm{Hg}(l) + \mathrm{S}_2(g) = 2\mathrm{HgS}(s)$	-234540		212.61	298–629
$\mathrm{HgO}(s) + \mathrm{SO}_3(g) = \mathrm{HgSO}_4(s)$	-225760	-32.71	284.25	298–720
$\mathrm{Hg}(l) + \mathrm{Se}(l) = \mathrm{HgSe}(s)$	-60260		26.22	493–629
$2\mathrm{Hg}(g) + \mathrm{Se}_2(g) = 2\mathrm{HgSe}(s)$	-352120		354.82	629–969
$4/3\mathrm{In}(l) + \mathrm{O}_2(g) = 2/3\mathrm{In}_2\mathrm{O}_3(s)$	-616030		210.37	430–2183
$2\mathrm{In}(l) + \mathrm{S}_2(g) = 2\mathrm{InS}(s)$	-397480		207.87	430–953
$4/3\mathrm{In}(s) + \mathrm{S}_2(g) = 2/3\mathrm{In}_2\mathrm{S}_3(s)$	-362730		189.75	430–1371
$2\mathrm{In}(l) + \mathrm{As}_2(g) = 2\mathrm{InAs}(s)$	-309300		207.80	430–1216
$2\mathrm{In}(l) + \mathrm{P}_2(g) = 2\mathrm{InP}(s)$	-323050		218.60	430–1344
$2\mathrm{In}(l) + \mathrm{Sb}_2(g) = 2\mathrm{InSb}(s)$	-294910		201.61	430–798
$2\mathrm{In}(l) + \mathrm{Sb}_2(g) = 2\mathrm{InSb}(l)$	-191760		72.17	798–1200
$2\mathrm{K}(l) + \mathrm{Cl}_2(g) = 2\mathrm{KCl}(s)$	-873990		191.88	336–1036
$2\mathrm{K}(g) + \mathrm{Cl}_2(g) = 2\mathrm{KCl}(l)$	-949300		264.85	1044–1710
$4\mathrm{K}(l) + \mathrm{O}_2(g) = 2\mathrm{K}_2\mathrm{O}(s)$	-723520		280.56	336–980
$4\mathrm{K}(g) + \mathrm{O}_2(g) = 2\mathrm{K}_2\mathrm{O}(l)$	-919220		469.44	1031–1325
$4\mathrm{K}(l) + \mathrm{S}_2(g) = 2\mathrm{K}_2\mathrm{S}(s)$	-885880		278.08	336–1036
$\mathrm{K}_2\mathrm{O}(s) + \mathrm{CO}_2(g) = \mathrm{K}_2\mathrm{CO}_3(s)$	-395880		152.77	298–1154

反　応　式	$\Delta G°/\mathrm{J} = A + BT \log T + CT$			温度範囲 (K)
	A	B	C	
$K_2O(s) + H_2O(g) = 2KOH(s)$	−241660		110.69	298–679
$K_2O(s) + H_2O(g) = 2KOH(l)$	−201190		49.67	679–1154
$2/3La(s) + Br_2(g) = 2/3LaBr_3(s)$	−629960		150.69	298–1061
$2/3La(l) + Br_2(g) = 2/3LaBr_3(l)$	−588190		112.33	1193–1980
$2/3La(s) + Cl_2(g) = 2/3LaCl_3(s)$	−708490		155.50	298–1131
$2/3La(l) + Cl_2(g) = 2/3LaCl_3(l)$	−646910		101.45	1193–2000
$2/3La(s) + F_2(g) = 2/3LaF_3(s)$	−1129460		160.12	298–1193
$2/3La(l) + F_2(g) = 2/3LaF_3(s)$	−1118830		150.72	1193–1766
$2/3La(l) + F_2(g) = 2/3LaF_3(l)$	−1066980		121.24	1766–2000
$2/3La(s) + I_2(g) = 2/3LaI_3(s)$	−503820		145.31	298–1051
$2/3La(l) + I_2(g) = 2/3LaI_3(l)$	−459550		103.74	1193–1925
$4/3La(s) + O_2(g) = 2/3La_2O_3(s)$	−1192800		186.49	298–1193
$4/3La(l) + O_2(g) = 2/3La_2O_3(s)$	−1195950		189.16	1193–2000
$4/3La(s) + S_2(g) = 2/3La_2S_3(s)$	−928650		185.48	298–1193
$4/3La(l) + S_2(g) = 2/3La_2S_3(s)$	−935100		190.93	1193–2000
$2Li(l) + Cl_2(g) = 2LiCl(s)$	−819100		166.37	454–883
$2Li(l) + Cl_2(g) = 2LiCl(l)$	−771120		111.79	883–1605
$4Li(l) + O_2(g) = 2Li_2O(s)$	−1207370		273.37	454–1605
$Li_2O(s) + CO_2(g) = Li_2CO_3(s)$	−222110		154.93	298–993
$Li_2O(s) + CO_2(g) = Li_2CO_3(l)$	−153750		85.87	993–1300
$Li_2O(s) + H_2O(g) = 2LiOH(s)$	−127630		132.69	298–744
$Li_2O(s) + H_2O(g) = 2LiOH(l)$	−66480		51.33	744–1312
$Mg(s) + Cl_2(g) = MgCl_2(s)$	−641490		156.88	298–923
$Mg(l) + Cl_2(g) = MgCl_2(l)$	−599670		114.21	980–1366
$Mg(g) + Cl_2(g) = MgCl_2(l)$	−717580		200.49	1366–1691
$2Mg(s) + O_2(g) = 2MgO(s)$	−1202700		214.28	298–923
$2Mg(l) + O_2(g) = 2MgO(s)$	−1217280		230.08	923–1366
$MgO(s) + CO_2(g) = MgCO_3(s)$	−99970		173.02	298–812
$MgO(s) + H_2O(g) = Mg(OH)_2(s)$	−79740		146.85	298–700
$MgO(s) + SiO_2(s) = MgSiO_3(s)$	−41390		7.72	298–1850
$2MgO(s) + SiO_2(s) = Mg_2SiO_4(s)$	−67310		6.02	298–2171
$MgO(s) + SO_3(g) = MgSO_4(s)$	−328700	−69.37	421.29	1000–1428
$2Mg(s) + S_2(g) = 2MgS(s)$	−816730		185.59	298–923
$2Mg(l) + S_2(g) = 2MgS(s)$	−833260		203.48	923–1366
$2Mg(g) + S_2(g) = 2MgS(s)$	−1080470		384.53	1366–2000
$Mn(s) + Cl_2(g) = MnCl_2(s)$	−478660		128.10	298–923
$Mn(l) + Cl_2(g) = MnCl_2(l)$	−432790		78.42	923–1500
$2Mn(s) + O_2(g) = 2MnO(s)$	−765060		148.96	298–1519
$2Mn(l) + O_2(g) = 2MnO(s)$	−801100		173.02	1519–2083
$MnO(s) + SiO_2(s) = MnSiO_3(s)$	−27960		2.42	298–1564
$3/2Mn(s) + O_2(g) = 1/2Mn_3O_4(s)$	−692000		172.42	298–1519

付 3　標準自由エネルギー変化

反　応　式	$\Delta G°/J = A + BT\log T + CT$			温度範囲 (K)
	A	B	C	
$3/2Mn(l) + O_2(g) = 1/2Mn_3O_4(s)$	-704250		180.46	1519–1835
$Mn(s) + O_2(g) = MnO_2(s)$	-521430		181.94	298–803
$MnO(s) + SO_3(g) = MnSO_4(s)$	-292720	-38.31	318.00	298–973
$2Mn(s) + S_2(g) = 2MnS(s)$	-554100		127.28	298–1519
$2Mn(l) + S_2(g) = 2MnS(s)$	-593390		153.17	1519–1803
$2Mn(l) + S_2(g) = 2MnS(l)$	-541680		124.49	1803–2000
$Mo(s) + O_2(g) = MoO_2(s)$	-570230		164.94	298–2000
$2/3Mo(s) + O_2(g) = 2/3MoO_3(s)$	-494660		165.71	298–1074
$4/3Mo(s) + S_2(g) = 2/3Mo_2S_3(s)$	-392570		174.01	298–2050
$1/3N_2(g) + H_2(g) = 2/3NH_3(g)$	-28720	19.46	11.32	298–1500
$N_2(g) + O_2(g) = 2NO(g)$	180490		-24.90	298–2000
$1/2N_2(g) + O_2(g) = NO_2(g)$	32010		63.71	298–2000
$2Na(l) + Cl_2(g) = 2NaCl(s)$	-819120		172.80	371–1074
$2Na(g) + Cl_2(g) = 2NaCl(l)$	-927890		258.82	1154–1738
$2Na(l) + F_2(g) = 2NaF(s)$	-1149130		207.93	371–1154
$2Na(g) + F_2(g) = 2NaF(l)$	-1240810		291.27	1269–2063
$Na(l) + 1/3Al(l) + F_2(g) = 1/3Na_3AlF_6(l)$	-1125490		206.50	1285–2273
$4Na(l) + O_2(g) = 2Na_2O(s)$	-835060		277.03	371–1154
$4Na(g) + O_2(g) = 2Na_2O(s)$	-1157660		553.90	1154–1405
$4Na(g) + O_2(g) = 2Na_2O(l)$	-1041780		472.32	1405–2000
$4Na(l) + S_2(g) = 2Na_2S(s)$	-880740		263.18	371–1154
$4Na(g) + S_2(g) = 2Na_2S(l)$	-1257720		580.74	1192–1600
$Na_2O(s) + SiO_2(s) = Na_2SiO_3(s)$	-234740		9.02	298–1362
$Na_2O(s) + CO_2(g) = Na_2CO_3(s)$	-310570		131.76	723–1123
$Na_2O(s) + CO_2(g) = Na_2CO_3(l)$	-278200		102.80	1123–1405
$Na_2O(l) + CO_2(g) = Na_2CO_3(l)$	-318130		131.37	1405–2000
$Na_2O(s) + SO_3(g) = Na_2SO_4(s)$	-575870	-50.09	315.01	600–1157
$4/5Nb(s) + O_2(g) = 2/5Nb_2O_5(s)$	-754030		166.99	298–1783
$4/5Nb(s) + O_2(g) = 2/5Nb_2O_5(l)$	-687010		128.88	1783–2000
$2/3Nd(s) + Br_2(g) = 2/3NdBr_3(s)$	-610380		154.40	298–955
$2/3Nd(s) + Br_2(g) = 2/3NdBr_3(l)$	-575690		117.97	955–1289
$2/3Nd(l) + Br_2(g) = 2/3NdBr_3(l)$	-567630		111.81	1289–1859
$2/3Nd(s) + Cl_2(g) = 2/3NdCl_3(s)$	-691490		157.94	298–1032
$2/3Nd(s) + Cl_2(g) = 2/3NdCl_3(l)$	-640240		107.84	1032–1289
$2/3Nd(l) + Cl_2(g) = 2/3NdCl_3(l)$	-642500		109.59	1289–1976
$2/3Nd(s) + F_2(g) = 2/3NdF_3(s)$	-1115350		158.36	298–1289
$2/3Nd(l) + F_2(g) = 2/3NdF_3(s)$	-1108590		152.67	1289–1650
$2/3Nd(l) + F_2(g) = 2/3NdF_3(l)$	-1064280		125.88	1650–2000
$2/3Nd(s) + I_2(g) = 2/3NdI_3(s)$	-477360		151.55	298–1060

反 応 式	$\Delta G°/\text{J} = A + BT\log T + CT$			温度範囲 (K)
	A	B	C	
$2/3\text{Nd}(s) + \text{I}_2(g) = 2/3\text{NdI}_3(l)$	−428520		105.47	1060–1289
$2/3\text{Nd}(l) + \text{I}_2(g) = 2/3\text{NdI}_3(l)$	−430830		107.56	1289–1777
$4/3\text{Nd}(s) + \text{O}_2(g) = 2/3\text{Nd}_2\text{O}_3(s)$	−1201760		185.00	298–1289
$4/3\text{Nd}(l) + \text{O}_2(g) = 2/3\text{Nd}_2\text{O}_3(s)$	−1208130		189.78	1289–2000
$4/3\text{Nd}(s) + \text{S}_2(g) = 2/3\text{Nd}_2\text{S}_3(s)$	−876800		193.28	298–1289
$4/3\text{Nd}(l) + \text{S}_2(g) = 2/3\text{Nd}_2\text{S}_3(s)$	−895780		208.05	1289–2000
$\text{Ni}(s) + \text{Cl}_2(g) = \text{NiCl}_2(s)$	−301710		146.36	298–1128
$1/4\text{Ni}(s) + \text{CO}(g) = 1/4\text{Ni}(\text{CO})_4(g)$	−39550		100.16	298–1728
$2\text{Ni}(s) + \text{O}_2(g) = 2\text{NiO}(s)$	−468580		169.44	298–1728
$2\text{Ni}(l) + \text{O}_2(g) = 2\text{NiO}(s)$	−494910		184.68	1728–2228
$\text{NiO}(s) + \text{Fe}_2\text{O}_3(s) = \text{NiO}\cdot\text{Fe}_2\text{O}_3(s)$	−17730		−5.33	855–1500
$2\text{Ni}(s) + \text{S}_2(g) = 2\text{NiS}(s)$	−287480		153.91	670–850
$3\text{Ni}(s) + \text{S}_2(g) = \text{Ni}_3\text{S}_2(s)$	−277150		100.12	828–1079
$3\text{Ni}(s) + \text{S}_2(g) = \text{Ni}_3\text{S}_2(l)$	−241460		66.94	1079–1700
$\text{NiO}(s) + \text{SO}_3(g) = \text{NiSO}_4(s)$	−248070		198.82	900–1200
$3\text{Ni}(s) + \text{Ti}(s) = \text{Ni}_3\text{Ti}(s)$	−143140		−8.05	298–1653
$\text{Ni}(s) + \text{Ti}(s) = \text{NiTi}(s)$	−68040		11.33	298–1583
$1/2\text{Ni}(s) + \text{Ti}(s) = 1/2\text{NiTi}_2(s)$	−42710		6.03	298–1257
$2\text{P}(s, \text{red}) = \text{P}_2(g)$	176900		−165.80	298–703
$2\text{P}(l, \text{white}) = \text{P}_2(g)$	140220		−124.17	317–552
$2/5\text{P}_2(g) + \text{O}_2(g) = 1/5\text{P}_4\text{O}_{10}(g)$	−631620		201.20	552–1973
$\text{Pb}(l) + \text{Cl}_2(g) = \text{PbCl}_2(l)$	−324340		102.74	774–1223
$\text{Pb}(l) + \text{Cl}_2(g) = \text{PbCl}_2(g)$	−189480		−7.63	1223–2020
$2\text{Pb}(s) + \text{O}_2(g) = 2\text{PbO}(s)$	−438340		198.17	298–601
$2\text{Pb}(l) + \text{O}_2(g) = 2\text{PbO}(s)$	−439340		200.40	601–1159
$2\text{Pb}(l) + \text{O}_2(g) = 2\text{PbO}(l)$	−368880		139.58	1159–1897
$2\text{Pb}(l) + \text{S}_2(g) = 2\text{PbS}(s)$	−324220		174.76	601–1387
$2\text{Pb}(l) + \text{S}_2(g) = 2\text{PbS}(l)$	−277040		140.65	1387–1587
$\text{PbO}(l) + \text{SiO}_2(s) = \text{PbO}\cdot\text{SiO}_2(l)$	−2930		−9.25	1159–1800
$5\text{PbO}(s) + \text{SO}_3(g) = \text{PbSO}_4\cdot 4\text{PbO}(s)$	−304890		128.45	800–1108
$3/2(\text{PbSO}_4\cdot 4\text{PbO}(s)) + \text{SO}_3(g) = 5/2(\text{PbSO}_4\cdot 2\text{PbO}(s))$	−298650	−70.33	357.61	889–1168
$2(\text{PbSO}_4\cdot 2\text{PbO}(s)) + \text{SO}_3(g) = 3(\text{PbSO}_4\cdot \text{PbO}(s))$	−367860	−70.33	435.47	889–1223
$\text{PbSO}_4\cdot \text{PbO}(s) + \text{SO}_3(g) = 2\text{PbSO}_4(s)$	−309620	−70.33	407.52	800–1139
$2/3\text{Pr}(s) + \text{Br}_2(g) = 2/3\text{PrBr}_3(s)$	−620590		154.56	298–966
$2/3\text{Pr}(s) + \text{Br}_2(g) = 2/3\text{PrBr}_3(l)$	−482110		31.55	966–1204
$2/3\text{Pr}(l) + \text{Br}_2(g) = 2/3\text{PrBr}_3(l)$	−577530		111.34	1204–1909
$2/3\text{Pr}(s) + \text{Cl}_2(g) = 2/3\text{PrCl}_3(s)$	−699000		155.87	298–1059
$2/3\text{Pr}(s) + \text{Cl}_2(g) = 2/3\text{PrCl}_3(l)$	−653090		112.33	1059–1204

付3 標準自由エネルギー変化

反　応　式	$\Delta G°/J = A + BT \log T + CT$			温度範囲 (K)
	A	B	C	
$2/3\mathrm{Pr}(l) + \mathrm{Cl}_2(g) = 2/3\mathrm{PrCl}_3(l)$	-651240		111.18	1204-1982
$2/3\mathrm{Pr}(s) + \mathrm{F}_2(g) = 2/3\mathrm{PrF}_3(s)$	-1121250		158.74	298-1204
$2/3\mathrm{Pr}(l) + \mathrm{F}_2(g) = 2/3\mathrm{PrF}_3(s)$	-1114450		152.99	1204-1672
$2/3\mathrm{Pr}(l) + \mathrm{F}_2(g) = 2/3\mathrm{PrF}_3(l)$	-1057720		119.10	1672-2000
$2/3\mathrm{Pr}(s) + \mathrm{I}_2(g) = 2/3\mathrm{PrI}_3(s)$	-493610		144.49	298-1011
$2/3\mathrm{Pr}(s) + \mathrm{I}_2(g) = 2/3\mathrm{PrI}_3(l)$	-459880		111.14	1011-1204
$2/3\mathrm{Pr}(l) + \mathrm{I}_2(g) = 2/3\mathrm{PrI}_3(l)$	-454930		107.34	1204-1803
$4/3\mathrm{Pr}(s) + \mathrm{O}_2(g) = 2/3\mathrm{Pr}_2\mathrm{O}_3(s)$	-1202730		190.22	298-1204
$4/3\mathrm{Pr}(l) + \mathrm{O}_2(g) = 2/3\mathrm{Pr}_2\mathrm{O}_3(s)$	-1210970		197.12	1204-2000
$7/6\mathrm{Pr}(s) + \mathrm{O}_2(g) = 1/6\mathrm{Pr}_7\mathrm{O}_{12}(s)$	-1108530		208.73	298-1184
$\mathrm{Pr}(s) + \mathrm{O}_2(g) = \mathrm{PrO}_2(s)$	-972800		193.64	298-500
$2\mathrm{Pr}(s) + \mathrm{S}_2(g) = 2\mathrm{PrS}(s)$	-1028820		210.46	298-1204
$2\mathrm{Pr}(l) + \mathrm{S}_2(g) = 2\mathrm{PrS}(s)$	-1049700		227.72	1204-2000
$3/2\mathrm{Pr}(s) + \mathrm{S}_2(g) = 1/2\mathrm{Pr}_3\mathrm{S}_4(s)$	-902700		202.45	298-1204
$3/2\mathrm{Pr}(l) + \mathrm{S}_2(g) = 1/2\mathrm{Pr}_3\mathrm{S}_4(s)$	-917610		214.77	1204-2000
$\mathrm{Pt}(s) + \mathrm{O}_2(g) = \mathrm{PtO}_2(g)$	168330		1.41	298-2000
$2\mathrm{S}(l) = \mathrm{S}_2(g)$	115350		-132.59	388-717
$2\mathrm{S}(g) = \mathrm{S}_2(g)$	-430790		119.85	298-2000
$3/2\mathrm{S}_2(g) = \mathrm{S}_3(g)$	-53750		72.21	298-1300
$2\mathrm{S}_2(g) = \mathrm{S}_4(g)$	-110210		142.63	400-2000
$3\mathrm{S}_2(g) = \mathrm{S}_6(g)$	-277600		311.58	298-1200
$4\mathrm{S}_2(g) = \mathrm{S}_8(g)$	-402300		451.44	298-1200
$\mathrm{S}_2(g) + \mathrm{O}_2(g) = 2\mathrm{SO}(g)$	-117180		-14.06	298-2000
$1/2\mathrm{S}_2(g) + \mathrm{O}_2(g) = \mathrm{SO}_2(g)$	-361660		72.48	298-2000
$1/3\mathrm{S}_2(g) + \mathrm{O}_2(g) = 2/3\mathrm{SO}_3(g)$	-306080		108.96	298-2000
$2\mathrm{Sb}(s) = \mathrm{Sb}_2(g)$	226740		-151.99	298-904
$2\mathrm{Sb}(l) = \mathrm{Sb}_2(g)$	171570		-91.38	904-1858
$4/3\mathrm{Sb}(s) + \mathrm{O}_2(g) = 2/3\mathrm{Sb}_2\mathrm{O}_3(s)$	-469720		177.50	298-904
$4/3\mathrm{Sb}(s) + \mathrm{O}_2(g) = 1/3\mathrm{Sb}_4\mathrm{O}_6(g)$	-430150		144.50	928-1858
$4/5\mathrm{Sb}(s) + \mathrm{O}_2(g) = 2/5\mathrm{Sb}_2\mathrm{O}_5(s)$	-397600		191.91	298-798
$4/3\mathrm{Sb}(s) + \mathrm{S}_2(g) = 2/3\mathrm{Sb}_2\mathrm{S}_3(s)$	-262470		158.16	298-823
$4/3\mathrm{Sb}(s) + \mathrm{S}_2(g) = 2/3\mathrm{Sb}_2\mathrm{S}_3(l)$	-219710		106.21	823-904
$4/3\mathrm{Sb}(l) + \mathrm{S}_2(g) = 2/3\mathrm{Sb}_2\mathrm{S}_3(l)$	-243470		132.61	904-1273
$2/3\mathrm{Sc}(s) + \mathrm{F}_2(g) = 2/3\mathrm{ScF}_3(s)$	-1069530		148.80	298-1812
$2/3\mathrm{Sc}(s) + \mathrm{Cl}_2(g) = 2/3\mathrm{ScCl}_3(s)$	-608230		154.18	298-1240
$2/3\mathrm{Sc}(s) + \mathrm{Br}_2(g) = 2/3\mathrm{ScBr}_3(s)$	-500950		146.28	298-1202
$4/3\mathrm{Sc}(s) + \mathrm{O}_2(g) = 2/3\mathrm{Sc}_2\mathrm{O}_3(s)$	-1270590		196.36	298-1812
$\mathrm{Se}(s) + \mathrm{O}_2(g) = \mathrm{SeO}_2(s)$	-224870		179.94	298-493
$\mathrm{Se}(l) + \mathrm{O}_2(g) = \mathrm{SeO}_2(s)$	-229470		189.15	493-601
$\mathrm{Se}(l) + \mathrm{O}_2(g) = \mathrm{SeO}_2(g)$	-119810		6.49	601-957

反　応　式	$\Delta G°/\text{J} = A + BT\log T + CT$			温度範囲 (K)
	A	B	C	
$1/2\text{Si}(s) + \text{Cl}_2(g) = 1/2\text{SiCl}_4(g)$	-332800		67.23	$330-1685$
$3/2\text{Si}(s) + \text{N}_2(g) = 1/2\text{Si}_3\text{N}_4(s)$	-373100		166.16	$298-1685$
$3/2\text{Si}(l) + \text{N}_2(g) = 1/2\text{Si}_3\text{N}_4(s)$	-435760		203.12	$1685-2146$
$2\text{Si}(s) + \text{O}_2(g) = 2\text{SiO}(g)$	-204060		-164.43	$298-1685$
$\text{Si}(s) + \text{O}_2(g) = \text{SiO}_2(s)$	-904180		172.37	$298-1685$
$\text{Si}(l) + \text{O}_2(g) = \text{SiO}_2(s)$	-943040		195.31	$1685-2001$
$2\text{Si}(s) + \text{S}_2(g) = 2\text{SiS}(g)$	97600		-166.13	$298-1685$
$\text{Si}(s) + \text{C}(s) = \text{SiC}(s)$	-72760		7.04	$298-1685$
$2/3\text{Sm}(s) + \text{Cl}_2(g) = 2/3\text{SmCl}_3(s)$	-680780		162.36	$298-950$
$2/3\text{Sm}(s) + \text{Cl}_2(g) = 2/3\text{SmCl}_3(l)$	-640810		120.38	$950-1345$
$2/3\text{Sm}(s) + \text{F}_2(g) = 2/3\text{SmF}_3(s)$	-1107180		159.30	$298-1345$
$2/3\text{Sm}(l) + \text{F}_2(g) = 2/3\text{SmF}_3(s)$	-1098480		152.64	$1345-1572$
$2/3\text{Sm}(l) + \text{F}_2(g) = 2/3\text{SmF}_3(l)$	-1066170		132.07	$1572-2000$
$4/3\text{Sm}(s) + \text{O}_2(g) = 2/3\text{Sm}_2\text{O}_3(s)$	-1216100		195.47	$298-1345$
$4/3\text{Sm}(l) + \text{O}_2(g) = 2/3\text{Sm}_2\text{O}_3(s)$	-1228520		204.70	$1345-2000$
$\text{Sn}(l) + \text{Cl}_2(g) = \text{SnCl}_2(l)$	-305770		97.80	$520-885$
$1/2\text{Sn}(l) + \text{Cl}_2(g) = 1/2\text{SnCl}_4(g)$	-238520		71.63	$505-2000$
$\text{Sn}(l) + \text{O}_2(g) = \text{SnO}_2(s)$	-579810		204.09	$505-2140$
$2\text{Sn}(l) + \text{O}_2(g) = 2\text{SnO}(l)$	-516390		154.16	$1250-1500$
$2\text{Sn}(l) + \text{O}_2(g) = 2\text{SnO}(g)$	13170		-100.42	$505-2000$
$2\text{Sn}(l) + \text{S}_2(g) = 2\text{SnS}(s)$	-353280		195.78	$505-1153$
$2\text{Sn}(l) + \text{S}_2(g) = 2\text{SnS}(l)$	-273520		126.56	$1153-1477$
$2\text{Sn}(l) + \text{S}_2(g) = 2\text{SnS}(g)$	46850		-90.51	$1477-2000$
$2\text{Sr}(s) + \text{O}_2(g) = 2\text{SrO}(s)$	-1180730		196.47	$298-1050$
$2\text{Sr}(l) + \text{O}_2(g) = 2\text{SrO}(s)$	-1190200		205.41	$1050-1685$
$\text{SrO}(s) + \text{CO}_2(g) = \text{SrCO}_3(s)$	-264960	-68.96	394.47	$298-1513$
$\text{SrO}(s) + \text{H}_2\text{O}(g) = \text{Sr(OH)}_2(g)$	-133250		143.34	$298-783$
$4/5\text{Ta}(s) + \text{O}_2(g) = 2/5\text{Ta}_2\text{O}_5(s)$	-810480		164.49	$298-2058$
$2/3\text{Tb}(s) + \text{Cl}_2(g) = 2/3\text{TbCl}_3(s)$	-660990		159.85	$298-855$
$2/3\text{Tb}(s) + \text{Cl}_2(g) = 2/3\text{TbCl}_3(l)$	-617760		109.50	$855-1630$
$2/3\text{Tb}(s) + \text{F}_2(g) = 2/3\text{TbF}_3(s)$	-1132200		158.70	$298-1450$
$2/3\text{Tb}(s) + \text{F}_2(g) = 2/3\text{TbF}_3(l)$	-1071330		116.24	$1450-1630$
$2/3\text{Tb}(l) + \text{F}_2(g) = 2/3\text{TbF}_3(l)$	-1082590		123.31	$1630-2000$
$2/3\text{Tb}(s) + \text{I}_2(g) = 2/3\text{TbI}_3(s)$	-462180		144.48	$298-1228$
$2/3\text{Tb}(s) + \text{I}_2(g) = 2/3\text{TbI}_3(l)$	-405270		98.02	$1228-1625$
$4/3\text{Tb}(s) + \text{O}_2(g) = 2/3\text{Tb}_2\text{O}_3(s)$	-1237600		183.90	$298-1630$
$7/6\text{Tb}(s) + \text{O}_2(g) = 1/6\text{Tb}_7\text{O}_{12}(s)$	-1099200		177.19	$298-1385$
$\text{Te}(l) + \text{O}_2(g) = \text{TeO}_2(s)$	-335480		194.58	$723-1006$
$\text{Te}(l) + \text{O}_2(g) = \text{TeO}_2(l)$	-301040		160.46	$1006-1267$

付 3　標準自由エネルギー変化

反　応　式	$\Delta G°/\text{J} = A + BT\log T + CT$			温度範囲 (K)
	A	B	C	
$1/2\text{Th}(s) + \text{F}_2(g) = 1/2\text{ThF}_4(s)$	-1043550		146.24	298-1383
$\text{Th}(s) + \text{O}_2(g) = \text{ThO}_2(s)$	-1220540		180.67	298-2023
$1/2\text{Ti}(s) + \text{Cl}_2(g) = 1/2\text{TiCl}_4(g)$	-381050		59.80	409-1939
$2\text{Ti}(s) + \text{O}_2(g) = 2\text{TiO}(s)$	-1100130	-60.03	387.26	600-1939
$4/3\text{Ti}(s) + \text{O}_2(g) = 2/3\text{Ti}_2\text{O}_3(s)$	-993860		166.20	298-1939
$6/5\text{Ti}(s) + \text{O}_2(g) = 2/5\text{Ti}_3\text{O}_5(s)$	-967300		162.94	298-1939
$\text{Ti}(s) + \text{O}_2(g) = \text{TiO}_2(s)$	-936550		173.33	298-1939
$2\text{Ti}(\alpha) + \text{N}_2(g) = 2\text{TiN}(s)$	-673320		186.84	298-1166
$2\text{Ti}(\beta) + \text{N}_2(g) = 2\text{TiN}(s)$	-669070		183.14	1166-1939
$\text{Ti}(\alpha) + \text{C}(s) = \text{TiC}(s)$	-183850		10.26	298-1166
$\text{Ti}(\beta) + \text{C}(s) = \text{TiC}(s)$	-186670		12.64	1166-2000
$1/2\text{U}(s) + \text{F}_2(g) = 1/2\text{UF}_4(s)$	-1594760	-1904.66	6566.56	298-1309
$1/2\text{U}(l) + \text{F}_2(g) = 1/2\text{UF}_4(l)$	-915720		113.59	1405-1730
$1/3\text{U}(s) + \text{F}_2(g) = 1/3\text{UF}_6(g)$	-714760		90.95	329-1405
$2\text{U}(s) + \text{N}_2(g) = 2\text{UN}(s)$	-561410	52.85	-17.23	298-1405
$\text{U}(s) + \text{O}_2(g) = \text{UO}_2(s)$	-1081240		169.75	298-1405
$\text{U}(l) + \text{O}_2(g) = \text{UO}_2(s)$	-1084060		171.86	1405-3115
$3/4\text{U}(s) + \text{O}_2(g) = 1/4\text{U}_3\text{O}_8(s)$	-891100		163.55	298-1405
$2/3\text{U}(s) + \text{O}_2(g) = 2/3\text{UO}_3(s)$	-816300		168.34	298-1050
$\text{U}(s) + \text{C}(s) = \text{UC}(s)$	-96630		-8.00	298-1405
$\text{U}(l) + \text{C}(s) = \text{UC}(s)$	-111930		2.87	1405-2000
$4/3\text{V}(s) + \text{O}_2(g) = 2/3\text{V}_2\text{O}_3(s)$	-800190		164.60	298-2190
$4/5\text{V}(s) + \text{O}_2(g) = 2/5\text{V}_2\text{O}_5(s)$	-618730		171.60	298-943
$4/5\text{V}(s) + \text{O}_2(g) = 2/5\text{V}_2\text{O}_5(l)$	-581050		131.84	943-2190
$\text{W}(s) + \text{O}_2(g) = \text{WO}_2(s)$	-583790		174.78	298-1803
$2/3\text{W}(s) + \text{O}_2(g) = 2/3\text{WO}_3(s)$	-555270		162.24	298-1745
$\text{W}(s) + \text{C}(s) = \text{WC}(s)$	-39100		0.33	298-2000
$2/3\text{Y}(s) + \text{Cl}_2(g) = 2/3\text{YCl}_3(s)$	-663260		150.22	298-994
$2/3\text{Y}(s) + \text{Cl}_2(g) = 2/3\text{YCl}_3(l)$	-623300		110.31	994-1757
$2/3\text{Y}(s) + \text{F}_2(g) = 2/3\text{YF}_3(s)$	-1139790		151.71	298-1428
$2/3\text{Y}(s) + \text{F}_2(g) = 2/3\text{YF}_3(l)$	-1078310		108.11	1428-1799
$2/3\text{Y}(s) + \text{I}_2(g) = 2/3\text{YI}_3(s)$	-469060		140.72	298-1273
$2/3\text{Y}(s) + \text{I}_2(g) = 2/3\text{YI}_3(l)$	-415400		98.08	1273-1580
$2/3\text{Y}(s) + \text{O}_2(g) = 2/3\text{Y}_2\text{O}_3(s)$	-1265920		188.20	298-1799
$\text{Zn}(l) + \text{Cl}_2(g) = \text{ZnCl}_2(l)$	-399740		124.71	693-1004
$\text{Zn}(g) + \text{Cl}_2(g) = \text{ZnCl}_2(g)$	-394070		102.03	1179-2000
$\text{Zn}(g) + \text{F}_2(g) = \text{ZnF}_2(l)$	-811530		210.10	1223-1776
$2\text{Zn}(l) + \text{O}_2(g) = 2\text{ZnO}(s)$	-712540		215.91	693-1179
$2\text{Zn}(g) + \text{O}_2(g) = 2\text{ZnO}(s)$	-929500		399.96	1179-2243

付 3 標準自由エネルギー変化

反　応　式	$\Delta G°/\text{J} = A + BT \log T + CT$			温度範囲 (K)
	A	B	C	
$2\text{Zn(l)} + \text{S}_2(\text{g}) = 2\text{ZnS(s)}$	-548500		207.68	693–1179
$2\text{Zn(g)} + \text{S}_2(\text{g}) = 2\text{ZnS(s)}$	-745870		375.25	1179–1907
$\text{ZnO(s)} + \text{CO}_2(\text{g}) = \text{ZnCO}_3(\text{s})$	-73620		174.50	298–422
$2\text{ZnO(s)} + \text{SiO}_2(\text{s}) = \text{Zn}_2\text{SiO}_4(\text{s})$	-36540		2.43	298–1300
$3/2\text{ZnO(s)} + \text{SO}_3(\text{g}) = 1/2(\text{ZnO} \cdot 2\text{ZnSO}_4(\text{s}))$	-239280	-31.80	274.60	800–1200
$\text{ZnO} \cdot 2\text{ZnSO}_4(\text{s}) + \text{SO}_3(\text{g}) = 3\text{ZnSO}_4(\alpha)$	-224810		189.16	800–1007
$\text{ZnO} \cdot 2\text{ZnSO}_4(\text{s}) + \text{SO}_3(\text{g}) = 3\text{ZnSO}_4(\beta)$	-164350		129.16	1007–1200
$1/2\text{Zr(s)} + \text{Cl}_2(\text{g}) = 1/2\text{ZrCl}_4(\text{g})$	-435950		58.11	609–2000
$\text{Zr(s)} + \text{O}_2(\text{g}) = \text{ZrO}_2(\text{s})$	-1090960		180.14	298–2125

付4 記号，用語の説明

%	質量百分率(10^{-2})
ppm	質量百万分率(10^{-6})
体積%	体積百分率
モル%	モル(単位粒子数で測った量)百分率
%X	X成分の濃度(質量百分率)
[X]	溶鉄中のX成分
[%X]	溶鉄中のX成分濃度(質量百分率)
(X)	スラグ中のX成分
(%X)	スラグ中のX成分濃度(質量百分率)
T, X, ΣX	Xの総量(結合状態は問わない)
x_X	Xのモル分率
X(s)	固相X
X(l)	液相X
X(g)	気相X
P_T	全圧力(Pa)
P_X	X成分の分圧(Pa)($\equiv x_X P_T$)
p_X	$\equiv P_X/P°$ (Xの分圧を基準圧力で割った量，本書では$P°$として 101 325 Paを用いる．一般の製錬反応の条件では気相のX成分の活量に対応する)(無名数)
a_X	凝縮相Xの活量(無名数)
K	平衡定数(無名数)
K'	みかけの平衡定数(単位あり)
T	温度(K)
含水率(DB)	乾量基準含水率(単位質量の粒子当りに含まれている水分)
気体の体積	特にことわらない限り標準状態(273.15 K(0℃)，101.325 kPa(1気圧))における値
原単位	製品10^3 kg(1トン)当りに必要とされる燃料，エネルギー，原料などの量

付5　単位記号およびそれらと従来単位との換算

量の種類 (単位の名称)	単位記号	従来単位の換算
長さ(メートル)	m	
面　積	m^2	$1\ cm^2 = 1 \times 10^{-4}\ m^2$
体　積	m^3	$1\ l = 1 \times 10^{-3}\ m^3$; $1\ cm^3 = 10^{-6}\ m^3$
質量(キログラム)	kg	$1\ t = 10^3\ kg$
密　度	kg/m^3	$1\ g/cm^3 = 10^3\ kg/m^3$
時間(秒)	s	$1\ min = 60\ s$; $1\ h = 3.6\ ks$; $1\ d = 86.4\ ks$
周波数(ヘルツ)	$Hz(=s^{-1})$	
速　度	m/s	$1\ cm/min = 0.16 \times 10^{-3}\ m/s$; $1\ km/h = 0.27\ m/s$
拡散係数	m^2/s	$1\ cm^2/s = 1\ St = 1 \times 10^{-4}\ m^2/s$
力, 荷重(ニュートン)	$N(=kg \cdot m/s^2)$	$1\ kgf = 9.80665\ N$; $1\ dyn = 1 \times 10^{-5}\ N$
圧力, 応力(パスカル)	$Pa(=N/m^2)$	$1\ atm = 101.325\ kPa$; $1\ Torr \fallingdotseq 133.3\ Pa$ $1\ kgf/mm^2 = 9.80665\ MPa$, $1\ bar = 1 \times 10^5\ Pa$
粘　度	$Pa \cdot s$	$1\ Poise = 1 \times 10^{-1}\ Pa \cdot s$
物質の量(モル)	mol	
(モル)濃度	mol/m^3	$1\ mol/l = 1 \times 10^3\ mol/m^3$
質量(モル)濃度	mol/kg	
エネルギー(ジュール)	$J(=N \cdot m)$	$1\ cal_{th} = 4.1840\ J$; $1\ cal_{IT} = 4.1868\ J$; 　　$1\ kWh = 3.6\ MJ$, $1\ erg = 1 \times 10^{-7}\ J$
仕事率, 電力(ワット)	$W(=J/s = V \cdot A)$	
モルエネルギー	J/mol	$1\ cal/mol = 4.184\ J/mol$; $1\ erg/atom = 6.022 \times 10^{16}\ J/mol$
表面エネルギー	J/m^2	$1\ erg/cm^2 = 1 \times 10^{-3}\ J/m^2$
温度(ケルビン)	K	$t/°C = T/K - 273.15$
熱伝導率	$W/(K \cdot m)$	$1\ cal/(cm \cdot sec \cdot deg)$ 　　　　$= 0.4184 \times 10^3\ W/(K \cdot m)$
比熱容量	$J/(kg \cdot K)$	$1\ cal/(g \cdot deg) = 4.184 \times 10^3\ J/(kg \cdot K)$
エントロピー	J/K	$1\ cal/deg = 4.184\ J/K$
電流(アンペア)	A	
電荷(クーロン)	$C(=A \cdot s)$	
電位差(ボルト)	$V(=J/(A \cdot s))$	
電気抵抗(オーム)	$\Omega(=V/A)$	
抵抗率	Ωm	$1\ \Omega cm = 1 \times 10^{-2}\ \Omega m$
コンダクタンス 　　(ジーメンス)	$S(=A/V)$	
導電率	S/m	$1\ \Omega^{-1} cm^{-1} = 1 \times 10^2\ S/m$
平面角(ラジアン)	rad	$1° = (\pi/180)\ rad \fallingdotseq 17.45 \times 10^{-3}\ rad$ $1' = (\pi/10800)\ rad \fallingdotseq 0.2909 \times 10^{-3}\ rad$

付6　10の整数倍を表わす接頭語

記号	名称	倍数
p	ピコ	10^{-12}
n	ナノ	10^{-9}
μ	マイクロ	10^{-6}
m	ミリ	10^{-3}
k	キロ	10^{3}
M	メガ	10^{6}
G	ギガ	10^{9}
T	テラ	10^{12}

索　引

あ

Iron Carbide ……………………212
ICEM ……………………………205
ASEA-SKF法 ……………………177
圧延工程 …………………………10
REDA法（REvolutionary
　Degassing Activator）………174
RH・OB・FD法（FD: Full Dip）
　……………………………………171
RH-インジェクション法
　（RH-Injection）………………173
RH-MFB法（RH-Multiple
　Function Burner）……………173
RH-OB法（RH-Oxygen
　Blowing）………………………171
RH-KTB法（RH-Kawatetsu
　Top Blowing）…………………172
RH-PB法（RH-Powder
　Blowing，浸漬吹き）…………173
RH-PB法（RH-Powder top
　Blowing，上吹き）……………173
RH法 ……………………………170
RP（Regular Power）……………127
アルミ灰吹き込み ………………129
アーク加熱取鍋精錬法 …………176
アーク炉製鋼法の原料 …………129
アーク炉製鋼法の設備 …………125
アーク炉製鋼法の炉内精錬 ……130
Armco法…………………………211

い

イオン・酸素相互作用 …………43
イオン解離説 ……………………81
鋳型（連鋳）……………………152
溢流溶解法 ……………………225
INRED……………………………205
EBM（Electron Beam
　bombardment Melting）……227
ESR（Electro Slag
　Remelting）……………………227

う

Wiberg法 ………………………209
Wiberg-安来法 …………………210
ウスタイト ………………………33
上底吹き転炉の冶金特性 ……121
上底吹き転炉法 ………………116

え

AlSI法……………………………218
AOD（Argon Oxygen
　Decarburization）……………189
AOD-VCR（AOD-Vacuum
　Converter Refiner）…………191
ACCAR ……………………………205
Eketorp-Vallack法 ……………206
ss-VOD（strongly stirred-VOD）
　……………………………………189
SL/RN法 ………………………214
SC…………………………………205

SPH(Scrap PreHeating) ……128	塩基性操業 ………………66
SPM法 ………………215	
Echeverria ………………205	**お**
Esso–Little法………………212	オア・ベッティング …………19
HIB ………………………205	OG法 ………………………103
HP(High Power) …………127	OBM法 ……………………112
HyL法………………………206	
H–Iron ……………………205	**か**
H–D ………………………205	介在物の形態制御………145, 198
NK–AP(NKK-Arc Refining Process)法 ………………181	塊状帯 ………………………56
	海綿鉄 …………………………7
MIP ………………………205	化学脱酸 ……………………138
MSR(Metal bearing Solution Refining) ………………230	化学脱酸法 …………………139
	化学保存帯 …………………60
MVOD(Modify–VOD) ………189	拡散脱酸 ……………………138
LFV(Ladle Furnace Vacuum) ………………………183	Gazal法(フランス) …………160
	ガス境膜内拡散 ……………52
LF法(Ladle Furnace) ………178	褐鉄鉱 ………………………14
Elkem ………………………206	Kaldo法 ……………………100
LWS法 ………………………112	川鉄法 …………………205, 215
LD法(Linz-Donawitz法)……100	簡易取鍋精錬法 ……………183
LD法(Ladle Degassing) ……168	間接還元 ……………………37
LD–AC法(OLP法) …………111	間接製鉄法 …………………4
LD–Vac法 …………………188	間接溶融製鉄法 ………………5
LVD法(Ladle Vacuum Degassing process, 取鍋脱ガス法，又はLD法 (Ladle Degassing) ………176	カーボン・ソリューション・ロス反応 ………………………35
	カーボン・デポジション反応 ………………………35
ELRED ……………………205	カーボンインジェクション …129
エルー式3相交流アーク炉…123	Carbo–therm ………………205
エレクトロスラグ再溶解法 …227	Kalling–Avesta ……………205
Elo–Vac法 …………………188	
塩基性上底吹き純酸素転炉 …100	

き

CAS法 …………………… 184
CAB法 …………………… 184
気孔内拡散 ………………… 52
キッチカーボン法 ………… 111
Q-BOPの操業と炉内反応 … 113
Q-BOP法 ……………… 100, 112
凝固現象 …………………… 145
凝固組織 …………………… 145
キルド鋼 …………………… 148
Kinglor-Metor …………… 205
金材技研法 ………………… 205

く

くず鉄・銑鉄法 …………… 133
Krupp-Sponge法 ………… 214
Krupp 海綿鉄 …………… 205
クルップレン法(Krupp-Renn
　Verfahren) …………… 214
グレート・キルン型焼成炉 … 20

け

原料炭 ……………………… 16
原料捲揚げ ………………… 23
KR法 ……………………… 216
K-BOP …………………… 117

こ

高圧操業 …………………… 29
高温送風 …………………… 28
鋼塊の内部性状 …………… 148
鋼塊の偏析 ………………… 146
合金鋼 ……………………… 3
合金弾投射法 ……………… 184
鋼滓の酸化力 ……………… 83
高周波誘導炉製鋼法 ……… 133
高純度鋼の製造プロセス … 184
鋼浴の攪拌強度 …………… 117
交流アーク炉 ……………… 126
高炉ガス清浄設備 ………… 25
高炉製銑法 ………………… 13
高炉設備 …………………… 21
高炉内温度分布 …………… 58
高炉内のガス分布 ………… 59
高炉内容積 ………………… 22
高炉の計装設備 …………… 25
高炉本体 …………………… 21
高炉メーカー ……………… 10
COIN ……………………… 205
弧光式電気炉(アーク炉)
　(EAF, Electric Arc Furnace)
　………………………… 124
コークス …………………… 16
コークス高炉 ……………… 4
コークス比 ………………… 26
COREX法 ………………… 216

さ

SAB法 …………………… 184
サブマージドアーク操業 … 129
サルファイド・キャパシティ
　………………………… 89
サルフェイト・キャパシティ
　………………………… 89
酸化鉄の水素による還元平衡
　………………………… 38

索　引

酸化鉄の炭素による還元 ……37
酸化鉄のCOによる還元平衡
　　　　　……………………36
酸化物の形態制御 …………199
酸化物の標準自由エネルギー
　　　　　……………………30
酸素製鋼法 ……………………5
酸性操業 ……………………66
酸素富化送風 ………………28
酸素ポテンシャル …………30

し

Circored …………………205
Jet Smelting法 …………206
シェーキングレードル ……162
事前処理 ……………………18
実効分配係数 ………………147
磁鉄鉱 ………………………14
自動電極調整装置 …………128
シャフト炉法 ………………209
重液選鉱 ……………………18
出滓口 ………………………24
出銑口 ………………………24
出銑比 ………………………22
Stürzelberg法 ……………205
純酸素底吹転炉法 …………112
焼結機 ………………………19
焼結法 ………………………19
自溶性焼結鉱 ………………19
自溶性ペレット ……………20
助熱バーナ …………………129
Siの還元反応 ………………46
Siの分配 ……………………85

磁力選鉱 ……………………18
真空アーク再溶解炉 ………222
真空処理取鍋精錬法 ………170
真空スラグ吸引除去装置
　（VSC）……………………184
真空鋳造法 …………………168
真空鋳造法（Bochumer法）…160
真空誘導溶解法 ……………220
真空溶解法 …………………220
シングルスラグ法 …………130
新日鉄法 ……………………205
CIG …………………………205
CLU（Creuset—Loire社,
　Uddeholm社共同開発）法
　　　　　…………………191
CO-C-Eisen ………………205
Siemens-Martin process ……133

す

水蒸気の反応 ………………96
SCAT法 ……………………184
スクラップ予熱（SPH）……184
スタテックコントロール ……110
Stelling ……………………205
ステンレス鋼の吹錬 ………186
Strategic Udy法 …………206
ストリップ連鋳法 …………158
スプレー帯 …………………154
スラグの塩基度 ……………42
スラグの生成 ………………42

せ

製鋼工程 ……………………10

製鋼の化学	69	脱炭反応速度	195
製鋼法	64	脱窒素速度	193
製鋼法の原理	64	脱硫	87
製銑工程	9	脱硫反応	47, 91
製銑の化学	30	脱硫反応速度	196
製鉄原単位	26	脱リン	91
整粒	18	脱リン反応	50
赤鉄鉱	14	ダブルスラグ法	131
石灰焼結鉱	19	ダミーバー	154
セミキルド鋼	149	単圧メーカー	10
セミダブルスラグ法	131	炭素鋼	3
選鉱	18	炭素の燃焼	34
銑鋼一貫作業	10	タンディッシュ	152
銑鉄・鉱石法	133		

そ

造塊・分塊法	137
造塊作業	148
送風技術	27
造粒機	20
ソフトブロー法	111

ち

鋳床設備	24
調湿送風	28
直接圧延法	157
直接還元	37
直接製鉄法	4, 205
直接溶融製錬法	8
直送圧延	156
直流アーク炉	124

た

ダイナミックコントロール	110
鉱石の滞溜時間	58
多機能 LF 法	181
ダストの処理	215
たたら吹き法	4
脱酸	138
脱酸作業	144
脱酸速度	141
脱水素速度	192
脱炭速度	107

て

DH 法	173
DH-AD(DH-Argon Degassing)法	174
TN 法	184
D-LM	206
DIOS 法	217
滴下帯	56

滴下溶融法(EBR, Electron Beam Remelting, 2次溶解) ……227
鉄鉱石 ……………………14
鉄の炭素溶解度 ……………38
鉄-酸素系状態図 ……………32
電気炉製鋼法 ……………67, 124
電子ビーム溶解法 ……………227
転炉製鋼法 ……………67, 99
電炉メーカー(ミニ・ミル) …10

と
特殊元素 ……………………3
特殊鋼 ………………………3
トポケミカル・リアルション ……………………52
取鍋 ……………………148
取鍋精錬法(ladle metallurgy) ……………………160
Dred法 ……………………206
Tropenas型転炉 ……………99
ドワイト・ロイド式(DL式) …19
トーピードカー脱硫法 ………162
Thomas法 ……………………99

な
内容積 ………………………22

に
2回造滓法(転炉) ……………111
二次精錬法 ……………160, 168

ぬ
Nu-Iron法 ……………………212

ね
熱風炉 ………………………23
熱片装入法 …………………158
熱保存帯 ……………………58
燃料吹込み …………………29

の
Novalfer ……………………205
野だたら ……………………4

は
媒溶剤 ………………………17
Höganäs法 …………………205
鋼の時代 ……………………2
羽口(tuyere) ………………23
Basset法 ……………………214
パドリング法 ………………4
反応律速 ……………………53

ひ
被還元性 ……………………50
非金属性介在物 ……………147
比重選鉱 ……………………18
Hismelt法 …………………219
Witten法 …………………188
Purofer法 …………………211
ピンチロール ………………154
PLF(Plasma-LF)法 …………181
BOS …………………………102
BOF …………………………102
BOP …………………………102
PDS法 ………………………162
PAM(Plasma Arc Melting) …225

260　索　引

PAR(Plasma Arc Remelting) ……………226
PIF(Plasma Induction Furnace) ……………226

ふ

FASTMET ……………………206
VAD(Vacuum Arc Degassing) ………………………178
FIOR 法 ……………………212
VOD(Vacuum Oxygen Decarburization) …………188
VODC(VOD-Converter process) …………………192
VOD-PB(VOD-Powder top Blowing) ………………189
Finkle-Mohr 法 ……………178
FINMET ……………………205
V-KIP 法(Vacuum Kimitsu Injection Process) ………176
VAR(consumable electrode Vacuum Arc Remelting) …221
VIM(Vacuum Induction Melting) ………………220
フォーミング(foaming) ……129
複合吹錬法 …………………118
複合吹錬法の分類 …………118
複合送風 ……………………28
普通元素 ……………………3
普通鋼 ………………………3
ブドワー平衡 ………………35
Finisider ……………………205
浮遊選鉱 ……………………18

プラズマ・アーク１次溶解法 ………………………225
プラズマ・アーク再溶解法 …226
プラズマ・アーク溶解法 ……224
プラズマ・トーチ …………224
PLASMAMLT ………………205
プラズマ誘導溶解炉 ………226
ブルーマリー ………………4
硫黄分配比(%S)/[%S] ………91

へ

平衡分配係数 ………………147
平炉製鋼法 ……………67, 133
Bessemer 法 …………………99
ペレタイジング法 …………19

ほ

Bochumer 法 ………………168
ボッシュ・ガス ……………59

ま

Madaras 法 …………………205
マンガン鉱石 ………………18
Mn の還元反応 ………………47
Mn の分配 ……………………86

み

micro-alloying ………………198
光峰法 ………………………215
Midrex 法 ……………………209
未反応核モデル ……………52

ゆ

融着帯 ……………………56
誘導撹拌装置 ……………128
湯だまり …………………58
UHP (Ultra High Power)……127
Ugine ……………………205

よ

溶銑の脱ケイ処理 ………161
溶銑の脱硫 ………………161
溶銑のリン・硫黄同時除去…161
溶銑予備処理 ……………160
溶銑予備処理法 …………161
溶銑中炭素と酸素の反応 …76
溶銑中への酸素溶解度 ……74
溶鉄の水素溶解度 …………69
溶鉄の窒素溶解度 …………71
溶融還元法 ………………215
溶融スラグの分子論 ………81

り

Ristの操作線図 ……………61
リムド鋼 …………………148
硫化物の形態制御 ………200
粒鉄(ルッペ) ………………7
流動層法 …………………211
量産鋼の炉外精錬 ………160
菱鉄鉱 ……………………15
理論燃焼温度 ………………35
臨海製鉄所 …………………10

る

ルシャテリー・ブラウンの原理
……………………………36

れ

冷間結合ペレット …………21
レトルト法 ………………206
錬鋼 …………………………4
連続鋳造 …………………150
連続鋳造機の設備型式 ……154
連続鋳造法 …………137, 150
連鋳鋼片の欠陥 …………155
連鋳パウダー ……………153
錬鉄 …………………………4
レン炉法 ……………………4
レースウェイ …………34, 56

ろ

炉外精錬法 ………………160
炉底出鋼方式
　(EBT方式, Eccentric Bottom
　Tapping) ………………126
Robert型転炉 ………………99
ロータリキルン法 ………213
Rotor法 ……………………99

わ

ワイヤフィーダ法 …………184

金属化学入門シリーズ
編集委員会
　　　委員長
　井　口　泰　孝
　　　委　員
　阿　座　上　竹　四
　萬　谷　志　郎
　菊　池　　　淳
　杉　本　克　久
　山　村　　　力

金属化学入門シリーズ　第2巻
鉄　鋼　製　錬
定価：本体2,400円＋税

平成12年3月20日　第1刷発行
平成30年11月1日　第5刷発行
編　集　公益社団法人　日　本　金　属　学　会
発　行　公益社団法人　日　本　金　属　学　会
©2000　980-8544 仙台市青葉区一番町一丁目14-32
電話　022-223-3685

印　刷　小宮山印刷工業株式会社
発　売　丸善出版株式会社
ISBN978-4-88903-013-6 C3357 ¥2400E

写をされる方に　本書に掲載された著作物を複写したい方は，著作権者から複写権の委託をうけている次の団体から許諾を受けて下さい．
（一社）学術著作権協会
〒107-0052　東京都港区赤坂9-6-41　乃木坂ビル
TEL 03-3475-5618　FAX 03-3475-5619

金属化学入門シリーズ

第1巻　金属物理化学
第2巻　鉄　鋼　製　錬
第3巻　金属製錬工学
第4巻　材料電子化学